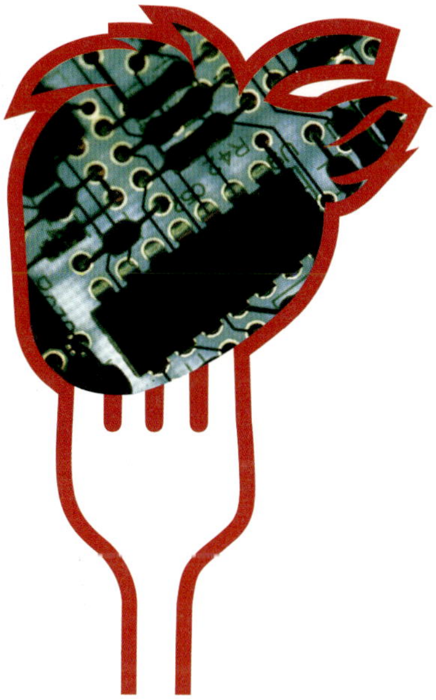

야금야금 길들이기

아두이노 로봇

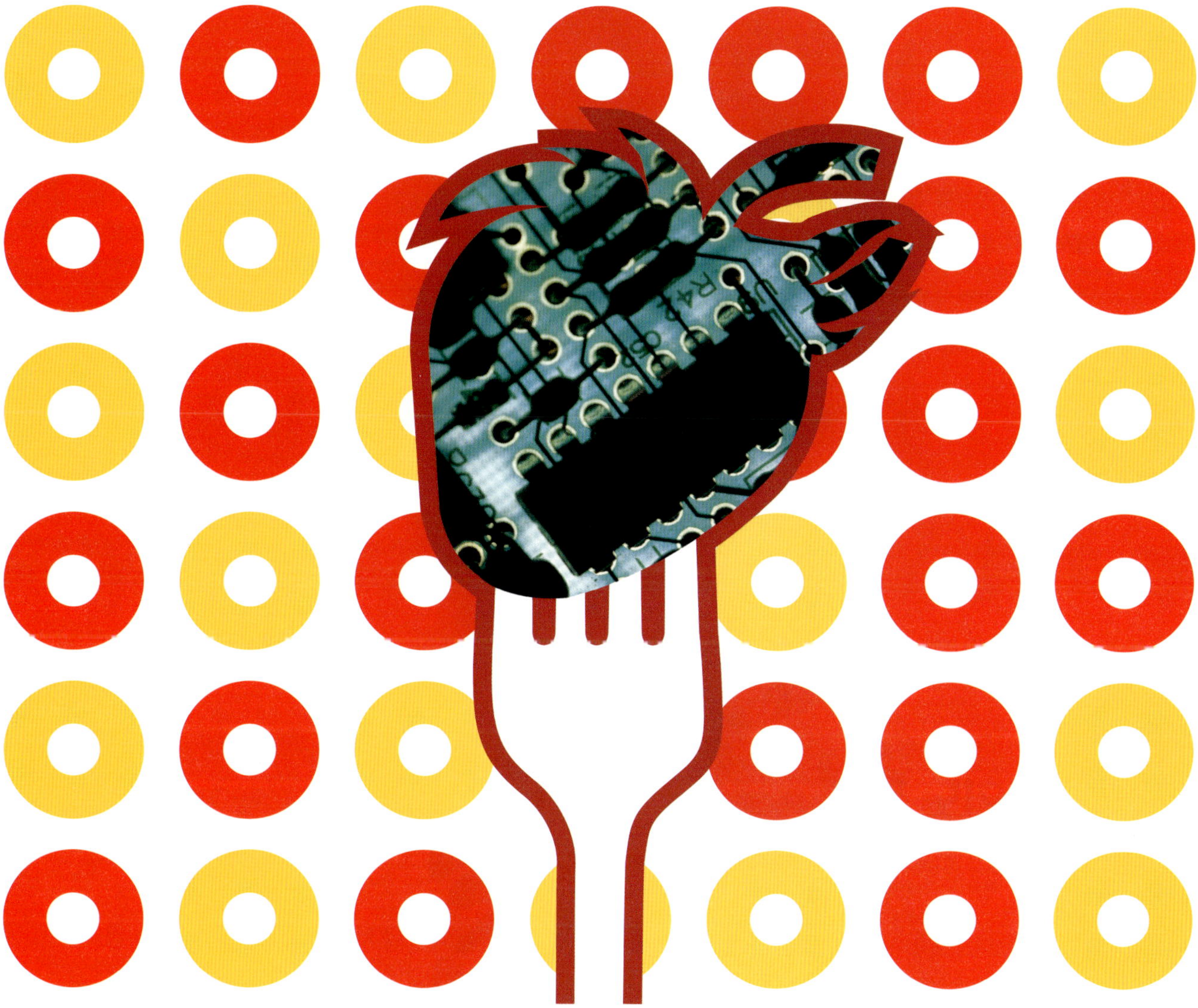

야금야금 길들이기

ABOT Arduino Robot

아두이노 로봇

심재창 | 고주영 | 정욱진 | 이영학 지음

카오스북 CHAOS BOOK

지은이

심재창 안동대학교 컴퓨터공학과 교수
고주영 공학박사 안동대학교 강사
정욱진 프라이봇 대표 경북대학교 공학박사
이영학 경운대학교 항공전자공학과 교수

얌얌 길들이기 아두이노 로봇

펴낸날	2014년 3월 5일 초판 1쇄
지은이	심재창, 고주영, 정욱진, 이영학
펴낸이	오성준
펴낸곳	카오스북
출판등록	제 406-2012-000111호
전화	031-949-2765
팩스	031-949-2766
편집	디자인콤마
인쇄	이산문화사
정가	27,000원
ISBN	978-89-98338-53-4 93000
홈페이지	www.chaosbook.co.kr

저자 서문

청소용 로봇, 자동차 제조 로봇, 수술용 의료 로봇, 사람 닮은 인체 로봇 등을 우리 주변이나 영화를 통해서 쉽게 접할 수 있습니다. 로봇은 체코슬로바키아의 풍자극인 Rossum's Universal Robots에서 처음 등장한 사람의 기능을 대신하는 기계를 말합니다. 로봇은 전자, 기계, 재료 및 소프트웨어 등의 융합을 통해서 구현이 가능합니다.

이 책은 학습자가 재미있게 로봇과 친해질 수 있도록 회로와 프로그램을 직접 작성하게 하였습니다. 여기서 다루는 예제 회로와 프로그램은 실제 산업에서도 바로 활용이 가능합니다.

이 책의 집필 목적은 로봇 프로그래밍과 회로 및 구조의 설계 디자인 등을 실습하여 창의적 호기심을 높이고 전자, 기계, 소프트웨어 그리고 엔지니어링 분야에 흥미를 유발하는 데 있습니다.

로봇 이름은 "아두이노 로봇(Arduino Robot)"이며 ABOT이라 부릅니다. 오픈 하드웨어인 아두이노로 제작하였으며 무선 통신이 가능한 로봇입니다. 로봇의 메인 보드는 ABOT 보드를 활용하고, 차체와 바퀴 및 전자 부품은 Parallax 사의 Boe-Bot 로봇의 몸체를 활용합니다. ABOT은 브레드보드가 있어 납땜 없이 기판 위에 다양한 회로를 만들어 볼 수 있습니다.

실습용 소프트웨어는 무료인 "아두이노" 통합 개발 환경을 활용합니다. 배우기 쉽고 조작이 간단하며 다양한 프로그래밍을 할 수 있습니다.

이 책을 통해 로봇 조립하기, LED 제어, 서보모터 조정, 스피커로 소리내기 등을 학습하고, 길 찾는 능력을 가진 자율 주행 로봇을 만들기 위해서 더듬이, IR 송수신기, 빛 센서 등으로 회로를 만들고 프로그램을 작성하여 구현합니다. 자율 제어에 대해서도 학습하며 무선 통신에 대해서도 학습합니다. 고급기술 적용으로는 센싱된 정보를 활용한 피드백 제어 시스템과 인공 지능 프로그래밍을 학습할 수 있습니다.

이 책은 창의적인 로봇 제작에 관심이 있는 미래의 로봇 엔지니어를 꿈꾸는 청소년들과 대학생 그리고 전자공학, 산업공학, 컴퓨터공학, 로봇공학 등을 전공하려는 학생들과 지도하는 교사들 및 산업체에서 로봇제어에 대해 기초 지식을 필요로 하는 엔지니어들에게 유용합니다.

이 책의 소스 코드는 패럴랙스사의 "Robotics with the Board of Education Shield for Arduino" http://learn.parallax.com/를 참고하였으며 하드웨어는 "BOE Shield for Arduino"와 호환이 됩니다.

ABOT은 네이버의 아두이노 카페 http://cafe.naver.com/arduinocafe에서 묻고 답하기와 다양한 정보를 얻을 수 있습니다.

ABOT은 http://fribot.com에서 구매할 수 있습니다.

대표저자 심재창

네이버카페: 내사랑 아두이노 http://cafe.naver.com/arduinocafe

이 책을 통한 단계별 실습 요약

❶ 로봇의 조립 ▶ ❷ 노래하는 로봇 ▶ ❸ 빛을 반짝이는 로봇

❻ 빛 센서로 길 찾기 ◀ ❺ 더듬이로 길 찾기 ◀ ❹ 노래하면 반짝이며 춤추는 로봇

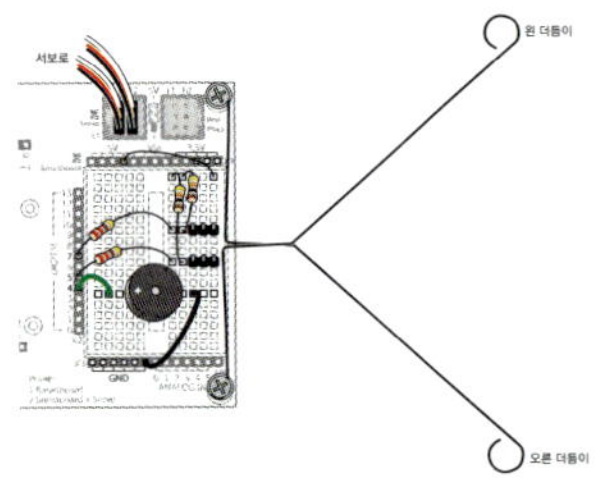

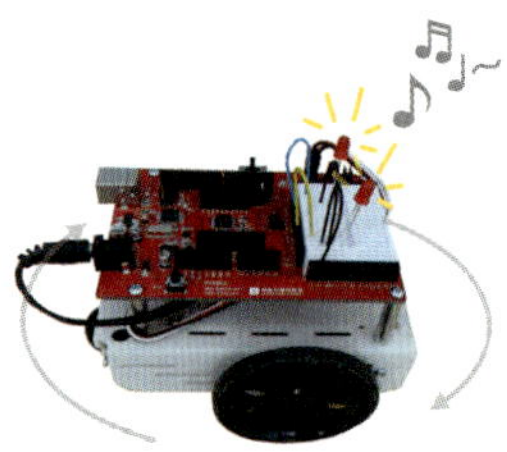

❼ 빛을 따라가는 로봇 ▶ ❽ IR 송수신기로 길 찾기

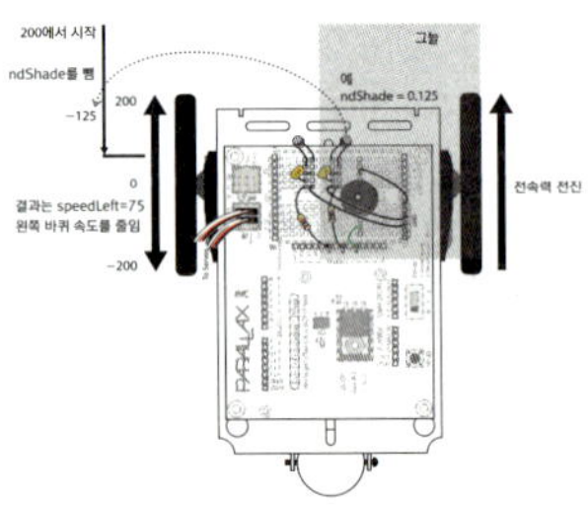

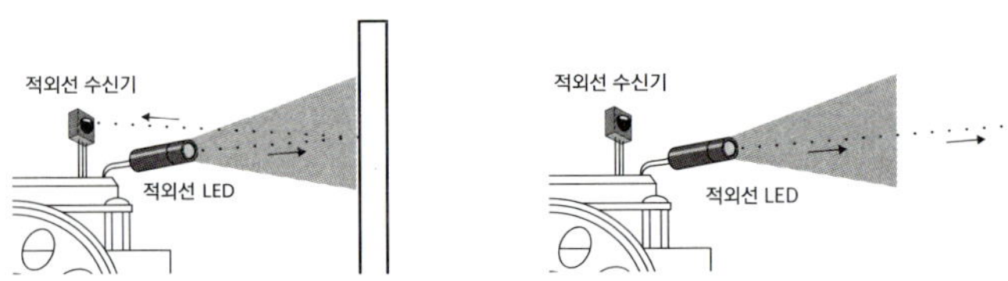

❿ 무선 로봇 제어 ◀ ❾ 두 대로 앞 로봇 자동으로 따라가기

차례

저자서문 v

이 책을 통한 단계별 실습 요약 viii

CHAPTER 1

ABOT의 두뇌와 프로그래밍

실습 1 소프트웨어 다운과 설치 5

실습 2 간단한 "HI !" 스케치 6

실습 3 값을 저장하고 불러오기 13

실습 4 수학 문제 풀기 17

실습 5 판단하기 21

실습 6 계산과 제어의 반복 25

실습 7 상수와 주석 29

CHAPTER 2

LED와 서보모터

실습 1 광소자 LED 설치 및 테스트 40

실습 2 LED 서보 신호 감시 53

실습 3 서보모터와 건전지 연결 59

실습 4 서보 중심(centering) 맞추기 67

실습 5 서보 검사 70

CHAPTER 3

ABOT 조립

실습 1 ABOT 조립 88

실습 2 서보 모터 테스트 95

실습 3 피에조 스피커로 소리내기 100

실습 4 속도 제어 시험 106

CHAPTER 4

ABOT 주행

실습 1 ABOT 기본 주행 122
실습 2 기본적인 주행 조정 131
실습 3 거리계산 137
실습 4 경사(ramping) 주행 142
실습 5 함수로 단순 주행하기 146
실습 6 사용자 주행 함수 157
실습 7 배열을 이용한 주행 순서 161

CHAPTER 5

더듬이로 길 찾기

실습 1 더듬이 만들기와 테스트 192
실습 2 더듬이 필드 테스트 201
실습 3 더듬이로 주행 205
실습 4 모서리 탈출을 위한 인공지능 212

CHAPTER 6

빛으로 ABOT 조종하기

실습 1 단순 광을 전압 센서로 238
실습 2 더 넓은 범위에서 빛의 레벨 측정하기 250
실습 3 로밍(Roaming)을 위한 빛 측정 261
실습 4 광선 추적 루틴 점검 269
실습 5 불빛으로 ABOT 조종하기 275

CHAPTER 7

적외선으로 ABOT 조종하기

실습 1 목표물 감지기 만들기와 테스트 294
실습 2 실제 테스트 301
실습 3 감지 범위 맞추기 309
실습 4 물체 감지와 피하기 311
실습 5 고성능 IR 방향 조종하기 315
실습 6 낭떠러지 감지 320

CHAPTER 8

주행거리로 ABOT 제어하기

실습 1 주파수 테스트 334
실습 2 ABOT 추적하기 340
실습 3 다음은 무엇을 하는 것일까? 352

CHAPTER 9

XBee로 무선 조종하기

실습 1 USB 유선으로 ABOT 조종하기 364
실습 2 엑스비 무선으로 ABOT 조종하기 366
실습 3 프로세싱 프로그램으로 제어하기 372

CHAPTER

[1]

ABOT의 두뇌와 프로그래밍

ABOT은 아두이노 로봇(Arduino Robot)에서 유래한다. ABOT보드에 차체, 서보모터와 바퀴를 연결하면 로봇이 완성된다. ABOT 보드에는 프로그램 가능한 ATmega328이라는 MCU(Micro Controller Unit) 두뇌가 포함되어 있다.

이 교재는 부품의 조립 방법과 회로 연결 방법을 안내하고, 다음과 같이 ABOT 작동을 위한 프로그램 작성을 돕는다.

1. 주변의 상황을 센서가 감지한다.
2. 감지한 것을 기반하여 판단을 내린다.
3. 모터를 작동시켜 바퀴를 회전한다.

이를 위하여 우선 ABOT 제작을 위한 기반이 되는 하드웨어와 소프트웨어를 간단히 살펴보고 다음의 실습과정을 거쳐 학습한다.

- 실습 1: 아두이노 소프트웨어 설치
- 실습 2: “Hi !” 스케치 작성

- 실습 3: 값을 저장하고 가져오기
- 실습 4: 수학 문제 풀기
- 실습 5: 판단하기
- 실습 6: 수를 세면서 제어 반복하기
- 실습 7: 상수와 주석

하드웨어와 소프트웨어

이 책의 실습을 위해서는 다음 하드웨어가 필요하다.

1. ABOT 보드와 프로그래밍용 USB 케이블
2. 로봇 부품 키트: Robotics Shield Kit
3. 아두이노 소프트웨어

이 장에는 '스케치'라고 부르는 다양한 프로그래밍 예제를 통해 로봇 프로그래밍 개념을 소개한다. 로봇 프로그램을 위한 가장 기초적인 코드이며 실습 과제는 다음과 같다.

- "Hi !" 출력하기
- 값을 저장하고 읽기
- 수학 문제 풀기
- 판단하기
- 숫자를 세고 반복해서 출력하기

이 장의 예제들은 외부와의 통신을 하지는 않는다. 다음 장에서 회로를 구성하고, 로봇의 이동을 학습한다. 그리고 데이터를 관리하는 방법과 재사용할 수 있는 코드의 프로그래밍에 대해서도 학습한다.

실습1

소프트웨어 다운과 설치

이번 실습이 아두이노 시스템과 관련해서 처음 시작하는 것이라면 다음과 같이 소프트웨어를 다운받아 설치해야 한다.

- http://arduino.cc에 접속한다.
- 아두이노 소프트웨어를 다운로드하여 설치한다.
- 컴퓨터와의 통신을 위해서 USB 드라이버를 시스템에 설치한다.
- 컴퓨터에서 작성한 스케치를 아두이노 보드에 업로드한다.

아두이노 개발 환경에서는 로봇의 기본적인 작업을 위해서 작성하는 프로그램을 '스케치'라고 부른다. 아두이노 스케치는 사용자가 쉽게 접근할 수 있는 템플릿을 제공하며 C나 C++프로그래밍 언어로 작성된다.

만약 예제 코드를 직접 입력할 수 있다면 프로그래밍 기술이 훨씬 빨리 향상될 것이다. 그러나 테스트용 스케치나 회로 문제 또는 버그 해결과 관련한 도움말이 있으면 편리할 수 있다. 따라서 유용한 모든 스케치를 제공하는데, 다음 링크에서 다운로드 받을 수 있다.

- http://cafe.naver.com/arduinocafe
- 컴퓨터에 저장하여 압축을 풀고 사용한다.

실습2

간단한 "Hi !" 스케치

"Hi !" 메시지를 [시리얼 모니터] 윈도우에 출력하는 아두이노 개발 환경 창을 캡처한 그림은 다음과 같다.

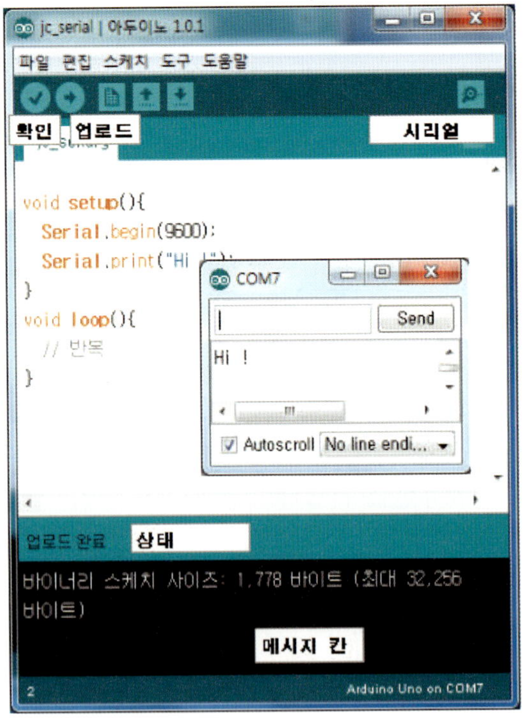

• 아두이노 소프트웨어를 열고 다음 코드를 입력하자.

```
void setup(){
  Serial.begin(9600);
  Serial.print("Hi !");
}
void loop()
{  // 여기에 코드를 적으면 자동으로 반복된다.
}
```

- Serial의 첫 문자인 S는 대문자이다. S가 소문자이면 대문자로 고친다.
- 스케치에서 괄호()와 중괄호{}를 자주 사용하는데, 용도에 맞게 바르게 사용해야 한다.
- 툴바에서 체크 표시된 [확인] 버튼을 눌러서 코드 오류를 확인한다. 메시지 간에 "바이너리 스케치 사이즈"가 보이는가? 코드가 완성되고 아두이노에 업로드할 준비가 된 것이다. 오류가 보이면 코드가 컴파일되지 않은 것이므로 오류를 수정하자.
- 툴바의 오른쪽 화살표가 포함된 [업로드] 버튼을 누르면 코드 아래에 있는 상태 줄에 "스케치 컴파일…," "업로딩…," 그리고 나서 "업로드 완료"가 출력된다.
- 업로딩이 완료된 다음 툴바의 오른쪽 끝에 있는 [시리얼 모니터] 버튼을 클릭하자.
- [시리얼 모니터]가 열리자마자 "Hi !" 메시지가 나오지 않으면, 모니터의 오른쪽 아래에 있는 "9600 baud" 부분을 확인하자.
- [파일] → [저장]을 선택하여 스케치를 HiMessage로 저장하자.

Hi 스케치 코드의 작동 원리

함수는 코드의 각 줄에 적힌 문장들을 담는데, ABOT에게 어떤 일을 하도록 명령한다. 아두이노 언어에는 setup()과 loop()라는 두 개의 미리 만들어진 함수가 있다. setup() 함수는 다음과 같다.

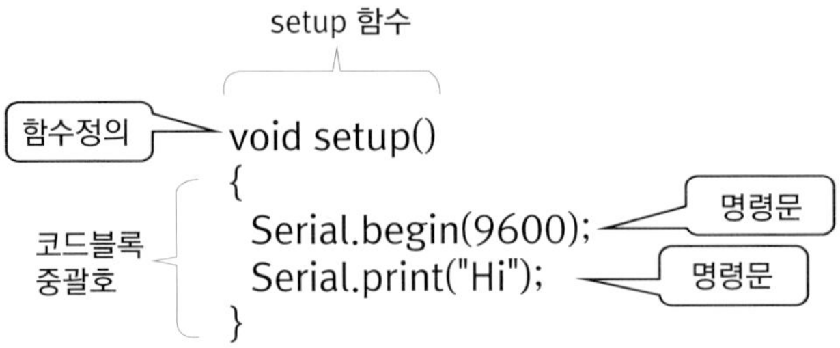

아두이노는 setup() 함수의 중괄호{ } 사이에 있는 문장들을 프로그램이 시작될 때 단 한 번만 실행한다. 이 예제에서 두 개의 문장인 Serial.begin(speed)와 Serial. print(val)은 모두 함수를 호출하는 것인데, 아두이노에서 미리 코드로 만들어둔 Seiral()과 관련된 것이다. 여기서 speed와 val을 함수의 매개변수(*parameters*)라 한다. 함수에서 명령을 처리하기 위해서 함수를 호출할 때 전달할 필요가 있는 값들이다.

Serial.begin(9600); 은 speed 변수에 9600을 전달한다. 이것은 데이터를 초당 9600 비트로 [시리얼 모니터]와 주고받을 준비가 되었다는 것을 말해준다.
비트 1 또는 비트 0을 1초에 9600개를 처리한다는 의미이며, 일반적으로 보드레이트 (*baud rate*)라 한다.

Serial.print("Hi !");는 메시지 "Hi !"를 매개 변수로 전달한다. 모니터는 시리얼 비트 스트림 "Hi !" 메시지를 해석해서 출력한다.

setup() 함수를 마치면 아두이노는 자동으로 빠져나와 loop() 함수로 이동하여 중괄호 속에서 지시하는 문장을 실행한다. loop() 함수 속에 있는 문장들은 독립적으로 계속해서 반복된다.

이 스케치는 오직 "Hi !" 메시지를 한 번 프린트하고, loop() 함수 속에는 실제 명령이 하나도 없는 예이다. 이 코드에는 다른 프로그래머들이 읽을 수 있도록 주석이라고 부르는 것 하나가 들어 있다. 한 줄에서 연속된 슬래시 //의 오른쪽에 있는 내용은 다만 프로그래머들이 읽기 위한 것으로 아두이노 소프트웨어가 컴파일하지는 않는다. 컴파일러(compiler)는 스케치 코드를 마이크로 컨트롤러가 이해하는 언어인 숫자로 바꾸어 준다.

```
void loop()
{
    // Commnet 슬래쉬 뒤는 설명을 위한 것으로 컴파일 되지 않음
}
```

void가 무엇일까? 왜 함수 끝에는 ()가 오는가? 함수의 첫 줄은 함수에 대한 정의로 3개의 부분으로 나누어진다. 리턴형, 함수이름, 파라미터 목록이다. 예컨대 void setup() 함수는 리턴형이 void이고 함수 이름은 setup이며, () 속에 아무것도 없으므로 파라미터 목록은 비어 있다.

void의 의미는 "아무것도 없다"는 뜻이다. 다른 함수가 setup() 또는 loop() 함수를 호출해도 리턴되는 값이 없다. 비어 있는 파라미터의 의미는 함수에서 작업을 할 때 받아야 할 값이 필요 없다는 뜻이다.

반복하도록 스케치 바꾸기

마이크로컨트롤러 프로그램은 일반적으로 계속하여 반복 실행된다. 하나 또는 그 이상의 문장들이 반복해서 계속 실행된다는 의미이다. loop() 함수는 중괄호로 된 블록에 있는 코드를 자동적으로 반복한다는 것을 기억하자. Serial.print("Hi !");를 loop() 함수로 옮기자. 메시지가 반복되는 속도를 늦추기 위해서 delay(ms) 함수를 이용하자.

- 파일 이름 iMessage를 HiRepeated로 저장.
- setup() 함수에 있는 Serial.print("Hi !");를 loop() 함수로 이동하자.
- 다음 줄에 delay(1000);을 추가하자.
- 변경한 것과 아래 그림에 있는 코드가 같은지 비교하여 맞는지 살펴보자.
- 스케치를 ABOT에 업로드하여 [시리얼 모니터]를 다시 열자.

한 줄 추가한 delay(1000)은 1000을 ms 파라미터로 delay() 함수에 전달한다. 1000 밀리초 지연시키기 위함이다. 1ms는 1/1000초이다. delay(1000)은 다음 코드 라인으로 가기 전에 1000/1000 = 1초 지연을 시킨다.

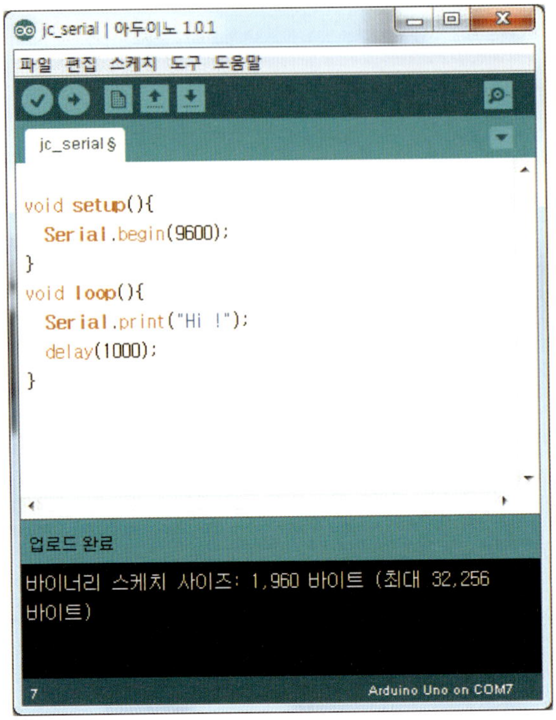

새 줄에 Hi ! 메시지

"Hi !"메시지를 새 줄에 어떻게 출력할까? [시리얼 모니터]에서 스크롤하여 아래로 내려가도록 해야 한다. print() 함수를 println() 함수로 바꾸기만 하면 된다.

- Serial.print("Hi!")를 Serial.println("Hi!")로 바꾸자.
- 스케치를 수정하고 업로드하여 Hi ! 메시지마다 새 줄 넣기가 되는지 관찰하자.

아두이노 참고자료 열기

추가적인 의문사항이 있다면, 아두이노 메뉴에서 참고(Reference)를 살펴보자. 이 페이지는 setup, loop, print, println, delay 및 스케치에서 사용할 수 있는 다른 함수들에 대해서 자세하게 설명하고 있다.

- [도움말]에서 [참조] 클릭

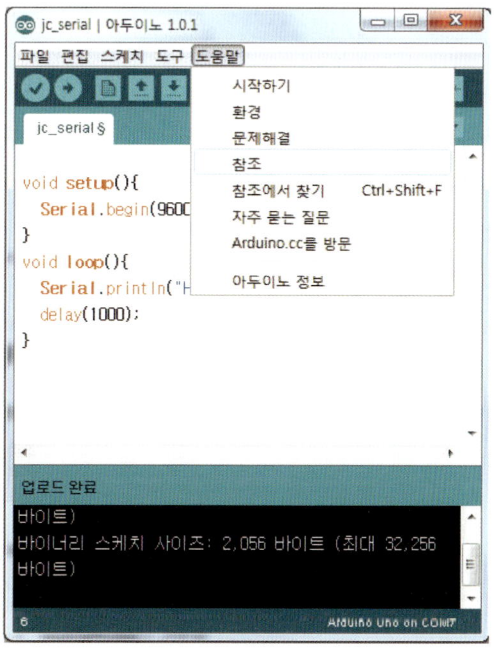

• 참조를 선택하면 웹에 다음처럼 나타난다.

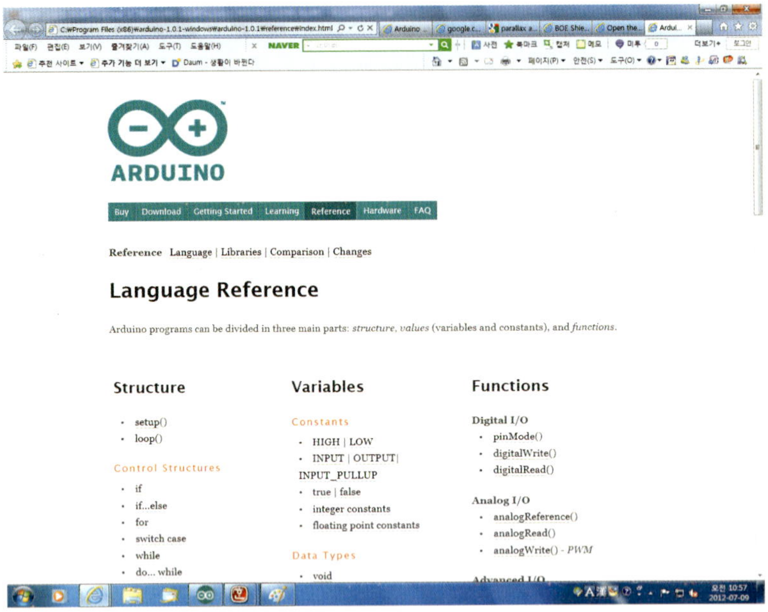

이 사이트에서 궁금하여 알고 싶은 것이 있는지 잘 살펴보자. setup, loop 및 delay 등을 메인 참조 페이지에서 볼 수 있다.

만약 'print'나 'println' 등을 참조하려면 먼저 Serial 링크를 열면 나온다.

실습3

값을 저장하고 불러오기

변수(Variables)는 값을 아두이노 마이컴의 메모리에 저장하고 가져오려고 생성하는 이름이다. 여기서는 변수 선언(variable declarations)된 세 개의 예제를 다음 스케치부터 살펴볼 수 있다.

```
int a = 42;  char c = 'K';  float root4 = sqrt(4.0);
```

int a = 42; 는 이름이 a인 변수를 생성하도록 선언한 것이다. int가 적힌 부분은 아두이노 소프트웨어가 어떤 형태의 변수를 사용할지 말해준다. 예로 int 형은 –32,768에서 32,767까지 범위의 정수 값을 저장할 수 있다.

이 선언은 역시 42라는 값을 a에 초기 값으로 대입한다(선언할 때는 int a;로 해 두고 나중에 a = 42로 값을 넣어도 되지만 int a = 42;로 선언하면 최적화가 되었다). 다음은 char c = 'K'; 는 char형(문자를 저장한다)의 이름이 c인 변수를 선언하고 'K'를 대입한 것이다. 다음의 float root4 = sqrt(4.0);은 float형으로 변수이름을 root4로 선언하였다. float형은 소수가 있는 값을 저장할 수 있다. 여기서 root4는 초기 값으로 소수점이 있는 값을 4의 루트 제곱 sqrt(4.0)을 저장한다. 이제 코드는 메모리에 값으로 저장되었다. 이것을 어떻게 다시 꺼내서 사용할 수 있을까?

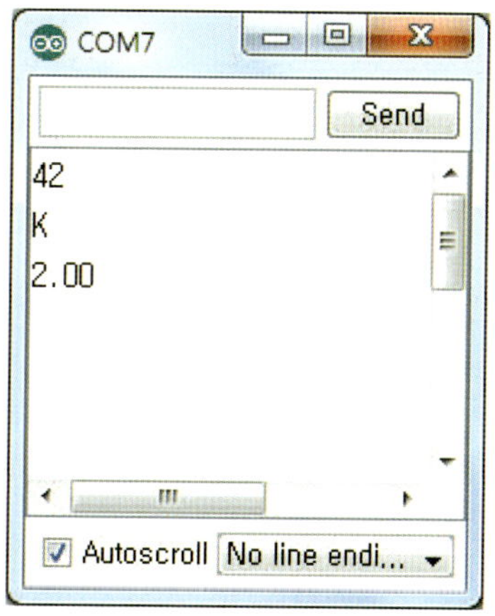

간단한 한 가지 방법은 함수의 매개변수로 전달하

여 사용하는 것이다. 여기 세 가지 사용 예제가 있다. Serial.println(*val*) 함수는 괄호 속의 변수를 출력해 주는 함수이다. Serial.println() 함수는 자동으로 데이터 형을 알아서 처리해 주므로 신경 쓰지 않아도 [시리얼 모니터]에 값을 출력한다.

예제 스케치

StoreRetrieveLocal

- [파일]→[새파일] 새로운 스케치를 생성하고 StoreRetrieveLocal로 저장.
- 아두이노 에디터에서 아래의 코드를 입력.
- 파일로 저장하여 ABOT에 업로드.
- [시리얼 모니터]를 열고 값이 바르게 출력되었는지 확인.

// ABOT – StoreRetrieveLocal

```
setup(){
  Serial.begin(9600);
  int a = 42;
  char c = 'K';
  float root4 = sqrt(4.0);
  Serial.println(a);
  Serial.println(c);
  Serial.println(root4);
}
void loop(){
}
```

이것은 컴퓨터의 키나 화면에 문자를 나타내기 위한 일반적인 코드시스템이다. 예를 들면 아두이노나 [시리얼 모니터] 모두에서 ASCII 코드 75와 'K' 문자는 동일하다. char c = 'K'; 선언은 아두이노가 숫자 75를 c 변수에 저장한다.

```
ASCII는 American Standard Code for Information Exchange의 약어이다.
```

Serial.println(c)는 아두이노가 숫자 75를 [시리얼 모니터]로 보낸다. [시리얼 모니터]가 75를 받으면 자동으로 K를 화면에 출력한다.

- ASCII 코드 0-127은 구글에서 검색하고 [그림]을 선택하여 살펴볼 수 있다.

전역(Global)과 지역(Local) 변수

지금까지는 변수 선언을 중괄호 속인 함수 블록 안에서 지역변수로 사용하였다. 지역변수는 오직 해당 함수 속에서만 사용이 가능하고 수정할 수 있다. 그리고 지역변수는 함수가 선언되어 사용되고 있을 때만 존재한다. 함수 블록을 떠나면, 사용하던 메모리를 해제하여 다른 함수가 지역변수를 사용할 수 있다.

만약 스케치에서 둘 이상의 함수에서 동일한 변수를 사용해야 하면 전역변수를 사용해야 한다. 전역변수를 만들기 위해서는 setup() 함수가 시작하기 전인 함수 외부에서 선언하면 된다. 그러면, 스케치의 모든 함수가 값을 수정하거나 활용할 수 있다. 다음 스케치 예제는 전역변수를 선언하고 함수에서 값을 할당하는 것이다.

예제 스케치

StoreRetrieveGlobal

이 예제 스케치는 a, c 및 root4를 전역변수로 선언한 것이다. 지금부터 이 변수들은 전역변수이므로 프로그램 전체에서 활용이 가능하다. 물론 setup() 함수와 loop() 함수에서 접근할 수 있다.

- 스케치를 아래처럼 수정하자.
- 파일을 StoreRetrieveGlobal로 저장한 후 ABOT에 업로드.
- [시리얼 모니터]를 열고 loop() 함수에서 반복적으로 출력하는 값이 옳은지 확인

// ABOT – StoreRetrieveGlobalint

```
int a; char c; float root4;
void setup(){
  Serial.begin(9600);
  a = 42;
  c = 'K';
  root4 = sqrt(4.0);
}
void loop(){
  Serial.println(a);
  Serial.println(c);
  Serial.println(root4);
  delay(1000);
}
```

여러분의 차례

다양한 변수형

int, char, float 및 byte 이외에도 많은 데이터 형이 있다.

- 아두이노 언어 참고를 열고 데이터 형의 리스트를 확인해 보자.
- float 링크를 따라가서 이와 같은 데이터 형에 대해서 학습해 보자.
- 이 장의 마지막 부분에서 사용하는 long 형과 int 형에 대해서도 살펴보자. 어떤 점이 닮았고, 어떤 점이 다른가?

실습4

수학 문제 풀기

산술연산자는 스케치에서 계산하기에 유용하다. 이 실습에서는 기초적인 연산자에 초점을 맞춘다.

- 대입(=), 덧셈(+), 뺄셈(−), 곱셈(×), 나눗셈(÷), 나머지(%, 나누고 남는 값)
- 아두이노 언어 참고(Arduino Language Reference)를 열고 산술 연산자에 대해서 살펴보자.

다음 예제 스케치는 SimpleMath로 두 변수 a와 b를 함께 더하고 결과를 c에 저장한다. 결과를 [시리얼 모니터]에 출력한다. 이번에 c는 문자로 선언되지 않고 정수로 선언되어 있다. int c = a + b;에서 대입연산자(=)는 a와 b를 더한 결과 값을 c에 저장한다. 아래 그림처럼 [시리얼 모니터]에는 12 + 23 = 35가 표시된다.

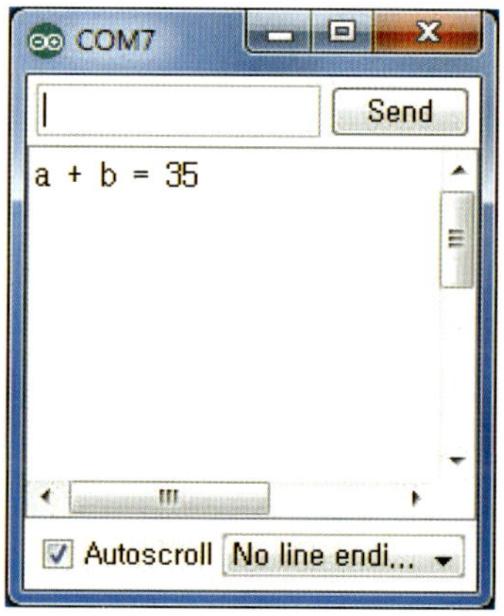

- 아두이노에서 SimpleMath를 입력하고 저장한 다음 ABOT에 업로드하자.
- 결과가 맞는지 [시리얼 모니터]를 통해서 확인해 보자.

// ABOT – SimpleMath

```
void setup(){
  Serial.begin(9600);
  int a = 12;
  int b = 23;
  int c = a + b;
  Serial.print("a + b = ");
  Serial.println(c);
}
void loop(){  // 비어있음, 반복되는 코드가 없음
}
```

변수형은 저장하는 값의 크기에 맞추는 것이 좋다. 적합한 메모리를 활용하면 더 큰 스케치를 실행할 때 효과적으로 실행할 수 있다. 소수점이 있는 경우는 float를 사용한다. 수를 세기 위한 정수는 byte, int 또는 long을 선택하자. byte를 사용하면 0에서 255까지 부호 없는 숫자가 된다. 만약 결과가 –32,768에서 32,767의 사이라면 int를 활용할 수 있다.

만약 큰 범위의 숫자가 필요하다면 long 변수를 사용할 수 있는데, –2,147,483,648에서 2,147,483,647까지 가능하다.

여러분의 차례

다른 산술 연산자의 실습

아직 사용해 보지 않은 –, *, / 및 %를 시도해 보자.

- 덧셈(+) 연산자를 뺄셈(–) 연산자로 바꾸어 보자. 그리고 ABOT에 다시 업로드하자.
- [시리얼 모니터]를 활용하고 검사를 하자.
- 곱셈(*), 나눗셈(/) 및 나머지(%) 연산자.

수학에서 소수점이 있는 경우

원을 그려서 ABOT이 원을 따라간다고 상상하면서 원의 주변 길이(원주)를 계산할 수 있다. 원주는 $2 \times \pi \times r$로 r은 원의 지름이고 $\pi \approx 3.14159$이다. 이 계산은 소수점이 있는 계산으로, 아래의 코드는 3.14159 숫자 대신 PI를 활용하고 있다. PI는 C 언어에서 스케치 전체에서 변경할 수 없는 상수(*constant*)로 정의되어 있다. 소수점이 있는 경우는 부동소수점으로 값을 사용한다.

float r = 0.75;

float c = 2.0 * PI * r;

예제 스케치

Circumference

- 아두이노 에디터에 Circumference 스케치를 입력하고 저장.
- 값으로 0.75와 2.0을 활용하였는지 확인하자. 2.0 대신 2를 사용하면 안 됨.
- 스케치를 ABOT에 업로드하고 [시리얼 모니터]로 결과를 확인.

// ABOT – Circumference

```
setup(){
  Serial.begin(9600);
  float r = 0.75;
  float c = 2.0 * PI * r;
  Serial.print("원의 둘레 길이: 원주 = ");
  Serial.println(c);
}
void loop(){                                    // 비어있음, 반복되는 코드가 없음
}
```

여러분의 차례

원의 면적

원의 면적은 $a = \pi \times r^2$이다.

r^2 은 r * r 로 계산된다.

- CircumferenceArea로 스케치를 저장.
- 면적이 계산된 결과를 저장하기 위한 float 변수 하나를 더 추가하고, 이 값을 출력하도록 코딩하자. 스케치를 실행하고, 계산기에 의해서 계산한 것과 비교해 보자.

실습5

판단하기

ABOT이 입력 센서에 따라 이동할 때 여러가지 결정이 필요하다. 판단하는 간단한 스케치 데모를 보자. a와 b 두 수를 비교해서 a가 b보다 큰지 아닌지를 판단할 때 if…else 문장을 사용한다. if 조건에서 (a>b)가 참이면, if 코드 블록의 다음의 문장을 실행한다.

```
Serial.print("a가 b보다 크다");
```

만약 a가 b보다 크지 않다면 else 코드 블럭을 실행한다.

```
Serial.print("a 는 b보다 작다");
```

- 아두이노 에디터에 코드를 입력하고, 저장한 다음 ABOT에 업로드한다.
- [시리얼 모니터]를 열고 바르게 메시지가 나오는지 확인한다.
- a와 b의 값을 서로 바꾸어 보자.
- 스케치를 다시 업로드해서 살펴보자.

// ABOT – SimpleDecisionsvoid

```
setup(){
  Serial.begin(9600);
  int a = 5;
  int b = 4;
  if(a > b)  {
    Serial.print("a 가 b 보다 크다");
  }
  else  {
    Serial.print("a 는 b 보다 작다");
  }
}
void loop(){  // 비어있음, 반복되는 코드가 없음
}
```

if... else if 로 추가 판단하기

아마 "a가 b보다 크면"의 메시지가 필요한 경우, else 부분을 생략할 수 있다. setup() 함수 내에 if() 조건문을 하나만 달랑 두어도 된다.

```
void setup(){
  Serial.begin(9600);
  int a = 89;
  int b = 42;
  if(a > b)  {
    Serial.print("a가 b보다 크다");
  }
}
```

만약 스케치에서 큰가, 작은가 아니면 같은가의 세 가지 조건이 필요하다면, 이 경우 if…else if…else 문을 활용할 수 있다.

```
if(a > b)
  {
    Serial.print("a가 b보다 크다");
  }
  else if(a < b)
  {
    Serial.print("b가 a보다 크다");
  }
  else
  {
    Serial.print("a와 b는 같다");
}
```

스케치에서는 관계 연산자 &&나 || 등을 활용하여 많은 다중 조건을 활용할 수 있다. && 연산자는 AND를 의미하고 ||는 OR 연산자를 의미한다. 예컨대 a가 10보다 크고, b가 10보다 작다면,

```
if((a > 10) && (b < 10))  {
    Serial.print("적당한 범위 속에 있습니다.");
}
```

다음은 a가 100보다 크거나 b가 0보다 적으면 경고 신호를 보내는 예이다.

```
if((a > 100) || (b < 0)) {
    Serial.print("위험 상황 !");
}
```

마지막의 예로 두 값이 같은 경우를 찾고 싶다면, =을 두 개(==) 사용한다.

```
if(a == b) {
    Serial.print("a와 b는 같다.");
}
```

- 이러한 변형을 스케치에 적용해 보자.

> 하나 이상의 else if문을 if문 다음에 사용하면 참이 될 때까지 계속하여 실행된다. if문에서 코드 블록이 참으로 판단되면 남은 else 블록은 실행하지 않는다.

실습6

계산과 제어의 반복

로봇의 작업에는 동작이 여러 번 반복되는 일들이 자주 발생한다. 반복을 위해서 for 반복과 while 반복을 선택할 수 있다. 정해진 수만큼 반복할 때는 대체로 for 반복 블록을 사용한다. while 반복은 조건이 참이 될 때까지만 코드 블록을 반복한다.

수를 세기 위한 for 반복문

어떤 횟수만큼 블록 내의 문장을 반복하려면 for 반복문을 사용한다. 예컨대 ABOT이 거리를 감지하기 위해서 5개의 서로 다른 값을 사용할 경우, 어떤 코드 블록을 5회 반복해야 한다. 이 작업에서 우리는 for 반복문을 사용한다. 여기에서는 1부터 5까지를 반복하여 [시리얼 모니터]에 값을 출력한다.

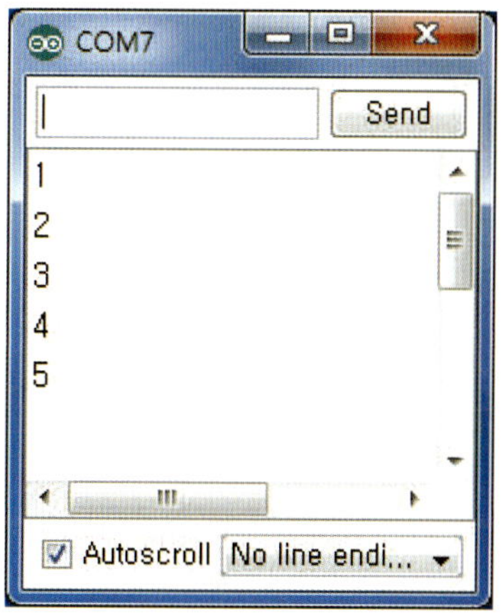

- CountToFive에 입력하고 저장한 후 업로드하자.
- [시리얼 모니터]를 열고, 1에서 5까지 세는지 확인하자.

// ABOT – CountToFive

```
void setup(){
  Serial.begin(9600);
  for(int i=1;i<=5;i++){
    Serial.println(i);
  }
}
void loop(){  // 비어있음, 반복되는 코드가 없음
}
```

반복의 작동 원리

예제 CountFiveTimes 스케치의 for 반복에 대한 그림은 다음과 같다. for 반복문의 괄호 ()에는 3개의 요소가 있는데, 어떻게 제어가 되는지 살펴보자.

```
for(int i = 1; i <= 10; i++)
{
  Serial.println(i);
  delay(500);
  }
```

- 초기화: 처음 시작하는 숫자 값. 괄호 속에 int i = 1; 로 지역변수로 선언된다. i를 인덱스(index)라 한다.
- 조건: 매번 반복될 때마다 조건을 검사하여 참이면 계속 반복한다. 참이 아니면 for 반복 블록 다음 문장을 수행한다. 이 경우 i가 5보다 작거나 같을 때까지 반복한다.
- 증가분: 다음 반복이 될 때 i 값을 얼마만큼 변경시킬지 정한다. i++문장은 i = i + 1과 동일하다. i++를 축약된 형태라고 하고, i를 사용한 이후에 증가시킨다.

반복이 시작되는 처음에는 i 값이 1이다. 그래서 Serial.println(i)는 [시리얼 모니터]에 1을 출력한다. 다음 번에는 i가 1 증가한다. delay(500)은 0.5초간 기다린 후에 for 문이 조건 i <= 5 인지 검사하여, i가 2이므로 5보다 작아서 참이 되어 코드 블록을 반복한다. 이 과정이 계속 반복되고 i가 6이 되면 6 <= 5가 되어 거짓이 되므로, 코드 블록을 더 이상 실행하지 않는다.

초기 값 설정, 조건, 증가

이전에 언급한 것처럼 매번 i++증가 연산자를 사용하여 i변수에 1을 더한다. 복합 연산자 --는 감소에 사용된다. 복합 산술 연산자 +=, -=, *= , /=도 사용이 가능하다. += 연산자의 활용 예로 i = i + 1000은 i += 1000과 동일하다.

- 스케치를 CountHigherInSteps에 저장한다.
- 스케치의 문장을 다음과 같이 바꾼다.

```
for(int i = 5000; i <= 15000; i+=1000)
```

- 업로드하고 [시리얼 모니터]를 통해서 관찰해 보자.

루프는 조건이 참이 될 때까지 반복

앞으로 뒷장에서 센서가 어떤 값을 리턴하는 동안 while() 반복문이 계속 돌아가는 스케치를 만든다. 현재는 센서가 연결되어 있지 않지만 while() 반복으로 5까지만 세어 보자.

```
int i = 0;
while(i < 5)  {
  i = i + 1;
  Serial.println(i);
  delay(500);
}
```

코드를 조금 짧게 하려면 증가연산자 (++)를 활용할 수 있다. ++를 i의 오른쪽에 두게 되면 Serial.println(i++); 함수에서는 변화가 없다. 따라서 처음에는 0이 [시리얼 모니터]에 찍힌다. i++의 경우 다음 줄부터 변화된 값이 적용된다. 만약 1부터 찍고 싶다면 ++i 로 바꾸어야 한다.

```
int i = 0;
while(i < 10)  {
  Serial.println(++i);
  delay(500);
}
```

loop() 함수는 계속 반복한다. 다른 방법으로 문장을 계속 반복시키는 스케치는 다음과 같다.

```
int i = 0;
while(true)  {
  Serial.println(++i);
  delay(500);
}
```

이것이 어떻게 작동될까? while() 반복은 괄호 속이 참으로 판단되면 계속 반복한다. 'true'는 미리 정의된 상수이다. true의 값이 1이므로 while(true)는 항상 참이고, 계속 반복한다. while(false)는 어떻게 실행될까?

- 이 세 가지 서로 다른 while() 반복을 CountToFive 스케치에서 실습해 보자.
- Serial.println(++i)을 사용하였을 때, [시리얼 모니터]를 통해서 어떻게 변경되는지 관찰하자.
- while(true)와 while(false)도 실습하자.

실습7

상수와 주석

다음 스케치는 CountToFiveDocumented이며 CountToFive와는 여러 면에서 다르다. 먼저, 블록 주석이 윗부분에 나온다. 블록 주석은 /* 시작해서 */로 끝난다. 그 사이의 라인은 모두 주석에 포함된다. 라인 주석은 각 줄에 // 의 오른쪽에 코드에 대한 설명을 적는다. 마지막으로 스케치의 앞부분에 const int (정수 상수) 선언이 있는데, 이름이 startVal, endVal, baudRate로 각각 값이 1, 5, 9600이다. 그 다음, 스케치는 이 값들이 필요한 곳에 이 정수 상수를 활용한다.

/* ABOT - CountToFiveDocumented 이 스케치는 1부터 5까지를 증가하면서 숫자를 세고 [시리얼 모니터]를 통해 출력한다. */

```
/*
 Shield-Bot - CountToFiveDocumented
 This sketch displays an up-count from 1 to 5 in the Serial Monitor
 */

const int startVal = 1;
const int endVal = 5;
const int baudRate = 9600;

void setup()
{
  Serial.begin(baudRate);                          // 데이터 전송률을 보드레이트
                                                      로 놓기
  for(int i = startVal; i <= endVal; i++)  // startVal 에서 endVal
                                           // 까지 카운터
```

```
  {
    Serial.println(i);                           // 시리얼모니터에 i 표시하기
    delay(500);                                  // 값들 사이에 0.5초간 쉬기
  }
  Serial.println("All done!");                   // "All done" 출력하기
}

void loop()
{
  // 비어있음, 반복되는 코드가 없음
}
```

코드의 문서화

문서화(Documenting) 코드는 프로그램의 한 부분에 노트를 적는 과정이다. 변수명이나 상수 이름을 잘 작명하면 자동으로 문서화 코드가 만들어져 도움이 된다. 만약 프로그래밍 관련 분야로 일을 한다고 생각하면 문서화를 잘하는 좋은 습관을 지금부터 가질 필요가 있다.

- 소프트웨어 개발자나 로봇 프로그래머는 코드를 문서화하는 지시를 받는다.
- 다른 사람들이 코드를 업데이트하거나 다른 과제에서 이용하거나 할 경우 코드가 어떤 작업을 하는지 이해할 수 있도록 해야 한다.
- 코드에 대한 설명은 시간이 많이 지난 다음에 이 코드가 어떤 작업을 하는가 기억나게 하는 데 도움을 주어 개발자의 시간을 많이 줄여 준다.

추가로 코드를 읽기 쉽게 하기 위해서, 자주 사용하는 값을 빠르고 정확하게 조절하는 데 상수를 활용할 수 있다. 각 경우에 이름이 붙여지지 않은 변수를 일일이 수작업으로 값을 정해 주다 보면 스케치에 버그를 만들기 쉽다.

- 스케치를 보면서 상수와 주석이 어떻게 사용되는지 살펴보자.
- CountToFiveDocumented를 예제로 SimpleDecisions 스케치를 열어보고 문서화해 보자.

- 스케치에 대한 자세한 설명을 추가하고 제목을 포함하여 주석 블록을 만들자.
- 숫자값 89와 42 대신 상수를 선언하자.
- setup() 함수 내에서 89나 43과 같은 숫자 대신에 상수 선언을 하고 이름을 붙여 주자.
- 각 줄의 오른쪽에 라인 주석을 달자.

CHAPTER 1

요약

아두이노 사이트에서 프로그램을 설치하고 소프트웨어를 테스트하고 프로그램을 연결하는 몇 가지 실습을 하였다. 이 예제 스케치를 통해서 마이컴이 어떻게 작동되는지 살펴보았고, 프로그래밍에 대한 개념과 더불어 여러분들이 컴퓨터를 다룰 때 좋은 기술과 습관에 대해 몇 가지를 추천하였다.

마이컴이 하는 일

- 출력을 위해서 메시지를 [시리얼 모니터]로 보낸다.
- 메모리에 값을 저장하고 읽는다.
- 수학 문제의 답을 계산한다.
- 제어 프로그램의 흐름에 따라 선택을 결정한다.
- 수를 세는 것과 제어를 반복한다.

프로그래밍 개념

- 함수란 무엇이며, 함수 매개변수가 어떻게 값을 전달하는가?
- 아두이노의 setup()과 loop() 함수가 어떤 일을 하는가?

- 전역(global)변수와 지역(local) 변수의 차이점은 무엇인가?
- char, int 및 float 데이터 형을 어떻게 선언하고 사용하는가?
- 수식을 이용하여 어떻게 수학 문제를 푸는가?
- if, if…else, and if…else if를 이용해서 어떻게 결정을 하는가?
- if문장에서 비교 연산자와 관계 연산자를 어떻게 사용하는가?
- for와 while 루프에서 어떻게 수를 세고 제어를 반복하는가?

컴퓨터 스킬Skills

- 보드레이트란 무엇이고, [시리얼 모니터]로 스케치에서 어떻게 보내는가?
- ASCII 문자가 무엇이며 어떻게 사용되는가?
- 마이크로컨트롤러 언어 참고를 활용하자
- 코드의 문서화가 왜 중요하며, 코드에 스스로 문서화를 어떻게 하는가?

CHAPTER 1

도전

질문Questions

1. ABOT의 두뇌는 어떤 MCU로 되어 있을까?
2. 아두이노가 문자를 PC로 프로그래밍 케이블을 통해서 보낼 때, 어떤 형의 숫자들이 사용될까?
3. setup() 함수와 loop() 함수의 차이는 무엇인가?
4. 변수명과 변수형 간의 차이점은 무엇인가?
5. 전역변수와 지역변수의 차이는 무엇인가?

6. 연산자는 무엇이며 각각 어떤 일을 하는가?
7. 21.5를 저장하려면 어떤 변수형이 필요할까?
8. for() 반복문의 괄호 속에 들어가는 3가지 요소는 무엇인가?
9. 블록코멘트와 라인코멘트의 차이는 무엇인가?

연습Exercises

1. "the value of i = "가 [시리얼 모니터]에 출력되도록 하고 이어서 변수 i의 값이 출력되도록 코드를 작성하라. 모두 같은 줄에 출력되고 커서가 다음 줄의 시작 지점에 이동하여 추가해서 메시지를 출력할 수 있도록 하라.
2. bigVal이라는 이름의 long 형 변수를 선언하고 초기 값으로 8천만을 저장하라.
3. 변수를 2로 나누고 이것을 0과 비교하는 if…else 문장을 작성하라. 만약 결과가 0이면 "변수는 짝수"를 출력하고, 그렇지 않으면 "변수는 홀수"를 출력하라.
4. 21부터 39까지를 3씩 증가하면서 세는 for() 반복문을 작성하라.
5. 문자 변수를 ASCII 값으로 저장하고 출력하는 코드를 작성하라.
6. 숫자를 세는 대신 알파벳 'A'부터 'Z'까지를 출력하는 for() 반복문을 작성하라.

프로젝트Projects

1. 프린트 가능한 ASCII 문자를 출력하도록 스케치를 작성하라. 출력 가능한 첫 문자는 빈칸 ' ' 으로 키보드의 스페이스 바를 누르면 생성되는 문자로 따옴표로 감싸고 있다. 마지막 인쇄 가능한 문자는 틸트 문자 '~' 이다. 반면, 반복의 시작에서 32를 사용하고 끝으로 126을 사용하면 된다.
2. 변수가 홀수인지 짝수인지 말하도록 스케치를 작성하라.

! 숫자가 짝수이면 2로 나눌 때 나머지 값이 0이다. 변수%2 == 0을 활용하자.

CHAPTER 1

해답

질문의 해답Question Solutions

1. 아두이노 모듈 또는 ATmega328.
2. 바이너리 숫자, 0이나 1로 된 바이너리 숫자. 75 = 'K'처럼 예제로 ASCII 코드가 숫자로 표현되는지 배웠다.
3. setup() 함수의 문장은 프로그램이 시작될 때 단 한 번만 실행된다. setup() 함수가 끝나면 스케치는 loop() 함수로 이동한다. loop() 함수 블록은 계속 동일하게 반복된다.
4. 변수의 이름은 스케치에서 대입하거나 비교할 때 사용된다. 변수의 형은 값을 저장하는 범위를 설정한다.
5. 전역변수는 스케치 전체에서 접근하고 변경할 수 있다. 지역변수는 선언된 블록 안에서만 접근하고 수정할 수 있다.
6. 산술 연산자 덧셈 +, 뺄셈 −, 곱셈 *, 나눗셈 /, 나머지 %.
7. 이것은 소수점이 있으므로 float형의 데이터로 취급된다.
8. 초기값, 조건, 증가분.
9. 블록 주석문은 /*로 시작하여 */로 끝나며 그 사이에 여러 칸을 적을 수 있다. 라인 주석문은 //로 시작하며 오른쪽에 설명을 적는다.

연습의 해답Exercise Solutions

1.
```
Serial.print("값 i = ");
Serial.println(i);
```

2.
```
long bigVal = 80000000;
```

3.
```
if(myVar % 2 == 0){
   Serial.println("변수는 짝수 ");
}
else{
  Serial.println("변수는 홀수 ");
}
```

4.
```
for(int i = 21; i <= 39; i+=3)
{
  Serial.print("i = ");
  Serial.println(i);
}
```

5.
```
char c = "a";
Serial.print("Character = ");
Serial.print(c);
Serial.print("   ASCII value = ");
Serial.println(c, DEC);
```

6.
```
for(char c = 'A'; c <='Z'; c++){}
```

프로젝트 해답

1. 이 스케치는 CountToTen의 변형된 버전으로 연습문제 5의 ASCII 문자를 출력해 주는 해답을 제공해 준다.

// ABOT - Chapter 1, 프로젝트 1

```
void setup(){
  Serial.begin(9600);
  for(char c = ' '; c <= '~'; c++){
    Serial.print("Character =");
    Serial.print(c);
    Serial.print("ASCII value =");
    Serial.println(c, DEC);
```

```
  }
  Serial.println("All done!");

}
void loop()
{
  // 비어 있음, 반복하는 코드가 없음
}
```

2. 이 스케치는 SimpleDecisions의 변형된 버전으로 예제 3의 변수 값이 홀수 짝수인지 출력하는 해답을 제공한다.

// ABOT – Chapter 1, 프로젝트 2

```
void setup(){
  Serial.begin(9600);
  int a = 20;
  if(a%2 == 0){
    Serial.print("짝수");
  }
  else{
    Serial.print("홀수");
  }
}
void loop(){
  // 비어 있음, 반복하는 코드가 없음
}
```

CHAPTER

[2]

LED와 서보모터

이 장에서는 광다이오드(LED)와 서보모터를 실습한다. 저항과 연결된 LED를 깜박이는 실습을 하고, 두 개의 서보모터를 연결하여 각 서보모터의 지시 신호용 불빛과 함께 서보모터의 속도 및 방향을 제어하는 스케치를 구현해 본다.

ABOT 보드

연속회전 서보모터

LED

저항

- 2장 스케치 다운로드 http://cafe.naver.com/arduinocafe
- 파일을 저장하여 압축을 푼다. 이 파일은 예제 스케치들을 포함한다.

실습1

광소자 LED 설치 및 테스트

LED는 소자의 동작 상태를 사용자에게 알려주거나 또는 두 소자 사이의 통신 패턴을 알 수 있게 한다. 이번 실습에서는 아두이노가 서보로 보내는 통신 신호를 표시하는 LED를 설치한다. 회로 설치를 해본 경험이 없더라도 걱정할 필요가 없다. 이번 실습을 통하여 그 방법을 천천히 배워보자.

저항Resistor 이란?

저항은 전기의 흐름을 방해하는 소자이다. 전기의 흐름을 전류라고 부른다. 각각의 저항은 전류의 흐름을 얼마나 강하게 방해하는지를 표시하는 값을 가지고 있다. 저항값의 단위는 옴(ohm)이라 부르고, 그리스 문자 Ω으로 표시한다(이후에 나오는 kΩ기호는 1000배의 옴을 나타낸다).

저항은 양쪽에 두 개의 선(리드, leeds)을 가지고 있다. 두 리드 사이의 세라믹 포장은 전류의 흐름을 방해하는 부분이다. 대부분의 회로도에서 지그재그의 선과 저항값을 표시하는 숫자를 사용한다. 여기서는 470Ω 저항을 예로 나타내고 있다. 그림의 왼쪽은 회로도에서 사용하는 형식으로 나타냈으며, 오른쪽은 키트 회로에 사용할 저항을 잘 알아볼 수 있도록 도움을 주는 초보자 수준의 그림이다.

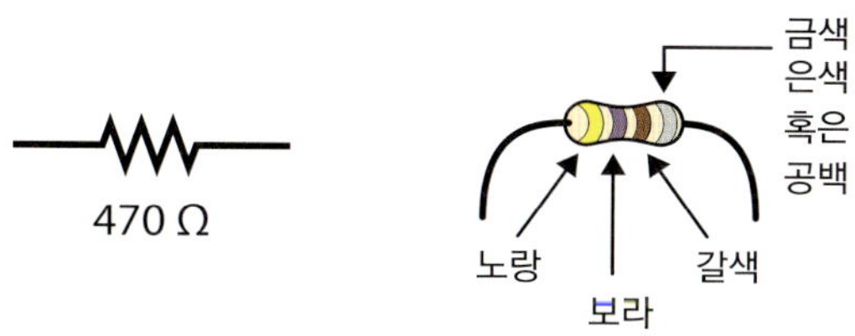

키트에 있는 저항들은 색띠를 이용하여 얼마의 저항값을 가지고 있는지 알 수 있다. 저항 값을 나타내기 위해 색띠의 조합이 사용되는데, 예를 들어 470Ω 저항에 대한 색띠는 금색 혹은 은색 띠를 기준으로 왼쪽 끝부터 노랑-보라-갈색 순서로 읽는다.

네 번째 색띠는 저항의 오차범위를 나타낸다. 오차는 백분율로 표시하며, 실제 저항의 크기로부터 얼마나 벗어나는가를 나타낸다. 네 번째 색띠는 금색(5%)과 은색(10%)이 있다. 이 책의 과제에서는 저항오차는 중요하지 않지만, 저항값은 중요하게 다룬다.

저항에서 각각의 색띠는 아래 표와 같이 10진수 숫자로 대응된다.

표 2-1 저항색상 코드표

저항 색상 코드표										
숫자	0	1	2	3	4	5	6	7	8	9
색상	흑색	갈색	빨강	주황	노랑	초록	파랑	보라	회색	백색

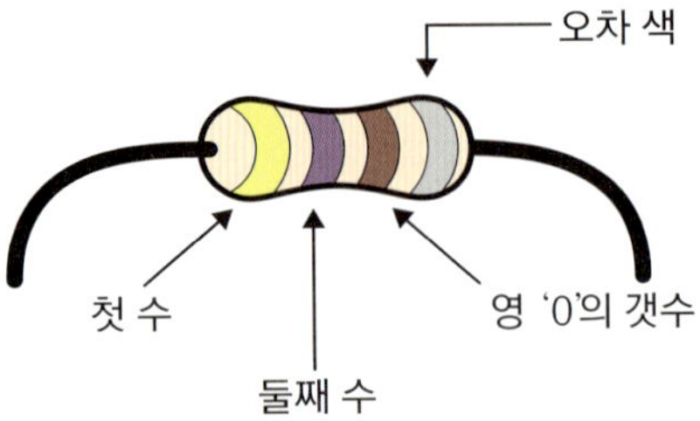

위 그림의 색상이 노랑-보라-갈색인 경우, 저항값이 470Ω으로 되는 경우를 살펴보자.

- 첫째 색띠가 노랑색이므로 좌측 자리 숫자는 4가 된다.
- 두 번째 색띠가 보라색이므로 다음 자리 숫자는 7이 된다.
- 세 번째 색띠가 갈색이므로 갈색과 대응되는 숫자는 1이 된다. 세 번째 숫자는 10진수의 지수를 의미하는 숫자이므로 10이 된다.

따라서 저항값은 앞의 두 자리를 그대로 적어서 47이 되며, 여기에 세 번째 자리 값 10을 곱한 470Ω이 된다.

LED란 무엇인가?

다이오드는 전류를 한 방향으로 흐르게 하는 스위치 역할을 하며, LED(*light-emitting diode*)는 전류가 흐르는 동안 빛을 방출한다. LED는 빛을 방출하는 동시에 단일 방향의 전류 스위치이므로 다이오드가 동작하기 위해 올바른 방향으로 연결되었는지를 확인해야 한다. LED는 두 개의 단자를 가지고 있는데, 각 단자는 애노드와 캐소드이다. 애노드(보통 길이가 긴 단자)는 +기호로 표시하며, 다이오드 심볼의 삼각형 부분에 해당한다. 캐소드(보통 길이가 짧은 단자)는 –기호로 표시하며, 심볼 라인과 삼각형 꼭대기 부분에 해당한다.

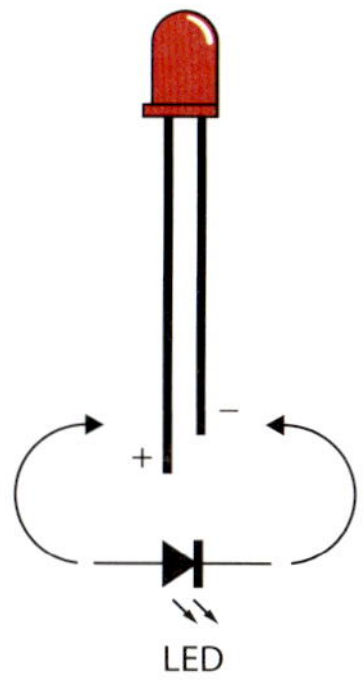

LED를 이용한 회로를 만들 때, 애노드와 캐소드가 회로에 올바르게 연결되었는지 꼭 확인해야 한다. LED는 서로 다른 길이의 단자로써 애노드(+)와 캐소드(–)를 구별해야 한다. 보통 길이가 긴 단자가 애노드(+)이고 길이가 짧은 단자가 캐소드(–)이다. 항상 길이를 보고 체크한다(다이오드는 용도와 제조사에 따라 여러 가지의 형태를 가진다).

조립하는 동안 두 단자가 같은 길이로 잘려지지 않도록 주의해야 한다. 만약 거꾸로 LED를 연결해서 빛이 나오지 않더라도, 다시 바르게 연결하면 LED가 고장나지 않는 한 다시 빛을 방출한다.

브레드보드(시험 제작하기)

많은 소켓으로 구성된 흰색 보드를 브레드보드(*breadboard*)라고 부른다. 브레드보드는 17개의 행으로 구성되고, 각각의 행은 5개 소켓 그룹 2개가 중앙에서 분리되어 구성된다. 각 행은 전기적으로 서로 연결되어 있지 않다. 1개 그룹 내에 있는 5개 소켓들은 표면 아래에서 내부적으로 서로 연결되어 전기적으로 연결된 상태이다. 따라서 두 개의 전선이 1개의 그룹 내에 있는 임의의 소켓에 끼워져 있으면 전기적으로 연결된 상태이다. 이러한 방식으로 LED 저항과 같은 부품들을 연결하여 회로를 구성한다. 중앙 트렌치를 중심으로 양쪽 동일 행(그룹 1과 그룹 2)은 서로 전기적으로 연결되어 있지 않다.

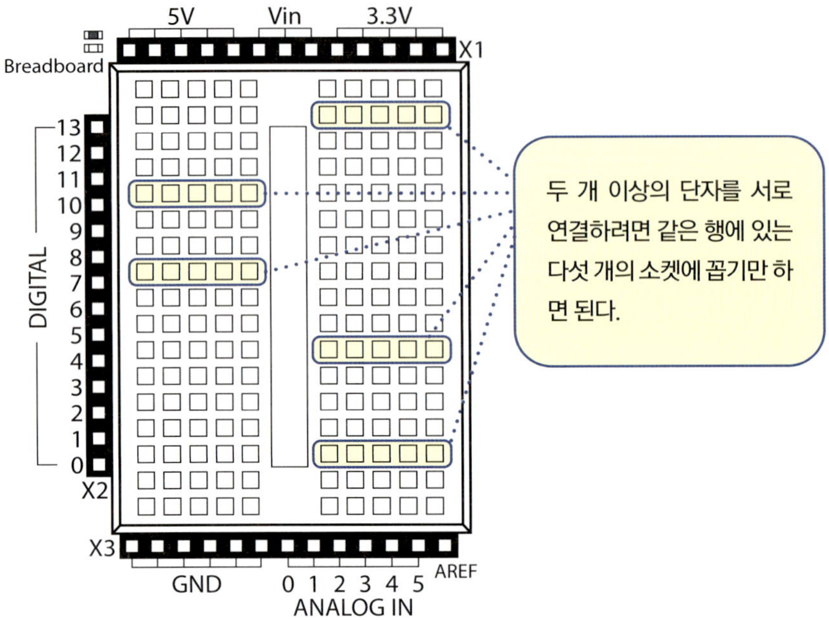

아두이노와 연결하기 위해 위쪽, 아래쪽 그리고 왼쪽에 검은색 소켓이 있다.

- **위쪽**: 이 소켓들은 브레드보드에 다음의 3개의 공급전압을 가지고 있다. 3.3V, Vin (건전지 또는 프로그래밍 입력전압), 5V.
- **아래쪽-왼쪽**: 처음 6개 소켓은 접지(GND)이며, 0V전압과 동일하다. 3.3V, 5V, Vin 전압과 GND가 전원 단자로 분류되며, 회로에 전기를 공급하는 데 이것을 사용한다.
- **아래쪽-오른쪽**: 아날로그 입력(ANALOG IN) 소켓으로 여러 가지 전압을 측정하는 데 사용된다. 이 단자들은 아두이노 모듈의 아날로그 입력(ANALOG IN)과 연결된다.
- **좌측**: 디지털 소켓으로써 0부터 13까지 표시되어 있다. 아두이노 모듈의 디지털 입력/출력 핀과 연결하는 데 사용할 수 있다.

디지털과 아날로그 핀들은 아두이노 모듈의 마이크로 컨트롤러 칩의 작은 핀들이다. 이 핀들이 전기적으로 보드와 연결된다.

스케치(프로그램)는 디지털 핀들이 하이(HIGH) 신호와 로(LOW) 신호를 회로로 보낼 수 있도록 한다. 이 장에서 우리는 LED를 켰다/껐다 한다. 또한 스케치는 디지털 핀이 회로로부터 나오는 하이(HIGH)/로(LOW) 신호를 모니터할 수도 있다. 또 다른 장에서 스위치가 접촉했는지 접촉하지 않았는지를 감지할 수 있다.

스케치는 또한 아날로그 핀으로 공급되는 전압을 측정할 수 있다. 또 다른 장에서 포토트랜지스터를 이용하여 빛의 양을 측정한다.

LED 실험 회로

- LEDs – 빨강 2개
- 저항, 220Ω (빨강–빨강–갈색) 2개

회로를 만들거나 수정하는 동안에는 절대 보드에 전원을 연결하지 마시오!

1. 아두이노 로봇 전원 스위치를 0으로 놓는다.
2. 프로그램 케이블과 건전지 케이블을 분리한다.

다음 그림의 왼쪽은 LED회로 개략도를 나타내고, 오른쪽은 브레드보드에 설치된 예제 회로의 배선을 나타낸다.

Schematic

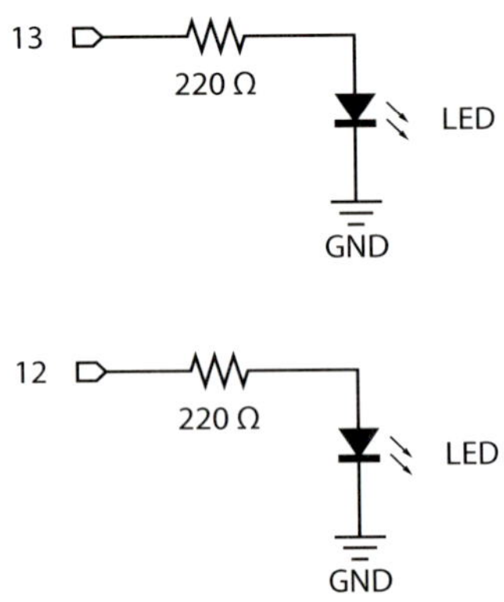

Wiring Diagram

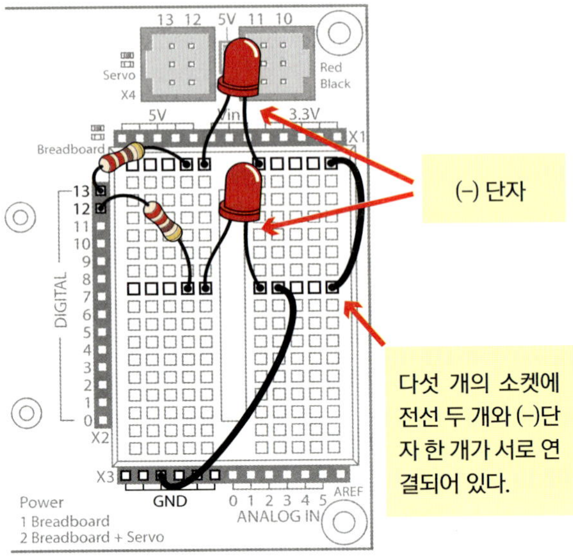

- 회로를 천천히 정확하게 배선도를 따라 구성해 보라.
- 먼저 저항을 왼쪽 검은색 소켓 13번과 브레드보드의 왼쪽 5개 소켓 행 가운데서 하나를 선택하여 연결한다. 그리고 LED의 애노드(긴 다리)를 5개 소켓의 같은 행에 연결하고 LED의 캐소드(짧은 다리)를 다른 그룹의 5개 소켓 행으로 연결한다.
- 소켓 12번도 위와 동일한 방법으로 다른 5개 소켓 행에 연결한다.
- 13번 소켓에 연결된 LED의 캐소드 쪽 5개 소켓 행 가운데 하나를 선택하고 12번 소켓에 연결된 LED의 캐소드 쪽 5개 소켓 행을 전선을 사용하여 서로 연결한다. 그리고 12번 소켓에 연결된 LED의 캐소드 쪽 5개 소켓 행 가운데 하나를 선택하여 아래쪽 검은색의 GND 소켓으로 전선을 사용하여 연결한다.

다음 그림은 LED회로를 제어할 아두이노를 프로그램할 때 어떻게 동작하는지를 상상할 수 있도록 해준다. 5V 건전지 전원이 있다고 가정하자. ABOT 보드는 5V로 표시된 소켓으로 5V를 공급하는 전압 장치를 가지고 있다. LED회로의 애노드로 5V

를 연결할 때, 5V 건전지의 양극(+)을 연결하는 것과 같다. 회로를 GND로 연결하면 5V 건전지의 음극(–)을 연결하는 것과 같다.

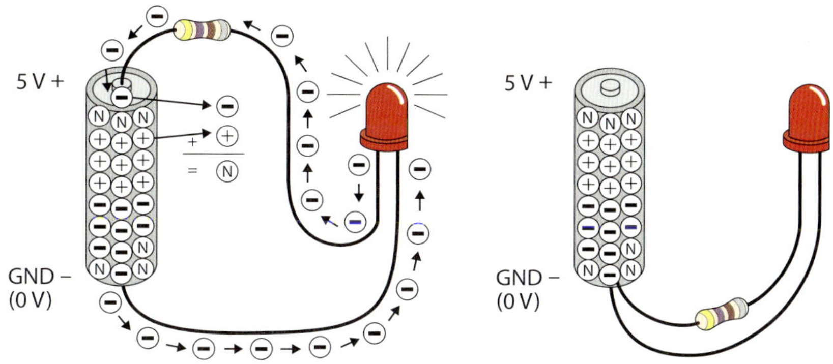

그림의 왼쪽은 LED의 한 쪽 단자를 5V에 연결하고, 다른 쪽 단자는 GND에 연결되어 있다. 그래서 5V 전압은 전자를 전선 회로를 따라서 흐르도록 하고(⊖극 → ⊕극), 전류의 흐름(⊕극 → ⊖극)이 LED를 빛나도록 한다. 오른쪽 회로는 LED회로의 두 개 끝이 GND와 연결된다. 회로의 양쪽 끝이 똑 같이 0V가 되어 전류가 흐르지 않고 빛도 나오지도 않는다.

LED를 디지털 I/O핀과 연결할 수 있고, 5V와 GND사이의 핀 출력전압을 아두이노 프로그램으로 선택할 수 있다. 이것으로 LED에서 빛이 나오게 하거나 나오지 않게 할 수 있다.

전압(Volts)의 기호 V

전압을 회로에 공급할 때, 전기적 압력을 적용한다. 보편적으로 5V는 "접지보다 5V 높다"는 것을 의미한다. 접지는 종종 GND로 줄여 말하는데 0V를 의미한다.

접지(Ground)의 기호

GND

보통의 전자 소자에서 접지는 주로 건전지 전원의 음극 단자로 연결되어 사용된다.

전류는 전자가 회로를 통과하는 비율로 정해진다.

전류 측정치는 암페어(amps) 또는 기호 A로 표시한다. 보통 사용하는 전류는 1A의 천분의 1 크기(또는 밀리 암페어 *milliamps*)이다.

LED를 켜고 끄는 스케치는 어떻게 할까?

디지털 13번 핀으로 연결된 LED가 켜지고 꺼질 수 있도록 스케치해 보자. 먼저 스케치가 핀 13번을 출력으로 설정하기 위해 pinMode 함수를 사용한다. pinMode(*pin, mode*). pin 변수는 디지털 I/O핀의 번호이고, *mode*는 INPUT 또는 OUTPUT으로 설정한다. INPUT과 OUTPUT은 반드시 대문자를 사용한다.

```
void setup()
{
  pinMode(13, OUTPUT);                    // 디지털 핀 13 을 OUTPUT 으로 설정
}
```

이제 디지털 13번 핀을 출력으로 설정하면, LED에서 빛이 켜지거나 꺼지도록 digitalWrite를 사용할 수 있다. 아래 그림을 살펴보자. 왼쪽 그림은 digitalWrite(13, HIGH)가 아두이노 제어부와 연결된 디지털 13번 핀에 5V를 인가하여 LED에 빛이 켜지도록 한다. 오른쪽 그림은 digitalWrite(13, LOW)가 디지털 13번 핀을 GND(0V)로 만들어서 LED가 꺼지도록 한다.

`digitalWrite(13, HIGH);`

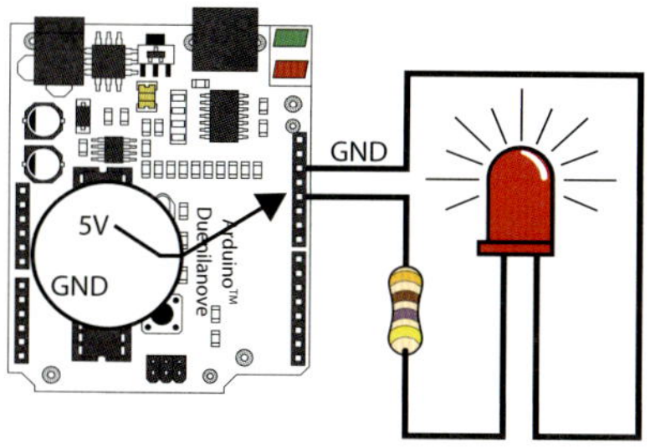

`digitalWrite(13, LOW);`

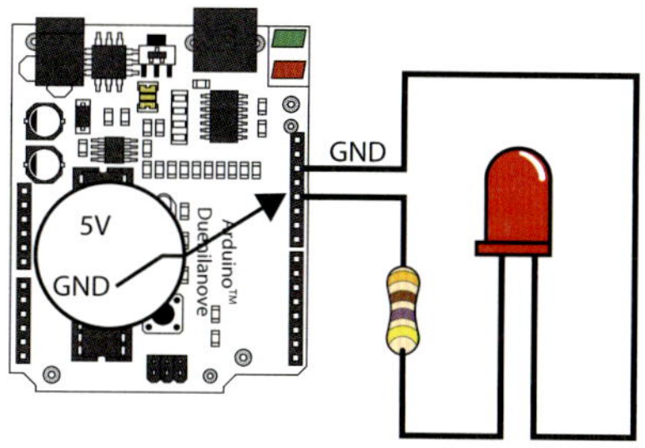

다음 스케치에서는 반복 함수를 사용한다. 먼저 digitalWrite(13, HIGH)가 LED를 켜고, delay(500)는 1/2초 동안 유지한다. 그 다음 digitalWrite(13, LOW)는 LED를 끄고, delay(500)이 1/2초 동안 유지한다. 이상의 내용이 loop() 함수 내에 있으면 자동으로 반복된다. 그 결과 빛이 0.5초마다 켜지고 꺼진다.

```
void loop()
{
 digitalWrite(13, HIGH);              // 핀13 = 5 V, LED 불빛이 켜짐
 delay(500);                          // ..0.5초 동안
 digitalWrite(13, LOW);               // 핀13 = 0 V, LED 불이 꺼짐
 delay(500);                          // ..0.5초 동안
}
```

예제 스케치

LedHighLow

- 프로그램 케이블을 보드로 연결한다.
- 소스 코드를 입력하고 "LedHighLow"로 파일을 저장한 후, 아두이노로 업로드한다.
- 13번 핀 LED가 0.5초마다 켜지고 꺼지는지 점검한다.

```
/*13번 핀에 연결된 LED가 1초마다 켜짐/꺼짐을 반복한다.  */

void setup()                       // Built-in initialization block
{
 pinMode(13, OUTPUT);              // Set digital pin 13 -> output
}
void loop()                        // Main loop auto-repeats
{
 digitalWrite(13, HIGH);           // Pin 13 = 5 V, LED emits light
 delay(500);                       // ..for 0.5 seconds
 digitalWrite(13, LOW);            // Pin 13 = 0 V, LED no light
 delay(500);                       // ..for 0.5 seconds
}
```

타임 차트 만들기

타임 차트는 HIGH 신호와 LOW 신호가 시간에 따라 동작하는 그래프이다. LedHighLow실험의 타임 차트는 다음 그림과 같이 LED를 HIGH(5V)와 LOW(0V)신호를 1000ms 간격으로 동작시킨다. 시간지연 delay() 함수를 사용하여 깜박임 비율을 조절할 수 있다.

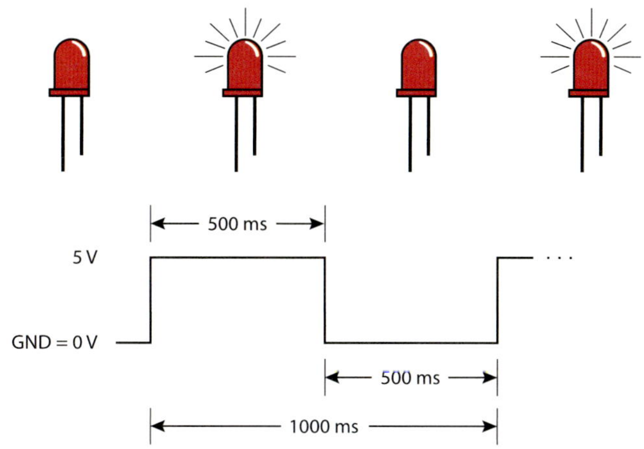

LED 깜박임 비율 실험

깜박임을 두 배 빠르게 만들 수 있을까? 시간지연 delay() 함수의 파라미터를 반으로 어떻게 줄일 수 있을까?

- delay(250)을 사용하도록 스케치를 수정한다. 두 곳을 수정하는 것을 잊지 말자.

12번 LED를 깜박이도록 하기 위해 pinMode() 함수에서 핀 파라미터를 바꾸고 무한 loop()함수 내에 있는 두 개의 digitalWrite() 함수의 파라미터를 바꾼다.

- setup() 함수에서 pinMode() 함수가 13번 핀 대신 12번 핀을 사용하도록 스케치를 수정한다.
- 또한 반복문 내의 digitalWrite() 함수가 12번 핀을 사용하도록 수정한다.
- 스케치를 업로드하여, 12번 LED가 깜박이는지 확인한다.

또한 동시에 두 개의 LED가 깜박이도록 할 수 있다.

- pinMode() 함수 두 개를 사용하도록 스케치에 아래 문장을 추가한다.

```
pinMode(13, OUTPUT);            // 핀 13을 출력(OUTPUT)으로 설정
pinMode(12, OUTPUT);            // 핀 12를 출력(OUTPUT)으로 설정
```

- 그리고 digitalWrite를 네 번 사용한다.

```
digitalWrite(13, HIGH);         // 핀 13 = 5 V, LED 불이 켜짐
digitalWrite(12, HIGH);         // 핀 12 = 5 V, LED 불이 켜짐
delay(500);                     // ..0.5초 동안
digitalWrite(13, LOW);          // 핀 13 = 0 V, LED 불이 꺼짐
digitalWrite(12, LOW);          // 핀 12 = 0 V, LED 불이 꺼짐
delay(500);                     // ..0.5초 동안
```

- 수정된 스케치를 업로드한다. 두 개의 LED가 함께 켜지고 꺼지는가?

한 개의 LED가 켜지면 다른 한 개의 LED가 꺼지도록 어떻게 스케치를 수정할까? 한 개의 회로가 HIGH 신호를 받으면, 다른 한 개의 회로는 LOW 신호를 받아야 한다. 시도해 보자!

실습2

LED 서보 신호 감시

모터를 구동하는 HIGH와 LOW 신호는 매우 정확한 시간 주기를 유지해야 하는데 서보모터가 HIGH 상태를 얼마나 오래 동안 유지해야 하는지를 측정하기 때문이다. 그리고 얼마나 빨리 어느 방향으로 모터를 회전해야 하는지를 이용하기 때문이다.

여기 타임 차트는 로봇바퀴가 시계 방향으로 전속력 회전하는 서보 신호를 나타내는데, 하나의 큰 차이가 있다. 타임 차트의 모든 신호들은 서보를 제어하는 것보다 100배 더 길게 유지된다.

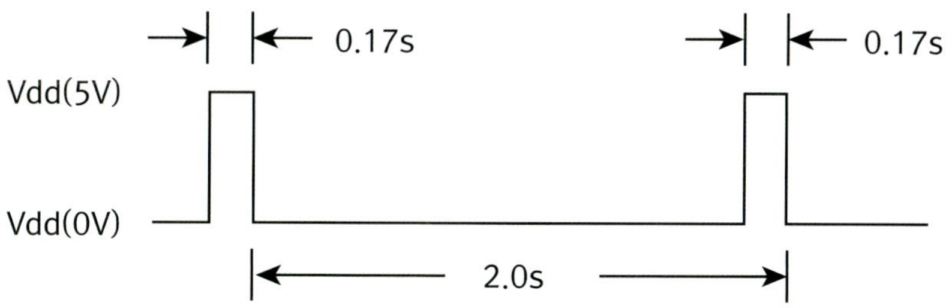

예제 스케치

ServoSlowMoCcw

- ServoSlowMoCcw를 아두이노에 입력한 후, 저장하고 업로드한다.
- 13번 핀 LED회로가 2초마다 펄스가 발생하는지 점검한다.

```
/*
  쉴드와 결합된 로봇 - ServoSlowMoCcw
  LED로 보이는 서보 신호의 1/100번째 속도를 전송한다.
*/
```

```
void setup()
{
  pinMode(13, OUTPUT);                  // 디지털핀 13을 OUTPUT 놓기
}
  void loop()
{
  digitalWrite(13, HIGH);               // 핀 13 = 5 V, LED 불빛 켜기
  delay(170);                           // ..0.17초 동안
  digitalWrite(13, LOW);                // 핀 13 = 0 V, LED 불빛 끄기
  delay(1830);                          // ..1.83초 동안
}
```

2단계 서보 신호

그럼 1/100배 속도 대신 1/10배 속도로는 어떻게 프로그래밍할까?

- delay(170)을 delay(17)로 줄이고, delay(1830)은 delay(183)으로 하여 스케치를 다시 업로드한다.

이제 LED 깜박임이 10배 빨라지는가? 서보 신호를 다시 10으로 나누어 보자.

- delay(17)은 delay(2)로 바꾸고, delay(183)은 delay(18)로 바꾸어 수정된 스케치를 업로드한다.

이제 서보신호가 LED 지시등과 비슷하게 보인다는 것을 알 수 있다. HIGH 신호가 1.7ms 대신 2ms이기 때문에 LED가 실제 서보제어 신호보다 조금 더 밝아진다. 우리는 서보를 제어할 신호와 프로그래밍 수단을 사용하지만, 좀 더 쉽고 정확한 방법이 있다. 먼저 LED로 그것을 시도해 보자.

아두이노 서보 라이브러리 사용법

서보 신호를 만드는 좋은 방법으로 스케치 내에 아두이노 서보 라이브러리를 사용한다. 이것은 표준 라이브러리의 하나로 아두이노 소프트웨어에서 제공되는 번들 코드이다.

- 아두이노 라이브러리의 목록을 살펴보고 아두이노 소프트웨어의 [도움말] 메뉴를 클릭하고 [참조]를 선택한다.
- [Libraries] 링크를 클릭한다.

서보 라이브러리를 더 자세히 살펴보고 싶다면,

- [Servo] 링크를 클릭한다.
- 서보 라이브러리 페이지 우측에 있는 다음 함수들 링크를 클릭하여 내용을 읽고 참조한다.

```
attach()
writeMicroseconds()
detach()
```

서보는 회전을 하기 위해 규칙적인 시간 간격으로 HIGH 펄스 제어신호를 수신해야 한다. 만약 신호가 멈추면 서보는 동작하지 않는다. 신호를 만들기 위해 스케치에서 서보 라이브러리를 사용하면, 이것은 지연이나 센서 체크 등과 같이 다른 코드에서도 사용할 수 있다. 더구나 서보 라이브러리가 내부에서 동작하기 때문에 서보는 계속 회전한다. 이것은 규칙적으로 HIGH 펄스 신호들을 전달하기 위한 다른 코드의 실행을 방해하며, 너무 빠르게 동작되므로 실제로는 느낄 수가 없다.

서보 제어 신호를 보내기 위한 서보 라이브러리 사용 4단계

1. 스케치에서 setup 함수 이전에 서보 라이브러리 헤드파일을 선언한다.

```
#include <Servo.h>                    // 서보 헤드파일 선언
```

2. # include와 setup 함수 사이에 신호를 보내고자 하는 서보에 대한 서보 라이브러리의 서보 이름을 선언한다.

```
Servo servoLeft;                    // 왼쪽 서보 선언
```

3. setup 함수에서, 선언한 서보 이름에 "."(도트)를 이용하여 서보 신호를 보낼 수 있다. 신호를 보내는 신호 핀 결정을 위해 attach 함수를 호출한다. 아래 예제는 이름이 servoLeft 서보 신호를 디지털 핀 13번으로 전달하는 시스템을 나타낸다.

```
servoLeft.attach(13);               // 13번 핀에 왼쪽서보 연결
```

4. 펄스 시간을 설정하기 위해 writeMicroseconds() 함수를 사용한다. setup() 함수와 loop() 함수 어느 곳에서나 위 함수를 사용할 수 있다.

```
servoLeft.writeMicroseconds(1500);  // 1.5 ms 정지 신호
```

Seconds(초), Milliseconds(밀리초), Microseconds(마이크로초)

1 *millisecond*(밀리초)는 1,000분의 1초이고, 약자는 ms로 나타낸다.

1 *microsecond*(마이크로초)는 100만분의 1초이고, 약자는 μs로 나타낸다.

1 millisecond(ms) 내에는 1000 microseconds (μs)가 포함되어 있다.

1 second(s) 내에는 1,000,000 microseconds가 포함되어 있다.

예제 스케치

LeftServoStayStill

서보를 계측하기 위하여 스케치는 1.5ms 펄스 신호를 보낼 필요가 있다. 아래 타임차트를 살펴보자. 신호의 HIGH 펄스 시간이 1.5ms 동안 지속된다. 그것은 1.7ms 반시계 방향 펄스와 1.3ms 시계 방향 펄스의 중간 지점이다.

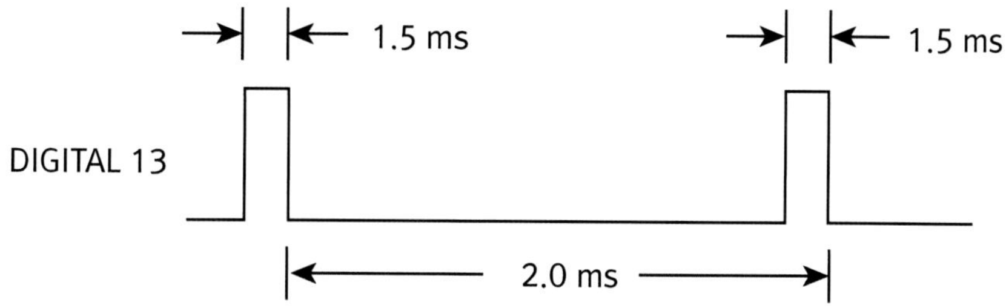

- 아두이노에 LeftServoStayStill을 입력하고 저장하여 업로드한다. 핀 13 LED는 이전에 관찰했던 두 개의 밝기 정도의 중간에 해당한다.

```
/*
 쉴드에 장착된 로봇 - LeftServoStayStill
 Generate signal to make the servo stay still for centering.
 */
```

```
#include <Servo.h>                          // 서보 라이브러리 포함
Servo servoLeft;                            // 왼쪽 서보 선언

void setup()
{
  servoLeft.attach(13);                     // 핀 13에 왼쪽 서보 할당
  servoLeft.writeMicroseconds(1500);        // 1.5 ms 왼쪽 서보 정지 동작
}
void loop()
{
}
```

핀 12 LED에 두 번째 제어신호 점검하기

이번에는 코드를 여러 개 사용한다. 신호를 핀으로 연결하고 펄스 기간을 설정하는 서보의 인스턴스 선언 방법을 연습하는 것이 좋다.

- BothServosStayStill로 LeftServoStayStill을 저장한다.
- 두 번째 서보를 선언하여 추가하고 servoRight라고 이름 붙인다.

  Servo servoRight;

- servoRight 신호를 디지털 핀 12번에 연결한다.

  servoRight.attach(12);

- servoRight 신호의 펄스를 1.5ms (1500 μs)로 설정한다.

  servoRight.writeMicroseconds(1500);

- 이제 스케치는 BothServosStayStill이 된다.
- 아두이노에 저장된 스케치를 업로드한다.
- 두 개의 LED가 비슷한 밝기 수준을 나타내는지 점검한다.

```
/*
 쉴드에 장착된 로봇 - BothServosStayStill
 서보를 정지시키기
 */
```

```
#include <Servo.h>

Servo servoLeft;                          // 왼쪽 서보 선언
Servo servoRight;                         // 오른쪽 서보 선언

void setup()
{
  servoLeft.attach(13);                   // 13핀에 왼쪽 서보 할당
  servoRight.attach(12);                  // 12핀에 오른쪽 서보 할당

  servoLeft.writeMicroseconds(1500);   // 1.5 ms 동안 13번핀 서보 정지 동작
  servoRight.writeMicroseconds(1500);  // 1.5 ms 동안 12번핀 서보 정지 동작
}
void loop()
{
}
```

실습3

서보모터와 건전지 연결

로봇주행 관점에서 볼 때, 연속회전 서보는 단순하고 유용하며 가격이 저렴하다. Parallax의 연속회전 서보는 아두이노를 사용하여 로봇 바퀴의 회전을 제어하는 모터이다.

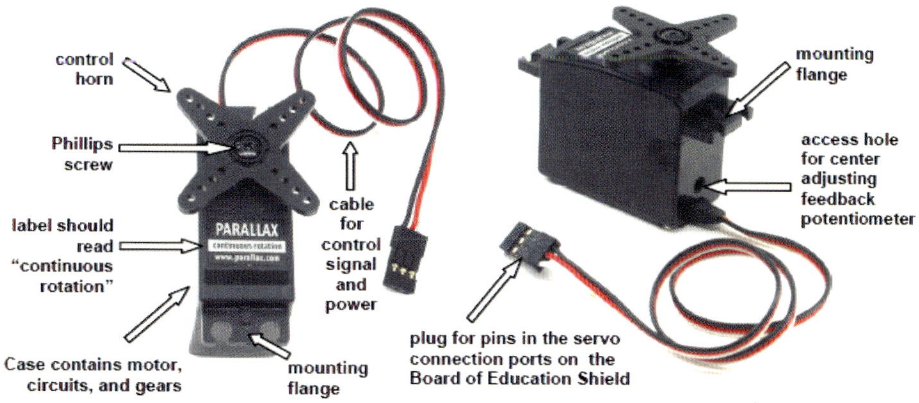

이번 실습에서 서보를 로봇의 서보 포트에 연결하고, 이어서 전압 공급, 접지 그리고 신호핀을 연결한다. 또한 어떤 상황에서 서보가 USB를 통해 공급하는 전류보다 더 많은 전류를 요구하는 상황이 초래될 경우, 아두이노에 건전지 전원을 연결해야 한다.

표준 서보와 연속회전 서보

표준 서보는 어떤 위치를 나타내는 전자신호를 수신하도록 설계되어 있다. 이러한 서보들은 무선 조종 비행기 조종날개, 배의 방향타 그리고 자동차 조종장치의 위치를 제어한다. 연속회전 서보는 동일한 전자신호를 수신하지만, 어떤 속도와 방향으로 회전한다. 연속회전 서보는 바퀴와 도르래를 제어하기 쉽다.

서보 제어 혼(servo Control Horn), 4-방향 별모양 대 둥근 모양

4-방향 별 모양과 둥근 바퀴는 차이가 없다. 연속회전이면 그것은 아두이노 로봇을 위한 서보이다. 4-방향 별모양을 제거하고 제거된 자리에 둥근 모양의 바퀴를 장착한다.

쉴드에 서보 연결하기

보드에 있는 이전 과제의 LED회로를 그대로 두자. 아두이노가 서보의 움직임을 제어하기 위해 서보로 보내는 신호를 모니터 하는 데 사용된다.

부품 목록

- 패럴렉스(Parallax) 연속회전 서보
  이전 과제에서 LED 지시등을 점검하고 설치한 아두이노 ABOT 보드

사용 설명

- 쉴드의 전원 스위치(SW2)를 왼쪽 끝으로 놓아 전원을 끈다.

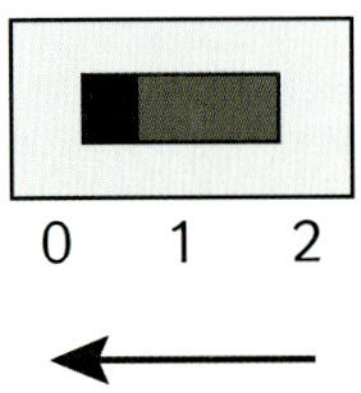

- USB 케이블을 포함하는 아두이노로부터 모든 전원을 분리한다.

쉴드의 점퍼 스위치들 J8(포트10, 포트11)과 J6(포트12, 포트13) 사이에 Vin 또는 5V로 서보 전원을 공급할 수 있는 J5 점퍼가 있다. 점퍼를 제거하려면 위로 들어 올리고 다른 핀을 선택하고 쌍으로 점퍼를 눌러 끼운다. 아두이노 로봇 건전지는 7.5V를

공급한다. 서보가 4-6V 사이에서 변화하기 때문에, J5 점퍼가 5V로 되어 있는지를 확인해야 한다. 또한 일정한 5V 전압원은 서보 속도를 지속적으로 유지시키고, 건전지 방전처럼 변화가 있는 전압보다 더 정확한 조종을 지원한다.

- 쉴드 전원 점퍼가 5V인지 확인한다. 그렇지 않다면 수정해야 한다.

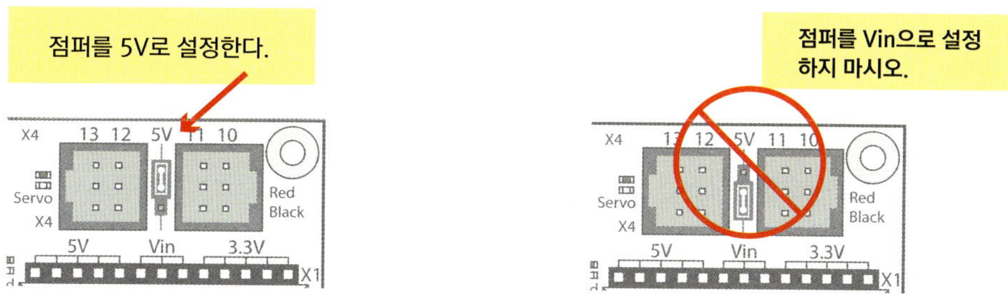

아래 그림은 쉴드 위 J6의 포드 12와 13에 서보를 연결한 회로의 개요도를 보여준다. 연결한 케이블의 전선 색상을 주의 깊게 살펴보자. 검은색은 아래쪽에 있어야 하고, 흰색은 위쪽에 있어야 한다.

- 아래 그림처럼 쉴드로 서보를 연결한다.
- 그림에 보이는 케이블 색상처럼 보드에 검은색 전선이 가깝고 보드 가장자리에 흰선이 가깝도록 되어 있는지 확인한다.

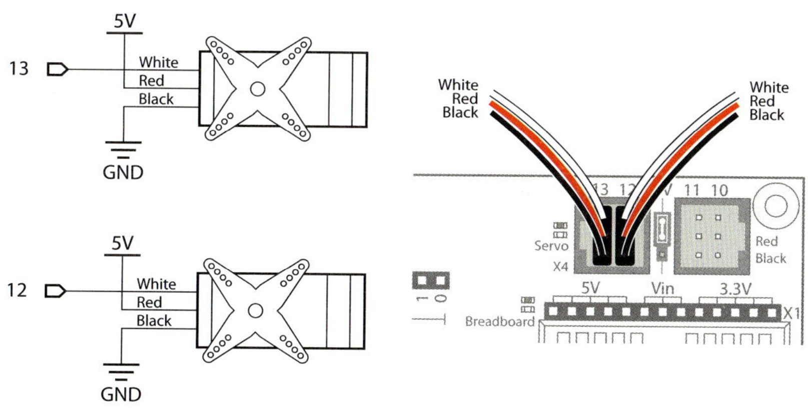

건전지 팩을 쉴드에 연결하기

서보에 전원을 공급하기 위하여 외부 건전지 팩으로 전환해야 할 필요가 있다. 서보가 갑자기 방향을 바꿀 때나 회전에 방해되는 물체를 밀고 나갈 때, USB 포트 공급 전원보다 더 많은 전류를 소모하도록 설계되어 있기 때문이다. 그리고 아두이노 로봇이 컴퓨터와 멀어지면 함께 동작할 수 없기 때문이다. 그래서 1.5V AA건전지 5개로 구성된 건전지 팩을 사용한다. 이것은 장치에 7.5V를 공급하고 전압 조절장치와 서보를 위해 더 많은 전류를 공급한다. 다음 두 가지를 기억해야 한다.

- **실험을 마쳤다면 항상 건전지 팩을 뽑아 놓으라.** 심지어 ABOT 보드의 전원 스위치가 꺼진 상태(위치-0)지만, 아두이노 모듈은 건전지로부터 아주 적지만 전력을 소모하고 있다.
- **또한 건전지 팩을 뽑을 때마다 프로그래밍 케이블을 뽑으라.** 이것은 우연히 서보를 동작시키는 것을 방지한다.

어떤 건전지 팩을 가지고 있는가?

어떤 건전지 팩을 가지고 있는지를 아래 그림과 비교하여

- 4셀 팩은 다음 페이지 4팩 설치로 가라.
- 추가 팩은 그 다음 페이지의 4셀 팩과 추가 건전지 팩 설치로 가라.

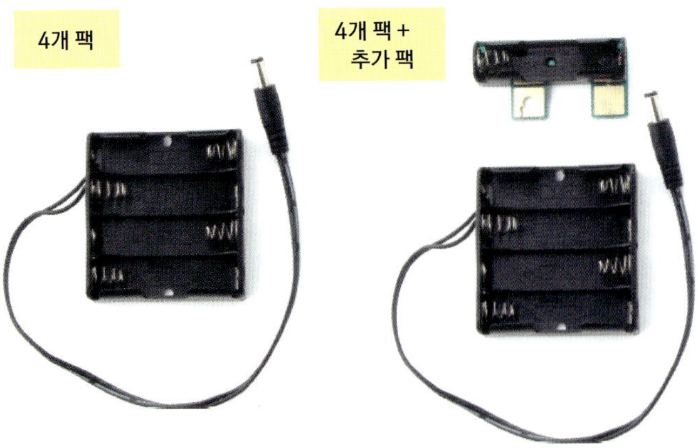

재충전 옵션

절약형 보부스터(Boe-Boost, #30078)는 4셀에 직렬로 하나의 셀을 더 추가하거나 4셀 팩을 사용한다.

⚠ **교류(AC)로 직류(DC) 전원을 ABOT에 공급하지 않는다.** 어떤 DC전원은 설계보다 더 높은 전압을 공급한다. 아두이노 로봇은 6~7.5 V 건전지 공급전압을 사용하도록 설계되었다. 그것은 낮은 부하에서 더 높은 공급전압으로 동작하지만 서보 부하는 로봇을 보호하기 위해 멈출 때까지 조절장치를 가열시킬 수 있다.

4셀 팩 설치

부품 목록

- AA 알카라인 건전지 4개
- 4셀 건전지 팩 1개

- 건전지를 건전지 팩에 끼워 넣는다.
- 건전지 팩을 아두이노 전원 잭으로 연결한다. 마쳤다면 그림과 같아야 한다.
- 서보 중심 맞추기로 가라.

4셀 팩과 추가 건전지 팩 설치

부품 목록

- 추가 건전지 팩 1개
- 4셀 건전지 팩 1개
- AA 알카라인 건전지 5개

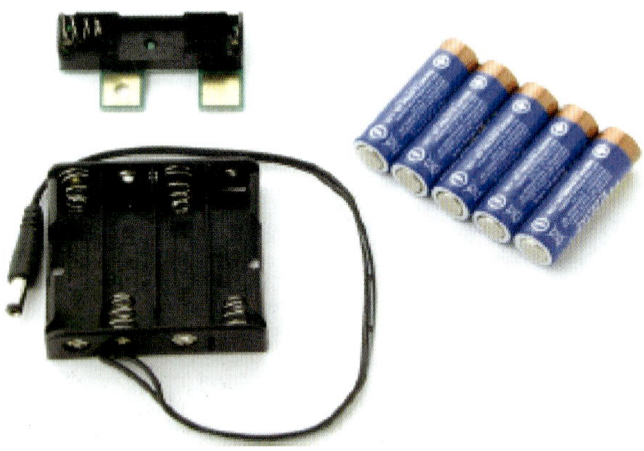

- 건전지 팩으로 건전지와 추가 팩을 끼워 넣는다. 알카라인 건전지의 +/–마크를 건전지 케이스의 + / –마크와 맞춘다.

• 아래 그림처럼 두 개 건전지의 양극 끝을 위로 들어 올린다.

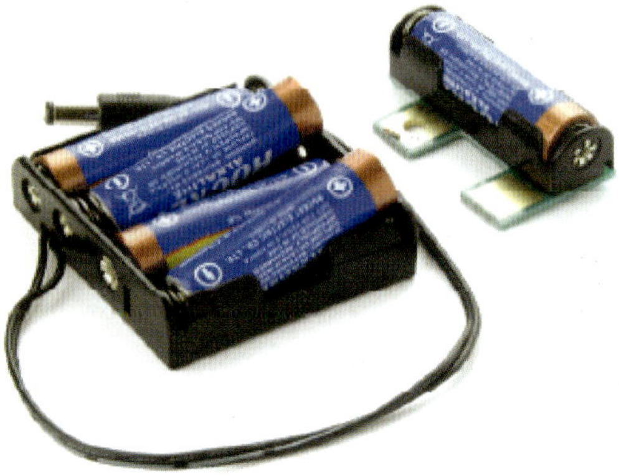

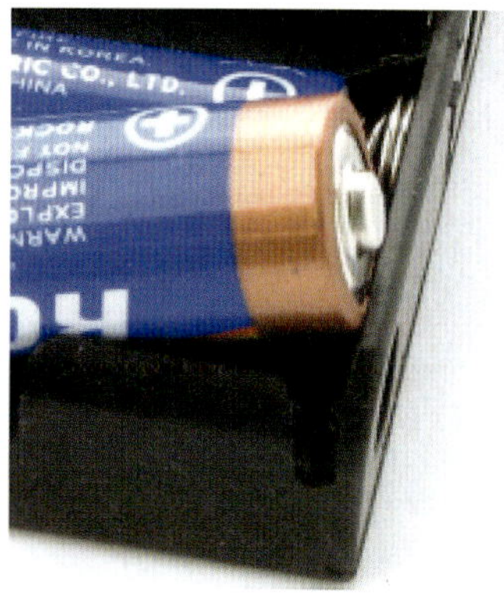

• 추가 팩을 양극 끝부분으로 밀어 넣고, 건전지 홀더로 밀어 넣기 위해 누른다.

• 아두이노 파워 잭으로 건전지 팩을 끼워 넣는다.

• 작업을 점검한다. 장치 조립을 마치면 아래 그림과 같아야 한다.

실습4

서보 중심(centering) 맞추기

이번 과제에서 "서보-정지하기" 신호를 서보로 보내는 스케치를 동작시킨다. 서보가 멈춘 상태가 되도록 스크루 드라이버로 서보 중심을 맞추어야 한다. 조정 이후에 서보가 시계 방향 또는 반시계 방향으로 회전하는 스케치를 테스트한다

필요한 도구

1/8″ (3.18 mm) 드라이버가 필요하다. 가는 십자 드라이버를 사용한다.

중심 신호 전송

서보 중심이 맞지 않다면, "서보-정지하기"신호를 수신할 때, 조금씩 회전하거나 진동하거나 소음을 일으킬 수 있다.

- 프로그래밍 케이블을 분리하고 LeftServoStayStill을 다시 동작시킨다.
- ABOT 보드 전원 스위치를 2에 놓고, 전원을 서보에 공급한다.

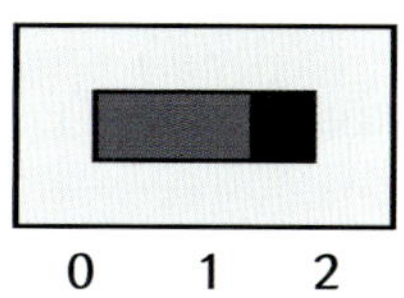

- 서보의 전위차계를 조정하기 위해 스크루 드라이버를 사용한다. 너무 세게 누르지 않는다. 서보가 회전하거나 소음을 내거나 진동하지 않도록 만드는 조정점을 찾을 때까지 가볍게 전위차계를 조정한다.

- 13번 핀 LED 신호 모니터 회로가 동작하는지를 점검한다.

전위차계(Potentiometer)란 무엇인가?

전위차계(potentiometer)는 저항 값을 설정하기 위해 동그란 나사 모양 혹은 슬라이딩 바처럼 움직여 임의 값을 조정하는 일종의 가변저항이다. 패럴렉스 연속회전 서보 전위차계는 작은 스크류 드라이버 끝으로 조정할 수 있는 오목한 동그란 나사모양이다.

핀 12번으로 연결된 서보의 중심 맞추기

- 스케치 RightServoStayStill를 사용한 핀 12번에 대하여 과정을 반복한다.

```
/*
 아두이노 로봇 - RightServoStayStill
 12번 핀에 정지 신호를 보낸다.
 */
```

```
#include <Servo.h>

Servo servoRight;

void setup()
{
  servoRight.attach(12);                // 12번 핀에 오른쪽 서보 할당
  servoRight.writeMicroseconds(1500);   // 1.5 ms동안 오른쪽 서보 정지 동작
}

void loop()
{
}
```

실습5

서보 검사

아두이노 로봇을 조립하기 전에 마지막 남은 한 가지가 있는데, 바로 서보 검사이다. 이번 과제에서 속도와 방향이 다르게 서보가 회전하도록 하는 스케치를 실행한다. 다음은 시스템 부분 테스트의 예제이다.

시스템 부분 테스트는 더 큰 소자를 다루기 전에 각각의 부품들을 점검하는 연습으로 로봇 실습을 성공적으로 마치게 도와주는 유용한 전략이다. 또한, 이것은 장난감, 자동차 그리고 비디오 게임부터 우주선과 화성 탐사 로봇 등을 개발하는 모든 기술자가 사용하는 필수 기술이다. 특히 더 복잡한 장치에서 각각의 부품이 점검되지 않는다면 문제점을 찾아내는 것이 거의 불가능할 수 있다. 예를 들어 우주 프로젝트에서 한 개의 문제를 수정하기 위해 시험 제작품을 분해하는 것은 수십만 원, 수십억 원의 비용이 소요될 수 있다.

펄스 폭은 속도와 방향을 제어

다음 타임 차트는 1.3ms 펄스를 보낼 때 패럴렉스 연속회전 서보가 전속력으로 시계방향 회전을 어떻게 하는지 보여준다. 일반적으로 최대 속력은 50~60 RPM 범위에 있다.

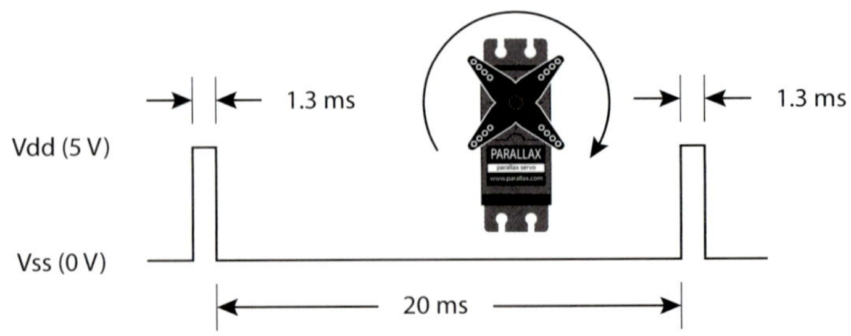

RPM이란?

분당 회전수로 1분 동안에 회전하는 전체 회전수를 의미한다.

pulse train이란?

기차가 일련의 차량으로 연결되어 있는 것처럼, pulse train은 펄스의 연속을 의미한다.

예제 스케치

LeftServoClockwise

- LeftServoClockwise를 입력하고 저장한 후 업로드한다.
- 서보 혼(horn)이 50-60RPM 시계 방향으로 회전하는지를 점검한다.

```
/*
 아두이노 로봇 - LeftServoClockwise
 13번 핀에 시계 방향으로 최대 속력으로 회전.
 */
```

```
#include <Servo.h>

Servo servoLeft;                            // 왼쪽 서보 선언

void setup()
{
  servoLeft.attach(13);                     // 13번 핀 서보 할당
  servoLeft.writeMicroseconds(1300);        // 1.3 ms동안 시계방향 최대 속도
}

void loop()
{
}
```

Left Servo Counterclockwise

- LeftServoClockwise를 LeftServoCounterclockwise로 저장한다.
- servoLeft.writeMicroseconds에서 (1300)을 (1700)으로 변경한다.
- 수정된 스케치를 저장하고 아두이노로 업로드한다.
- 핀 13번에 연결된 서보가 다른 방향으로 회전하는지를 점검한다. 이것은 약 50-60RPM의 반시계 방향이어야 한다.

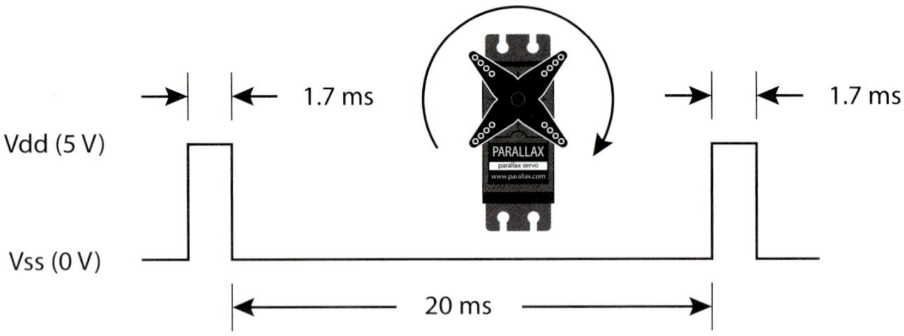

예제 스케치

RightServoClockwise

- LeftServoClockwise를 RightServoClockwise로 저장한다.
- servoLeft의 모든 인스턴스를 servoRight로 교체한다.
- 13의 모든 인스턴스를 12로 교체한다.
- 스케치를 실행하고 12번 핀 서보가 50-60 RPM으로 시계 방향으로 회전하는지를 점검한다.

```
/*
 아두이노 로봇 - RightServoClockwise
 12번 핀에 시계 방향으로 최대 속도 회전.
 */
```

```
#include <Servo.h>

Servo servoRight;                          // 왼쪽 서보 선언

void setup()
{
  servoRight.attach(12);                   // 12번 핀에 서보 할당
  servoRight.writeMicroseconds(1300);      // 1.3 ms동안 시계방향 최대 속도
}

void loop()
{
}
```

Right Servo Counterclockwise

- servoRight.writeMicroseconds에서 (1300)을 (1700)으로 바꾼다.
- 스케치를 저장하고 아두이노로 업로드한다.
- 핀 12번 서보가 반시계 방향으로 50-60RPM 회전하는지를 점검한다.

서보 속도와 방향을 제어하기

ABOT 조종을 위하여 한 번에 두 개의 서보를 제어할 필요가 있다.

- ServosOppositeDirections을 아두이노로 입력하고 저장하여 업로드한다.
- 13에 연결된 서보는 반시계 방향으로 핀 12에 연결된 다른 서보는 시계 방향으로 회전하는지를 점검한다.

예제 스케치

ServosOppositeDirections

```
/*
 아두이노 로봇 - ServosOppositeDirections
 핀 13번은 반시계 방향 신호를 보내고 핀 12번은 시계 방향 신호를 보낸다.
 */
```

```
#include <Servo.h>
Servo servoLeft;                          // 왼쪽 서보 선언
Servo servoRight;                         // 오른쪽 서보 선언

void setup()
{
  servoLeft.attach(13);                   // 13번 핀에 왼쪽 서보 할당
  servoRight.attach(12);                  // 12번 핀에 오른쪽 서보 할당

  servoLeft.writeMicroseconds(1700);      // 1.7 ms -> 반시계 방향
  servoRight.writeMicroseconds(1300);     // 1.3 ms -> 시계 방향
}

void loop()
{
}
```

반대 방향 제어가 중요하다. 서보가 차체에 장착되었을 때 ABOT이 직선으로 굴러가기 위해서는 하나의 서보가 시계방향으로 회전하면 다른 한 개는 반시계 방향으로 회전해야 한다. 이해가 잘 안되는가? 이해가 안되면 직접 실습해 보자.

- 스케치가 실행되는 동안 서보를 함께 들어보자.

펄스폭 변조(*modulation*)

정보를 전달하는 신호의 양을 조정하는 것을 변조라고 부른다. 서보 제어신호는 일련의 HIGH 신호이고 나머지는 LOW 상태로 분리된 상태이다. HIGH 펄스가 얼마나 오래 지속되는가에 따라 서보 회전 속도와 방향을 결정한다. 조정 가능한 펄스폭은 서보 세팅 정보를 나타낸다. 그러므로 서보가 펄스 폭 변조로 제어된다고 말할 수 있다.

아두이노 로봇의 동작을 프로그램하기 위하여 writeMicroseconds (us) 파라미터의 여러 조합이 반복적으로 사용된다. 여러 가지 가능한 조합을 테스트하고, 표 2-2의 설명의 빈 칸을 채우면서 친숙해지고 기초를 다지자.

- TestServosTable2_2처럼 ServosOppositeDirections 스케치의 복사본을 저장한다.
- servoLeft.WriteMicroseconds(μs)와 servoRight.WriteMicroseconds(μs) 안의 파라미터 값들의 조합을 테스트하고 표 2-2에 그 결과를 기록한다.

서보 실행 시간 제어방법

서보 라이브러리를 사용할 때 얼마나 오랫 동안 서보가 실행되는가를 제어하는 것은 쉽다. 일단 한번 정해지면, 서보는 새로운 조작이 수신될 때까지 원래의 동작을 지속한다. 그래서 서보가 어떤 시간 간격으로 실행하려면 각각의 세팅 후에 지연시간을 삽입해야만 한다.

표 2-2. writeMicroseconds(μs) 결과			
Pin 13 servoLeft	Pin 12 servoRight	설명	동작 결과
1700	1300	최대 속도, pin 13 서보 반시계 방향 최대 속도, pin 12 서보 시계 방향	
1300	1700		
1700	1700		
1300	1300		
1500	1700		
1300	1500		
1500	1500	양쪽 서보가 멈춘다.	
1520	1480		
1540	1460		
1700	1450		
1550	1300		

예제 스케치

ServoRunTimes

- ServoRunTimes를 입력, 저장하고 아두이노로 업로드한다.
- 3초 동안 서보가 시계 방향으로 회전하고 그 다음 반시계 방향으로 3초 동안 회전 후 멈추는지를 점검한다.

```
/*
 아두이노 로봇 - ServoRunTimes
핀 13은 반시계 방향으로 전속력으로 서보가 동작하고 핀 12는 시계 방향으로 전속력으로 서보
가 동작한다.
 */
```

```
#include <Servo.h>

Servo servoLeft;                            // 왼쪽 서보 선언
Servo servoRight;                           // 오른쪽 서보 선언

void setup()
{
  servoLeft.attach(13);                     // 13번핀에 왼쪽 서보 할당
  servoRight.attach(12);                    // 12번핀에 오른쪽 서보 할당

  servoLeft.writeMicroseconds(1300);        // 핀 13 시계방향
  servoRight.writeMicroseconds(1300);       // 핀 12 시계방향
  delay(3000);                              // ..3초 동안
  servoLeft.writeMicroseconds(1700);        // 핀 13 반시계방향
  servoRight.writeMicroseconds(1700);       // 핀 12 반시계방향
  delay(3000);                              // ..3초 동안
  servoLeft.writeMicroseconds(1500);        // 핀 13 정지상태
  servoRight.writeMicroseconds(1500);       // 핀 12 정지상태
}

void loop()
{
}
```

CHAPTER 2

요약

이 장에서 중요한 내용은 서보의 계측과 점검이고, 서보 신호를 모니터하기 위한 지시등을 설치한다. 몇몇 하드웨어 제작에 덧붙여 전자 프로그램 그리고 몇 개의 멋진 엔지니어링 개념과 관련된 것들을 소개하였다.

하드웨어 제작

- 아두이노 로봇에 아두이노 보드를 어떻게 설치하는가?
- 장치에 외부 건전지 전원을 어떻게 그리고 왜 공급하는가?
- 아두이노 보드에 서보를 어떻게 연결하는가?

전자 공학

- 저항과 회로 심벌은 무엇인가, 칼라 색띠 값은 어떻게 바꾸는가?
- 저항의 오차란 무엇인가?
- LED는 무엇인가, 그리고 단일방향 스위치처럼 동작하는 심벌은 무엇인가? 그리고 애노드와 캐소드를 구분하는 방법은 무엇인가?
- 왜 브래드보드는 납땜이 필요 없는가? 전자소자를 어떻게 서로 연결하는가?
- LED 지시등 회로를 어떻게 설치하는가?
- ABOT에 서보 모터 부품을 어떻게 연결하는가?
- 전위차계가 무엇인가 그리고 전위차계를 조정하여 패럴렉스 연속회전 서보를 어떻게 계측하는가?
- 펄스열(pulse train)이 무엇인가 그리고 펄스폭 변조로 서보를 어떻게 제어하는가?

프로그래밍

- HIGH와 LOW 출력 신호를 전송하기 위하여 아두이노 pinMode와 digitalWrite 함수를 어떻게 사용하는가?
- 서보 라이브러리를 스케치에 더하기 위하여 #include를 어떻게 사용하는가?
- 서보 라이브러리 함수로 서보를 제어하기
- 서보 속도, 방향 및 실행 시간을 제어하기

엔지니어링

- 보드에서 회로 설치하기
- 소자 사이의 통신을 모니터하기 위하여 지시등 사용하기
- 시스템 부분 검사가 무엇이며 왜 중요한가?
- 입력 변수 표를 만들어 보고, 그것들이 장치 출력에 어떤 영향을 미치는가?

CHAPTER 2

도전

질문Questions

1. 브레드보드를 사용하여 두 개의 단자를 어떻게 연결하는가?
2. 어떤 함수가 디지털 핀의 방향을 설정하는가?
3. 어떤 함수가 13번 핀에 5V를 설정하는가? 어떤 함수가 13번 핀을 0V로 설정하는가?
4. 스케치가 5V 신호구간을 어떻게 제어할 수 있는가?
5. 연속회전 서보를 회전하도록 하는 펄스 구간이 무엇인가?

a. 전속력 시계 방향으로,

b. 전속력 반시계 방향으로,

c. 멈추어 있기.

6. 어느 호출이 서보를 더 빠르게 회전하도록 하며, 그 이유는 무엇인가?

a. servoLeft.writeMicroseconds(1440)

b. servoLeft.writeMicroseconds(1420)

7. 임의의 서보신호 구간을 스케치가 어떻게 제어할 수 있는가?

연습Exercises

1. 작동하지 않는 동안의 1/3시점에서 1초마다 LED를 5번 깜박이도록 하는 반복 함수를 작성한다(이번 연습을 위하여 서보들을 분리한다).
2. 1.2초 동안 13번 핀 서보는 전속 시계방향 회전하고 12번 핀은 멈춰 있도록 하는 setup 함수를 작성한다. 그 다음 두 개의 서보가 멈추도록 설정한다.
3. 3초 동안 하나의 서보를 회전시키는 setup 함수를 작성한다. 다른 서보는 처음 1.5초 동안 반대 방향으로 회전해야 하고, 1.5초 동안 동일 방향으로 회전해야 한다. 그 다음 두 개의 서보가 멈추도록 한다.

프로젝트Projects

1. 서보 라이브러리 detach 함수를 살펴보고 그것을 servoLeft의 위치에서 사용한다. 그리고 3초 동안 회전한 후에 서보를 멈추기 위하여 servoRight.writeMicroseconds(1500)를 사용한다.
2. 12번 핀 서보가 시계 방향으로 회전하는 동안 13번 핀 서보를 반시계 방향으로 회전하게 하는 프로그램을 작성한다. 3초 후에 두 개의 서보를 0.6초 동안 반시계 방향으로 회전시킨다. 그 다음 두 개의 서보를 0.6초 동안 시계 방향으로 회전시킨다. 이후 13번 핀 서보를 시계 방향으로 회전시키고 12번 핀 서보를 반시계 방향으로 3초 동안 회전시킨다.

CHAPTER 2

해답

질문 해답Question Solutions

1. 브레드보드 동일 행에 두 개의 단자를 꽂는다.
2. pinMode 함수
3. digitalWrite 함수가 value 변수에 따라 두 개 모두 설정한다.

```
digitalWrite(13, HIGH) // 5 V
digitalWrite(13, LOW)  // 0 V
```

4. 어떤 핀이 HIGH로 설정된다면, 지연 호출이 일정 기간 동안 HIGH로 유지할 수 있다. 그 다음 digitalWrite호출이 LOW로 설정할 수 있다.
5. (a) 시계 방향 최대 속도 회전 동안 1.3ms 펄스, (b) 시계 방향 최대 속도 동안 1.7ms 펄스, 그리고 (c) 멈춘 상태 동안 1.5ms 펄스.
6. (b) servoLeft.writeMicroseconds(1420). 시계 방향으로 최대 속도 servoLeft.writeMicroseconds(1300), 그리고 멈춤은 servoLeft.WriteMicroseconds(1500). 1420이 정지에서 더 나아가고 최대 속도에 더 가깝기 때문에, 그 값은 비록 더 작은 값이라고 하더라도 더 빠르게 시계방향 회전을 한다.
7. Servo.writeMicroseconds(newValue)에 뒤이은 delay(ms) 다음의 Servo.writeMicroseconds(value) 또는 Servo.detach(pin)가 서보를 밀리초 ms 동안 회전한다.

예제의 해답Exercise Solutions

1. 전체 + off time이 200 ms이어야 하고, 이것은 1초의 1/5이다. 그래서 50 ms 동안 동작하고, 150 ms 동안 동작하지 않는다.

```
void loop()
{                                 // 200 ms -> 5 blinks/second
  digitalWrite(13, HIGH);         // Pin 13 = 5 V, LED 불빛 켜기
  delay(50);                      // ..0.05초 동안
  digitalWrite(13, LOW);          // Pin 13 = 0 V, LED 불빛 끄기
  delay(150);                     // ..0.15초 동안
}
```

2. 13번 핀 서보를 시계 방향 최대 속도로 놓고, 핀 12번 서보를 정지상태에 놓는다. 그 다음 1200동안 기다린다. servoRight가 이미 멈추었기 때문에 servoLeft를 멈추면 된다.

```
void setup()
{
  servoLeft.attach(13);                   // 13번핀 왼쪽 서보 할당
  servoRight.attach(12);                  // 12번핀 오른쪽 서보 할당

  servoLeft.writeMicroseconds(1300);      // 1.3 ms -> 시계방향
  servoRight.writeMicroseconds(1500);     // 1.5 ms -> 정지
  delay(1200);                            // ..1.2초 동안
  servoLeft.writeMicroseconds(1500);      // 1.5 ms -> 정지
}
```

3. 예제에서, 핀 13 서보는 반시계 방향으로 시작하고 핀 12 서보는 시계 방향으로 시작한다. 이 과정은 1.5초 동안 진행한다. 그 다음 핀 12 서보는 반시계 방향으로 바뀌고, 또 다른 1.5초 동안 계속한다. 그 다음 두 개의 서보가 멈춘다.

```
void setup()
{
  servoLeft.attach(13);                  // 13번핀 왼쪽 서보 할당
  servoRight.attach(12);                 // 12번핀 오른쪽 서보 할당

  servoLeft.writeMicroseconds(1700);     // 1.7 ms -> 반시계
  servoRight.writeMicroseconds(1300);    // 1.3 ms -> 시계
  delay(1500);                           // ..1.5초 동안
  servoLeft.writeMicroseconds(1300)      // 1.3 ms -> 시계
  servoRight.writeMicroseconds(1700);    // 1.7 ms -> 반시계
  delay(1500);                           // 1.5초 동안
  servoLeft.writeMicroseconds(1500);     // 1.5 ms -> 정지
  servoRight.writeMicroseconds(1500);    // 1.5 ms -> 정지
}
```

프로젝트 해답

1. detach 함수는 핀으로부터 서보의 인스턴스를 분리한다. 다음에 스케치는 3초 동안 동작한 후 서보를 멈추도록 하자. 이 장 예제는 서보에게 기다리라고 말하는 delay를 전송한다. detach는 서보에게 신호 전송을 멈춘다. detach의 장점은 서보가 정확하게 계측되지 않더라도 서보가 천천히 돌지 못하도록 한다. 핀 13은 반시계 방향으로 전속력으로 서보가 동작하고 핀 12는 시계 방향으로 전속력으로 서보가 동작한다.

```
#include <Servo.h>

Servo servoLeft;                          // 왼쪽 서보 선언
Servo servoRight;                         // 오른쪽 서보 선언

void setup()
{
  servoLeft.attach(13);                   // 13번핀 왼쪽 서보 할당
  servoRight.attach(12);                  // 12번핀 오른쪽 서보 할당

  servoLeft.writeMicroseconds(1700);      // 핀 13 반시계방향
  servoRight.writeMicroseconds(1300);     // 핀 12 시계방향
  delay(3000);                            // ..3초동안
  servoLeft.detach();                     // 핀13 으로부터 서보 분리
  servoRight.detach();                    // 핀12 로부터 서보 분리
}

void loop()
{
}
```

2. 해답은 네이버 아두이노 카페의 ForwardLeftRightBackward이다.

CHAPTER

[3]

ABOT 조립

이 장에서는 ABOT 부품을 조립하여 로봇을 완성하고 작동해 본다. 그리고 피에조 스피커로 소리를 내 본다.

ABOT 조립과 테스트 요약

1. ABOT 조립
2. 정확하게 연결되었는지 확인하고 서보 모터를 다시 시작
3. ABOT 전원의 완전 방전을 알려주는 스피커 연결하기와 테스트
4. [시리얼 모니터]로 서보의 속도를 제어하고 테스트하기

- 아두이노 스케치 다운로드 받기 http://cafe.naver.com/arduinocafe
- 컴퓨터에 저장하고 스케치를 사용하기 전에 압축을 푼다.
- 다음 과정을 따라한다.

실습1

ABOT 조립

이 장은 ABOT을 단계별로 조립하는 방법을 소개한다. 각 단계에서 사용하는 부품들을 확인하고 그림을 참고하여 부품들을 조립한다. 그림과 순서를 참고하여 주의해서 따라 한다.

서보 모터 분리하기

이미 서보모터를 테스트한 경우 서보 모터를 분리해야 한다. 필요한 부품들은 대부분 쉽게 찾을 수 있다. 또한 근처의 전자부품 상가에서 구입할 수도 있다.

도구들

- 드라이버 (필립스 #1 point 드라이버 1/8"(3.18mm) 1개
- 1/4 " 렌치 (선택사항) 1개
- 바늘코 플라이어 (펜치) (선택 사항) 1개

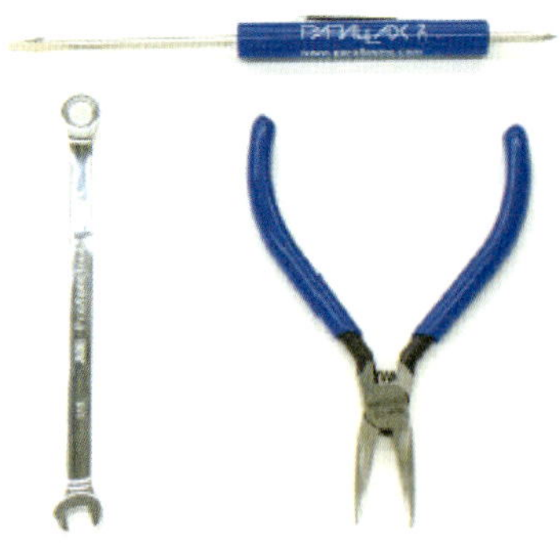

- 프로그래밍 케이블과 건전지 팩을 ABOT에서 분리한다.
- ABOT에서 서보를 분리한다.
- ABOT의 3지점 전원 스위치를 0으로 설정한다.

하드웨어 조립하기

부품 목록

- 아두이노 로봇 차체 1개
- 2.5cm 지지대 (ABOT에서 분리된 것) 4개
- 냄비 머리 작은 나사, 1/4″ 4-40 4개
- 고무 고리, 13/32" 1개

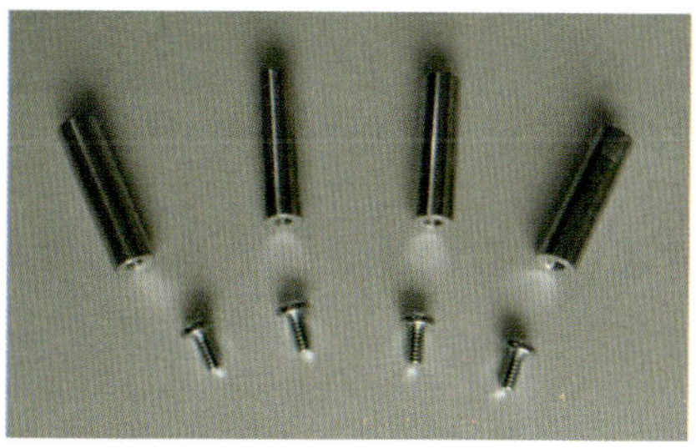
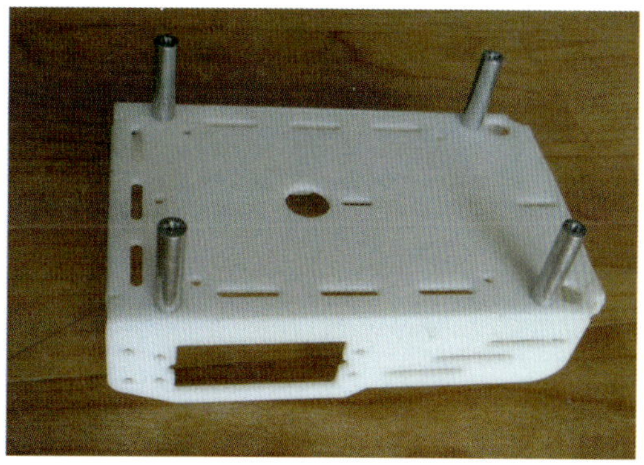

조립 순서

- 아두이노 로봇에서 2.5cm(1인치) 알루미늄 지지대를 분리하고 나사를 보관한다.
- 약 1cm 짜리 고무링을 아두이노 로봇의 차체 중앙에 끼운다.
- 차체 중앙에 테두리가 고무 고리로 되어 있는 구멍에 정확히 끼워 넣는다.
- 1/4″ 4-40 나사 네 개를 이용하여 그림처럼 네 개의 지지대를 만든다.

서보 혼(Servo Horn) 분리하기

부품 목록

- 중심을 미리 맞춘 서보모터 2개

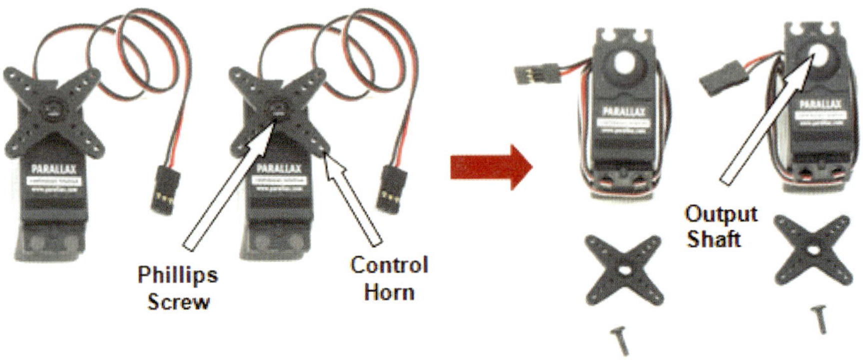

순서

- 서보 날개 위에 있는 서보 제어 혼(Control Horn)에서 드라이버를 이용하여 나사를 분리한다.
- 서보 보터의 서보 제어 혼의 날개를 위쪽 방향으로 당겨서 빼낸다.
- 나사는 다시 사용해야 되므로 보관한다.

몸체에 서보 연결하기

부품 목록

- ABOT 몸체, 부분 조립된 것. 2개
- Parallax 연속 회전 서보 2개
- 냄비 머리 작은 나사, 3/8″ 4–40 8개
- 너트, 4–40 8개
- 이름 테이프
- 펜

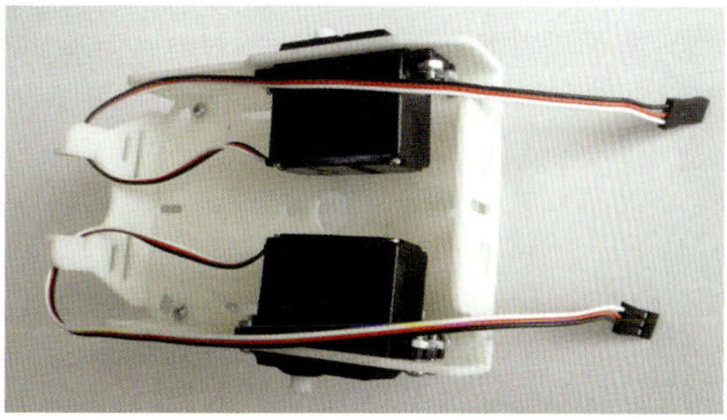

순서

- 드라이버와 너트를 이용하여 서보를 몸체에 연결한다.
- 이름 테이프를 사용하여 서보의 왼쪽은 (L) 오른쪽은 (R)을 적어서 붙인다.

건전지 팩 조립하기

부품 목록

- 접시 머리 작은 나사, 3/8″ 4–40 2개
- 너트, 4–40 2개
- 1" 접시 머리 작은 나사(서보에서 분리시킨 것) 2개
- 4개짜리 건전지 팩 1개

순서

- 그림과 같이 4개짜리 팩을 놓는다.
- 건전지 팩을 차체에 끼우고 그림처럼 나사를 이용하여 고정시킨다.
- 건전지 팩의 전선과 서보의 선들을 차체의 중앙에 있는 고무로 된 구멍을 따라 전선을 그림과 같이 꾸민다.

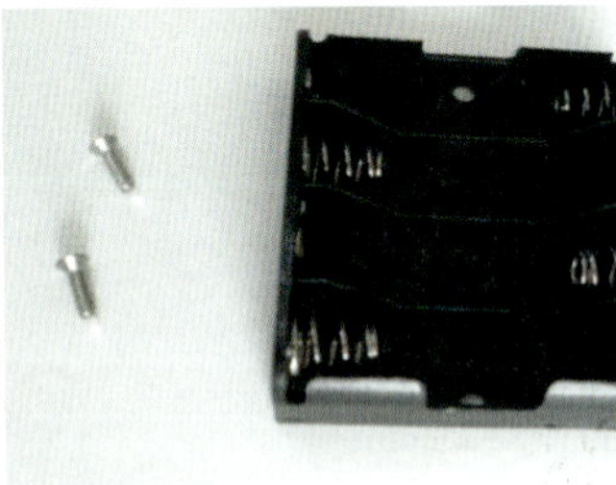

마지막 단계에서는 아래 그림처럼 되도록 만든다.

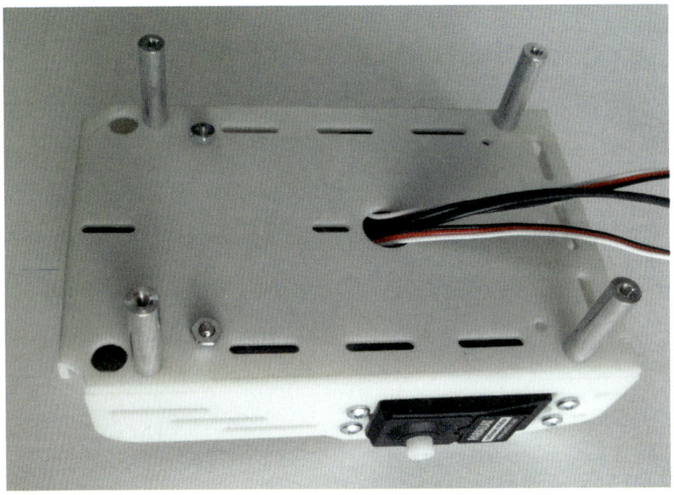

바퀴 조립하기

부품 목록

- 1/16″ 이음 핀 1개
- 꼬리 바퀴 공 한개 1개
- 고무 밴드 타이어 2개
- 플라스틱 휠 2개
- 서보 보터의 서보 혼(십자 뿔)에서 제거한 나사 2개

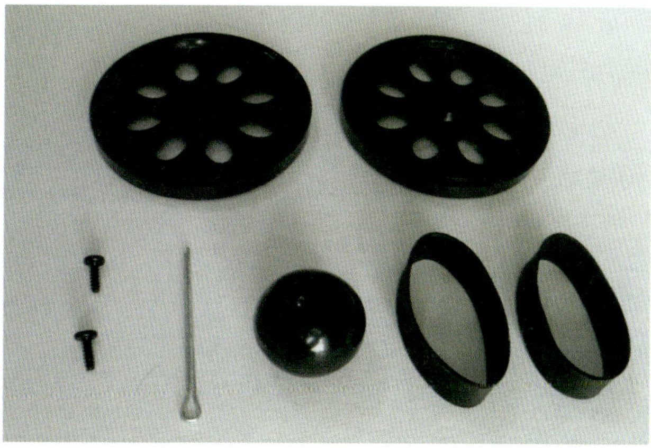

순서

ABOT의 꼬리 바퀴 공은 가운데 구멍이 있어 이음 핀이 통과할 수 있는 플라스틱 공이다. 이음 핀은 몸체에 고정시키는 역할과 바퀴의 축 기능으로 사용된다.

- 차체의 끝 부분의 구멍과 꼬리 바퀴 공의 구멍의 위치를 일치시킨다.
- 고정 핀을 세 개의 구멍(차체 왼쪽, 꼬리 바퀴 공, 차체 오른쪽)을 관통시켜 끼워준다.
- 고정 핀의 마지막 부분을 공이 빠지지 않도록 구부린다.
- 바퀴용 고무 밴드를 잡고 늘려서 각 플라스틱 바퀴에 꼭 맞게 끼워 넣는다.
- 고무 밴드는 바퀴에 대고 늘여서 몸체의 바퀴와 꼭 맞게 만든다.

ABOT을 몸체에 조립하기

부품 목록

- 접시 머리 작은 나사, 1/4″ 4–40 4개
- ABOT 보드 1개

순서

- 아두이노 로봇 지지대 네 곳에 ABOT 보드를 놓고 보드의 바깥쪽 모서리의 네 개의 지지대 구멍에 세운다.
- 흰색 브레드보드가 바퀴에 더 가까운 쪽으로 오도록 한다(꼬리 바퀴가 아님).
- 접시 머리 작은 나사로 지지대를 보드에 조립한다.
- 서보의 헤더를 서보에 다시 연결한다.

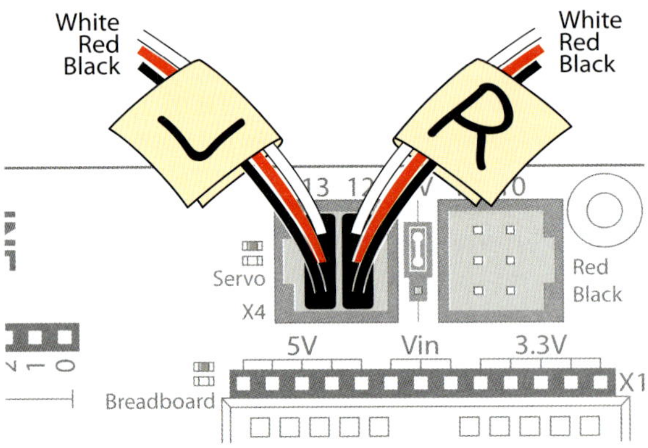

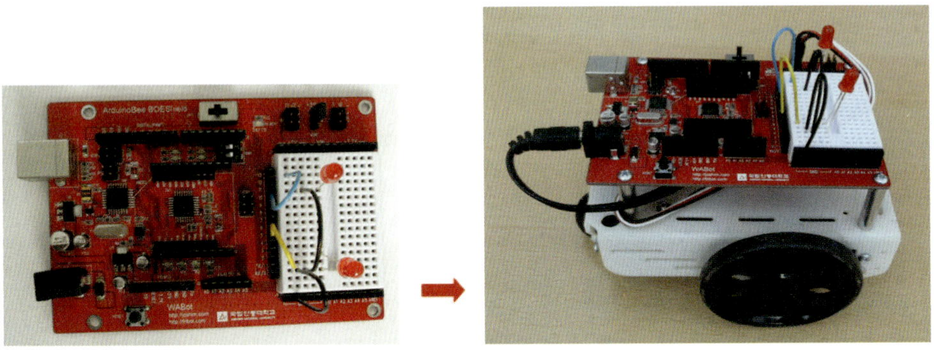

몸체의 아래에서부터 서보와 전원을 연결하고 남은 긴 케이블을 고무로 된 구멍을 통과시켜 밀어 넣어 서보와 몸체 사이에 케이블 길이를 적당히 맞춘다.

실습2

서보 모터 테스트

이 실습에서는 보드와 서보가 정확히 전기적으로 연결되어 있는가를 테스트한다. 아래 그림은 ABOT의 앞, 뒤, 왼쪽과 오른쪽을 보여준다. 핀 12번으로부터 신호를 받을 때 서보가 오른쪽으로 돌고, 핀 13으로부터 신호를 받을 때 왼쪽으로 돌아야 한다

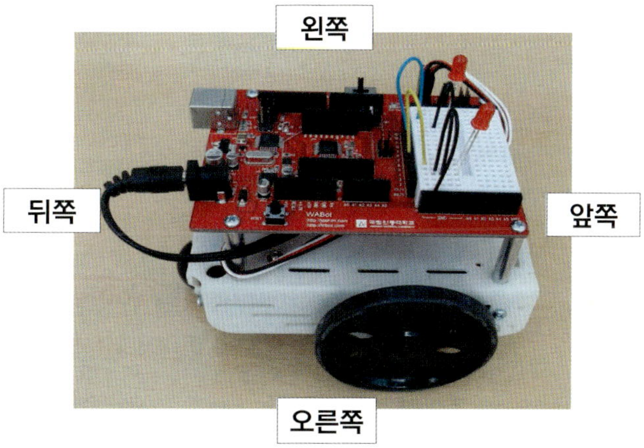

오른쪽 바퀴 테스트하기

다음 예제는 오른쪽 바퀴가 서보에 그림과 같이 정확히 연결되었는지 확인하는 것이다. 이 스케치는 3초간 시계 방향으로 바퀴가 회전하고 그 다음 정지한다. 그리고 1초간 멈춘 후 시계 반대 방향으로 3초간 회전한다.

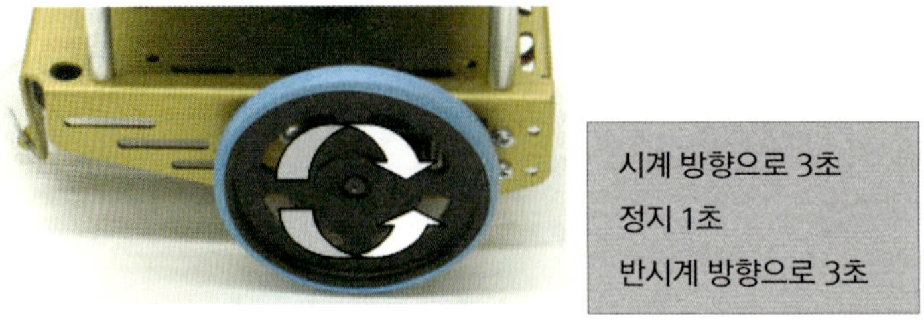

예제 스케치

RightServoTest

- 드라이브 바퀴가 바닥 위에 오게 하고 아두이노 로봇이 앞을 향하게 둔다.
- 프로그래밍 케이블과 전원 잭을 ABOT에 연결한다.
- 코드를 입력하고 저장한 다음 RightServoTest를 ABOT에 업로드한다.
- ABOT의 전원 스위치를 2 위치에 놓고 RESET 버튼을 눌렀다 뗀다.
- 오른쪽 바퀴가 시계 방향으로 3초간 돌고 1초간 쉬었다가 다시 3초간 시계 반대 방향으로 회전하는지 확인한다.
- 만약 오른쪽 바퀴/서보가 예상한 대로 작동하지 않는다면 다음 절에 나오는 서보 문제 해결을 참고하자.
- 오른쪽 바퀴/서보가 예상대로 작동하면 계속 진행한다.

```
/*
 * ABOT - RightServoTest
 * 오른쪽 서보가 시계 방향으로 3초간 회전한 후, 1초간 정지한 다음
 * 3초간 시계 반대 방향으로 회전한다.
 */
```

```
#include <Servo.h>                       // 서보 라이브러리 포함
Servo servoRight;                        // 오른쪽 서보 선언

void setup()                             // 블록 초기화
{
 servoRight.attach(12);                  // 오른쪽 서보를 12번에 연결
 servoRight.writeMicroseconds(1300);     // 오른쪽 바퀴 시계방향
 delay(3000);                            // 3초간 유지
 servoRight.writeMicroseconds(1500);     // 오른쪽 바퀴 정지
 delay(1000);                            // 1초간 유지
 servoRight.writeMicroseconds(1700);     // 오른쪽 바퀴 반시계방향
 delay(3000);                            //3초간 유지
 servoRight.writeMicroseconds(1500);     // 오른쪽 바퀴 정지
}
void loop()                              // 자동 반복 메일 루프
{                                        // 비워두기
}
```

왼쪽 바퀴 테스트하기

같은 방법으로 아래 그림처럼 왼쪽 바퀴를 테스트할 차례이다. 이것은 RightServo-Test 스케치와 관련이 있다.

시계 방향으로 3초
정지 1초
반시계 방향으로 3초

- RightServoTest를 LeftServoTest로 저장한다.
- Servo servoRight를 Servo servoLeft로 변경한다.
- servoRight.Attach(12)를 servoLeft.Attach(13)으로 변경한다.
- 나머지 servoRight를 servoLeft로 수정한다.
- 스케치를 저장하고 아두이노 로봇에 업로드시킨다.
- 왼쪽 바퀴가 3초간 시계 방향으로 돌고 1초간 쉬었다가 다시 시계 반대 방향으로 회전하는지 확인한다.
- 만약 왼쪽 바퀴/서보가 예상대로 작동하지 않는다면 다음 절의 서보 문제 해결을 참고한다.
- 만약 왼쪽 바퀴/서보가 예상대로 움직인다면 아두이노 로봇은 적당하게 작동하는 것이다. 그러면 다음 장으로 넘어가자.

서보 문제 해결

이곳에서는 일반적인 문제 증상과 해결 방법을 안내한다. 첫 번째 단계는 스케치를 다시 한 번 확인하고 스케치가 정확한지 확인하는 것이다.

- 여러분의 스케치 RightServoTest가 정확한지 다시 한 번 확인한다.
- 만약 코드가 정확하다면 아래 목록에서 증상을 찾고 지시하는 순서를 따른다.

서보가 돌지 않는가?

- 서보 연결이 위의 그림처럼 되어 있는지 점검한다(몸체에 정확히 연결하기).
- ABOT의 전원 스위치가 2-지점에 있는지 확인한다. RESET 버튼을 눌렀다가 떼면 프로그램을 다시 실행시킬 수 있다.
- 스케치가 정확하게 입력되었는지 확인한다.

왼쪽 서보가 돌아야 할 때 오른쪽이 도는가?

서보가 서로 바뀐 것이다. 서보의 12번 핀을 13번 핀에 연결해야 하고, 13번 핀을 12번 핀에 연결해야 한다.

- 전원 선과 건전지 팩을 분리한다.
- 서보의 전원도 뺀다.
- 서보 핀 12번을 13번 핀에 연결한다.
- 서보 핀 13번을 12번 핀에 연결한다.
- 전원을 다시 연결한다.
- RightServoTest 스케치를 다시 실행한다.

바퀴가 완전히 멈추지 않고 여전히 천천히 움직이는가?

만약 바퀴가 시계 방향, 정지, 반시계 방향 순서 후에 계속 조금씩 천천히 회전하면 정확히 중심이 맞지 않는다는 의미이다. 다음과 같은 두 가지 해결 방법이 있다.

- 하드웨어 접근 : 2장으로 다시 돌아가서 서보의 중심을 맞춘다. 서보가 전위 차계에 접근하기 쉽지 않다면 다시 조립하는 것을 고려해야 한다.
- 소프트웨어 접근 : 만약 반시계 방향으로 천천히 돈다면 1500보다 좀 더 적은 값을 사용한다. 만약 시계 방향으로 천천히 돈다면 1500보다 더 큰 값을 사용해 본다. 이 새로운 값은 writeMicroseconds 호출에서 1500을 수정한다.

바퀴가 멈추지 않고 계속 빨리 움직이는가?

만약 스케치가 정확하다면 아마도 서보가 중심이 맞지 않는다는 의미이다. **2장으로** 돌아가서 서보의 중심을 맞춘다.

- 바퀴를 분리하고 서보를 몸체로부터 분리한 다음 2장으로 돌아가서 서보의 중심을 맞추는 연습을 반복한다. 다시 조립하는 것을 고려해야 한다.

실습3

피에조 스피커로 소리내기

이 장에서는 ABOT 보드에서 작은 소리를 내는 회로를 만든다. 아주 적은 전원만을 소모하면서 소리를 발생시킬 수 있다.

기기가 충분한 기능을 할 수 없을 정도로 필요 전압이 낮아지는 것을 전압저하(Brownout)라고 한다. 기기(아두이노)는 일반적으로 정상 전압으로 돌아올 때까지 꺼져 버린다. 그러면 스케치가 실행 중이었더라도 재시작된다.

전압저하는 일반적으로 건전지가 얼마 남지 않았을 때나 서보가 갑자기 더 많은 전원을 요구할 때 발생한다. 예를 들어 ABOT이 최대 속도로 전진하다가 변환하여 최대 속도로 후진한다면, 서보는 정지했다가 다시 전진해야 하는 추가적인 더 많은 작업을 해야 한다. 따라서 더 많은 전원이 필요하여 건전지로부터 최대 전원을 끌어 쓴다. 출력 전압은 전압저하를 발생시키는 원인이 된다.

자! 이제 ABOT이 일반적인 주행 중에 갑자기 멈추고 완벽히 기대한 방향으로 가지 않는다고 생각해 보자. 코드가 잘못되었거나 전압저하가 있다면 어떻게 알 수 있을 것인가? 간단한 해결방법은 ABOT에 스피커를 추가하여 매번 스케치가 실행될 때마다 "시작" 신호를 실행시키는 것이다. 이 방법으로 ABOT이 주행 중에 전압저하가 일어나면 시작 신호 때문에 여러분이 알아차릴 수 있을 것이다.

여기서는 아두이노로부터 받는 high/low 신호의 주파수에 따라 서로 다른 소리를 만드는 피에조 스피커(*piezoelectric* 스피커)라고 하는 기기를 사용한다. 구조도와 부품은 다음에 보이는 것과 같다.

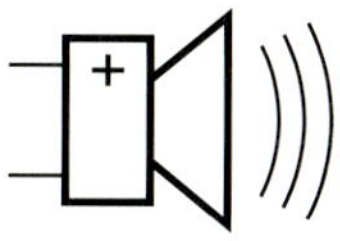

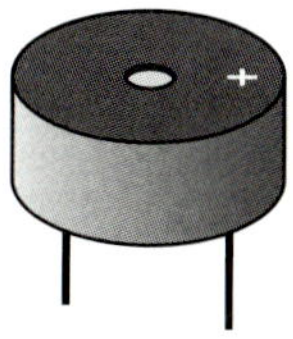

주파수(Frequency)는 주어진 기간 동안 어떤 일이 얼마나 자주 발생하는지 측정한 것이다. **압전소자는** 전압이 들어올 때 모양이 변하는 수정체이다. high/low 전압이 작용하면 압전싱 수정체 소자의 모양이 바뀌면서 진동이 일어난다. 이때 진동하는 물체의 주변 공기도 함께 진동하는데, 이것을 우리가 들을 수 있는 소리와 음으로 나타내는 것이다. 모든 진동하는 물체는 서로 다른 음을 만든다.

압전소자는 다양한 용도가 있다. 압전소자에 힘을 작용할 때 전압을 생성할 수 있다. 어떤 압전소자는 고유의 진동수가 있는데, 이것을 통해서 만드는 전압으로 많은 컴퓨터와 마이크로컨트롤러를 위한 시계 발진기로의 기능을 할 수 있다.

피에조 스피커 회로 구성

필요한 부품들

- 피에조 스피커(만약 한 개가 있다면 "Remove seal after washing" 스티커를 벗겨낸다.) 1개
- 기타 연결 선들

출발(Start)/리셋(Reset) 지시 회로 만들기

아래 그림은 피에조 스피커를 브레드보드에 추가하는 배선도이다.

회로를 조립하거나 수정하기 전에 항상 전원선을 분리하라.!

스위치를 0에 맞춘다.

건전지 책을 분리한다.

프로그래밍 케이블을 분리한다.

- 그림과 같이 회로를 조립한다. 브레드보드 위에 그림과 같이 회로를 만든다. 스피커는 이 책의 거의 모든 부분에서 계속 사용되는 반면에 다른 회로는 계속 추가되거나 제거된다.

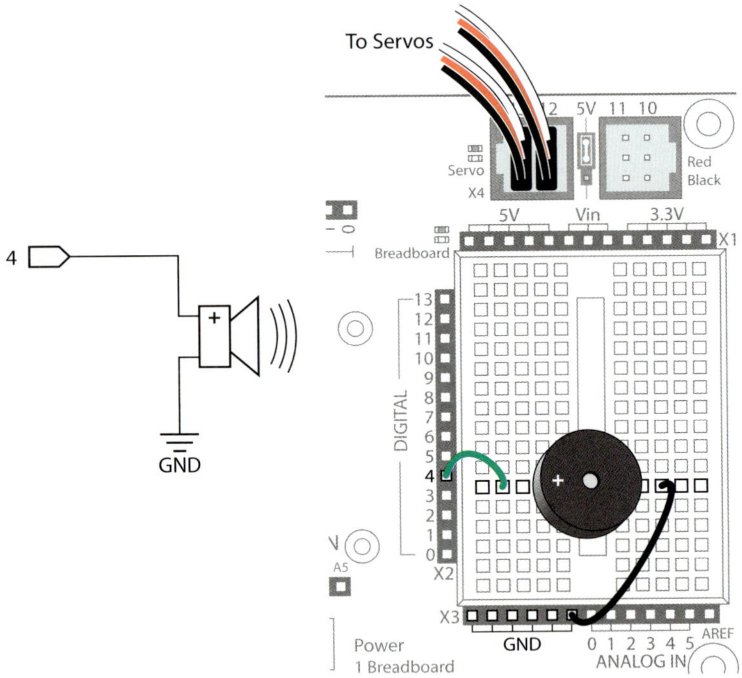

시작과 리셋 표시기 프로그래밍

다음 예제는 피에조 스피커를 사용하여 아두이노의 tone() 함수를 호출하는 스케치 테스트이다. 이 함수는 tone 신호를 스피커에 보낸다.

tone() 함수를 호출하기 위해서는 두 가지 선택사항이 있다. 하나는 tone의 *pin* 과 *frequency를 지정해 주는 것이다 ①. 다른 하나는 pin, frequency*, 그리고 *duration*(milliseconds)을 지정해 주는 것이다 ②. 여기서 tone을 특별히 구별할 필요가 없기 때문에 두 번째 사항을 적용한다.

tone(*pin , frequency*) .... ①

tone(*pin, frequency, duration*) .... ②

이 피에조 스피커는 4.5kHz로 실행되게 설계되어 있으며 청취 가능한 다양한 소리를 만들어 낼 수 있다. 대개 1kHz ~ 3.5kHz 범위에서 일반적으로 듣기에 가장 좋은 소리를 만들어 낸다. 시작-알림 음은 아래와 같이 적용해 보자.

```
tone(4, 3000, 1000);
delay(1000);
```

이것은 핀 4번이 high/low 신호를 3kHz(초당 3000번)로 반복해서 보내는 것을 말한다. tone(소리)은 1000ms, 즉 1초 동안 지속된다. tone 함수는 스케치가 다음 명령으로 이동할 때까지 배경 소리를 지속한다. tone이 실행될 때 서보가 시작되지 않게 하고 싶다면 스케치가 서보를 이동시키기 전에 tone이 정지되도록 tone 명령 뒤에 delay(1000)을 추가한다.

주파수 단위는 헤르츠(Hz)로 측정할 수 있다. 헤르츠는 1초 동안 신호를 몇 차례 반복하는지 나타낸다. 사람의 귀는 매우 낮은 20Hz에서부터 매우 높은 (20kHz 또는 20,000 Hz)주파수를 감지한다. 1킬로 헤르츠는 1초당 1000번의 반복을 나타낸 것이다.

예제 스케치

StartResetIndicator

이 예제 스케치는 프로그램이 시작될 때 "삐" 소리를 내게 하며, 0.5초마다 [시리얼 모니터]를 이용해 메시지를 출력하는 프로그램이다. 이 메시지들은 loop() 함수 안에 있기 때문에 명령어들이 계속 반복된다. 아두이노의 전력에 인터럽트가 발생하면 스케치는 처음부터 다시 시작되므로, "삐" 소리가 계속 나면 건전지 수명이 다 되었음을 알 수 있다.

- 보드에 전원을 다시 연결한다.
- StartResetIndicator 코드를 작성하고 저장하여 아두이노에 업로드한다.
- 만약 "삐" 소리가 들리지 않으면, 작성한 코드에 오류가 없는지 확인하고 다시 실행한다.
- 만약 "삐" 소리가 들리면, [시리얼 모니터]를 열자(이것 역시 리셋을 함). 그 다음 ABOT의 푸시 버튼을 누르자.
- 리셋할 때마다 1초 동안 명확히 들리는 "삐" 소리를 들을 수 있는지 확인하고 "Waiting for reset…" 메시지가 나오는지 보자.
- 또한 건전지 선과 프로그래밍 케이블을 빼냈다가 다시 연결해 보자. 이렇게 할 때도 시작-알림 "삐" 소리가 나야 한다.

```
/*
 * 아두이노 로봇 - StartResetIndicator
 * 피에조스피커 회로 테스트
 */
```

```
void setup()                          // 초기화 블록
{
  Serial.begin(9600);
  Serial.println("Beep!!!");
```

```
    tone(4, 3000, 1000);                    // 1초 동안 "삐" 소리내기
    delay(1000);                            // 1초 동안 유지
}

void loop()                                 // 반복 루트
{
    Serial.println("Waiting for reset...");
    delay(1000);
}
```

StartResetIndicator는 "Beep!!!" 메시지를 [시리얼 모니터]로 출력하면서 작동이 시작된다. 메시지를 출력한 다음 tone 함수는 피에조 스피커로 3kHz를 1초간 울린다. 아두이노에 의해서 명령들이 매우 빠르게 실행되므로 메시지가 출력되는 것과 동시에 피에조 스피커가 톤의 연주를 시작하는 것처럼 보인다.

톤을 마치면 스케치는 loop 함수로 들어간다. 이것은 "Waiting for reset…" 메시지를 끝없이 반복한다. ABOT 리셋 버튼을 누를 때마다 또는 전원을 끊었다가 다시 연결할 때마다, 스케치는 "Beep!!!" 메시지와 3kHz 톤을 다시 내기 시작한다.

여러분의 차례

StartResetIndicator를 다른 스케치에 추가하자

지금부터 나오는 모든 예제 스케치에서 톤을 사용한다. setup() 함수의 시작 부분에 "삐" 소리와 잠시 멈추는 문장을 모두 추가하는 것은 좋은 아이디어이며 괜찮은 습관이다.

- RightServoTest를 열자.
- StartResetIndicator 스케치로부터 tone()과 delay() 함수 호출을 복사하고 RightServoTest 스케치의 setup() 함수에 시작 부분에 붙여 넣자.
- 수정된 스케치를 실행하고 "sketch starting" 이라고 반응하며 아두이노를 리셋할 때마다 삐 소리를 내는지 살펴보자.

실습4

속도 제어 시험

이 그래프는 서보의 속도에 대한 펄스 시간을 보여 준다. 그래프의 수평 축은 펄스의 폭을 마이크로초(μs)로 나타내고, 수직 축은 서보의 RPM 반응을 나타낸다. 시계 방향의 회전은 음의 값으로 나타나고 반시계 방향은 양의 값이다. 이 특별한 서보 그래프는 펄스폭 1300~1700 μs의 범위에 대해서 −48에서 +48 RPM 범위를 나타내는 전달 곡선이다. 서보의 전달 곡선 그래프도 이와 유사하다.

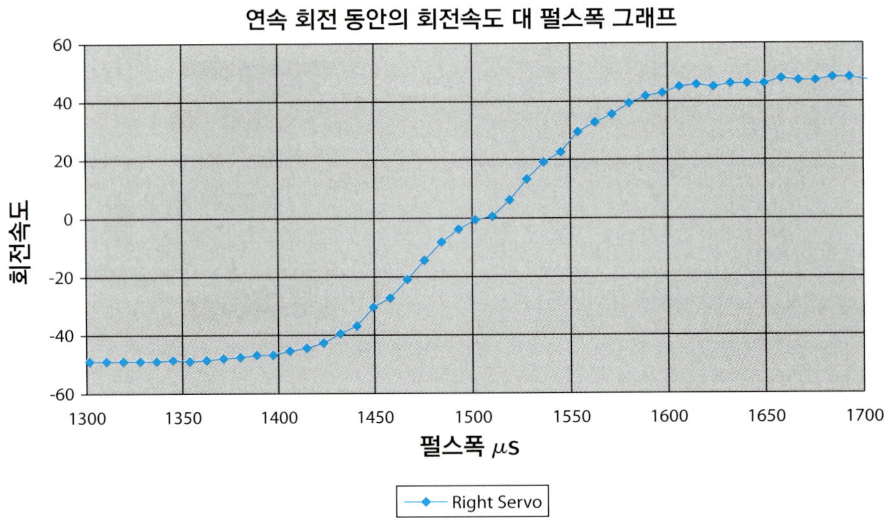

전송 커브 그래프가 유용한 세 가지 이유들

1. 특정한 펄스폭이 서보에 어떤 영향을 줄 수 있는지에 대한 아이디어를 얻을 수 있다. 그래프의 1500 μs 지점을 수직으로 따라가 보면 회전 속도가 0인 지

점이 바로 1500μs 펄스임을 알 수 있다.

- 1300μs와 1350μs 펄스에서 서보의 속도를 비교해 보면 별 차이가 없지 않은가?
- 1550μs 펄스에서 서보의 기대되는 속도는 얼마나 되고, 1525μs 펄스에서는 얼마나 될까?

2. 1300μs와 1400μs 펄스 사이의 속도의 차이는 별로 크지 않다. 1300μs펄스가 시계 방향으로 최대 속도가 된다면 너무 빠른가? 동일하게 적용하면 반시계 방향의 회전에서 1600μs와 1700μs 펄스가 동일한 결과가 된다. 이와 같은 최대 속도 설정은 1400μs에서 1600μs 범위에서 두 수를 선택하는 것으로, 보다 밀접하게 가까운 속도 내에서 같은 결과가 나타나므로 매우 유용하다.
3. 1400μs와 1600μs 사이는, 속도 조절이 더 많거나 더 적은 선형이다. 이 범위에서 특정한 펄스폭의 번경은 속도의 변화에 대응하는 결과를 가져온다. 이 범위의 펄스를 사용하여 여러분의 서보 속도를 제어하자.

예제 스케치

서보 속도 테스트

이 스케치에서 펄스의 값을 1375μs에서 1625μs까지 25μs 단계로 증가시킬 때 서보의 RPM 속도와 방향을 확인할 수 있다.

이 속도의 측정은 1400 ~ 1600μs 범위에서 서보가 펄스 길이를 명확히 제어하는 것을 돕는다. 이 스케치는 서보 제어 신호를 보낼 준비가 되어 있다는 뜻의 펄스 간격을 출력하는 것으로부터 시작한다. 그런 다음 [시리얼 모니터]에서 서보를 돌리기 전에 아두이노로 문자를 보낼 때까지 기다린다.

이것이 서보를 6초간 돌리면, 여러분은 바퀴가 몇 바퀴 도는지 셀 수가 있다. 그 다음 for 반복문을 통해 자신이 반복을 하고 다음 테스트를 위해서 펄스폭을 25μs씩 증가시킨다.

- 바퀴에 테이프를 붙여 조각 같은 위치 표시로 바퀴가 몇 회 회전하는지 볼 수 있다.
- ABOT을 넙적한 코 쪽으로 세워 두고 바퀴가 마음껏 회전할 수 있도록 한다.
- TestServoSpeed를 입력하고, 저장한 다음 아두이노에 업로드한다.
- [시리얼 모니터]를 열고, 드롭다운 메뉴에서 "No line ending"과 "9600 baud"로 설정을 하고 전송화면을 클릭하자.
- 창의 윗부분을 클릭하고, 어느 문자든 입력한 후 [Send] 버튼을 누른다.
- 바퀴가 몇 회 회전하는지 세어 보고 RPM을 계산하기 위해 10을 곱하라(방향을 적어 두는 것을 잊지 말고, 5회 테스트를 하고 바꾸자).
- 여러분들의 데이터를 그래프에 추가했을 때, 전반적인 모양이 적합해 보이는가?

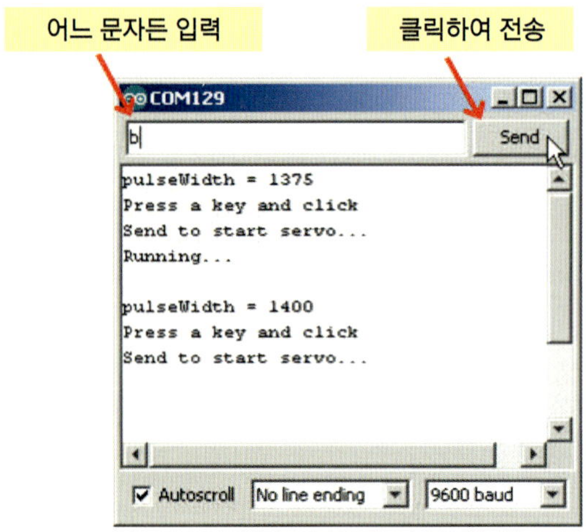


```
/*
 ABOT 로봇 - TestServoSpeed
 [시리얼 모니터]로부터 문자 하나를 아두이노로 보내면 이것이 왼쪽 서보를 6초간 회전시킨다.
1375μs에서 시작하여 25씩 증가하면서 반복되고 1625μs에 마친다. 이 스케치는 속도에 대한
펄스폭을 그래프로 나타내는 데 매우 유용하다.
 */
```

```
#include <Servo.h>                       // 서보 라이브러리 추가
Servo servoLeft;                         // 왼쪽 서보 신호 선언
Servo servoRight;                        // 오른쪽 서보 신호 선언

void setup()                             // 초기화 블록
{
  tone(4, 3000, 1000);                   // 1초간 "삐" 소리
  delay(1000);                           // 1초간 유지

  Serial.begin(9600);                    // Data rate 9600 bps
  servoLeft.attach(13);                  // 13번 핀에 왼쪽 신호 전달
}
void loop()                              // 반복 loop
{

  // pulseWidth를 1375 ~ 1625 사이에 25씩 증가시키기

  for(int pulseWidth = 1375; pulseWidth <= 1625; pulseWidth += 25)
  {
    Serial.print("pulseWidth = ");     // pulseWidth 값 표시
    Serial.println(pulseWidth);
    Serial.println("Press a key and click"); // 사용자 표시
    Serial.println("Send to start servo...");

    while(Serial.available() == 0);  // character가 들어올 때까지 기다림
    Serial.read();                      // character 지우기

    Serial.println("Running...");
    servoLeft.writeMicroseconds(pulseWidth); // 13번 서보 속도 = pulse
    delay(6000);                           // 6초 기다림
    servoLeft.writeMicroseconds(1500);   // 13번 핀 서보 속도 = 정지
  }
}
```

TestServoSpeed 작동원리

TestServoSpeed 스케치는 for() 반복을 통해서 매번 pulseWidth라는 이름의 변수 값을 25씩 증가시킨다.

```
// 반복 횟수는 pulseWidth가 1375부터 1625사이를 25씩 증가함.
for(int pulseWidth = 1375; pulseWidth <= 1625; pulseWidth += 25)
```

for() 반복은 각각의 반복과 함께 다음 펄스폭을 사용자 프롬프트와 함께 13번 핀의 서보로 보낸다.

```
Serial.print("pulseWidth = ");           // pulseWidth 값 출력
Serial.println(pulseWidth);
Serial.println("Press a key and click"); // 사용자 프롬프트
Serial.println("Send to start servo...");
```

setup() 함수에서 Serial.begin()을 한 후에, 아두이노가 [시리얼 모니터]로부터 들어오는 문자를 위해서 메모리를 조금 설정해 둔다. 이 메모리를 시리얼 버퍼라고 부르며 [시리얼 모니터]로부터의 ASCII 값을 저장한다. 매번 Serial.read()를 사용하여 버퍼로부터 문자를 가져오고 아두이노는 대기 버퍼의 문자 수를 하나 줄인다. Serial.available()을 호출하는 것은 얼마나 많은 문자들이 버퍼에 있는지 말해 준다. 이 스케치는 [시리얼 모니터]가 문자를 보낼 때까지 while(Serial.available() == 0)을 사용하여 기다린다. 서보가 달리기 위해 이동하기 전에, Seiral.read()를 사용하여 버퍼로부터의 문자를 지운다. 스케치는 int myVar = Serial.read( )를 사용하여 변수에 문자를 복사한다. 코드가 문자 값으로 판단을 하지 않기 때문에, 단지 Serial.read()를 호출하기만 하지 결과를 저장하지는 않는다.

가장 중요한 부분은 버퍼를 깨끗하게 할 필요가 있으며, 그렇게 하기 위해 Seral.available( )은 다음 번 반복에서 0을 리턴 하도록 한다.

```
while(Serial.available() == 0);     // 문자 도착을 기다림
Serial.read();                      // 문자를 읽어서 버퍼를 지움
```

while() 반복 코드 블록은 도대체 어디에 있을까?

C언어에서는 while() 반복문이 빈 블록 코드를 사용하는 것을 허용한다. 이 경우 문자가 도착 할 때까지 기다린다. [시리얼 모니터]에 문자를 입력할 때 Serial.available()은 0 대신 1을 리턴하므로 while 반복은 스케치를 다음 문장으로 이동하는 것을 허락한다. Serial.read()는 아두이노의 시리얼 버퍼로부터 입력된 문자를 지우는데 Serial.available()이 다음 번 반복에서 0을 리턴할 것을 확실하게 해 준다. while 반복을 서로 다른 방법으로 적을 수 있다.

```
    while(Serial.available() == 0) {}
```

또는,

```
    while(Serial.available() == 0) {};
```

아두이노가 키보드로부터 문자를 받은 다음 "Running…"메시지를 출력하고 나서 서보를 6초간 회전시킨다. 이 코드에서 for() 반복은 pulseWidth 변수 값이 1375로 시작하여 각 반복마다 25씩 증가된다. 그래서 첫 반복에서 servoLeft는 1375이며, 다음 번에는 1400, 그리고 1625까지 동일한 방법으로 증가된다. 매번 반복에서 servoLeft.writeMicroseconds(pulseWidth)를 사용하여 pulseWidth 값을 서보 속도로 저장을 한다. 이것은 [시리얼 모니터]를 통해서 아두이노로 문자를 보내 서보의 속도를 매번 갱신한다.

```
Serial.println("Running...");
servoLeft.writeMicroseconds(pulseWidth); // Pin 13 speed=pulse
delay(6000);                             // ..6초간 기다림
servoLeft.writeMicroseconds(1500);       // Pin 13 speed=stop
```

옵션: 전달 커브 데이터를 기록하자.

자신의 전달 곡선 데이터를 기록하기 위해 아래 표를 사용할 수 있다. TestServoSpeed 스케치의 반복은 테이블에 있는 모든 값들을 변경시키거나 모두 동일하게 할 수도 있다.

- TestServoSpeed에서 for() 문장을 다음처럼 변경하자.

```
for(int pulseWidth=1375; pulseWidth <= 1625; pulseWidth += 25)
…을:
for(int pulseWidth=1300; pulseWidth <= 1700; pulseWidth += 20)
```

- 수정된 스케치를 아두이노에 가져오고, 이것을 이용하여 테이블의 내용을 모두 채우자(테이블을 모두 채우려면 for문의 증가 파라미터를 pulseWidth += 10로 변경).
- 마음에 드는 그래프를 나타내는 소프트웨어를 선택하고 펄스폭과 바퀴의 RPM을 그려보자.
- 오른쪽 바퀴를 반복해서 측정하고, 스케치에서 모든 13 인스턴스를 12로 바꾸자.

표 3-1. Parallax 회전 서보의 PulseWidth와 RPM

Pulse Width (μs)	Rotational Velocity (RPM)	Pulse Width (μs)	Rotational Velocity (RPM)	Pulse Width (μs)	Rotational Velocity (RPM)	Pulse Width (μs)	Rotational Velocity (RPM)
1300		1400		1500		1600	
1310		1410		1510		1610	
1320		1420		1520		1620	
1330		1430		1530		1630	
1340		1440		1540		1640	
1350		1450		1550		1650	
1360		1460		1560		1660	
1370		1470		1570		1670	
1380		1480		1580		1680	
1390		1490		1590		1690	
						1700	

CHAPTER 3

요약

이 장에서는 ABOT을 조립하고 테스트하였다. 조립은 기계적인 조립과 회로의 구성 및 테스트와 테스트에 사용되는 프로그래밍 개념을 다루었다. 몇 가지 요점정리를 해 보자.

하드웨어 설치

- 로봇 몸체에 서보 장착하기
- 서보 모터에 바퀴 끼워 넣기와 몸체에 꼬리 바퀴 달기
- ABOT 장착하기

전자

- 피에조 스피커란 무엇이며, ABOT의 브레드보드 회로에 어떻게 추가할 것인가?
- 주파수가 무엇이며, 측정 단위와 사람이 들을 수 있는 주파수 범위는 어떻게 되는가?
- 건전지의 전압이 낮으면 서보 모터의 회전에 어떤 영향을 미치는가?

프로그래밍

- 아두이노의 tone() 함수로 어떻게 피에조 스피커에서 "삐" 소리를 나게 할까?
- 시리얼 버퍼란 무엇이며, 아두이노 Serial.available() 함수는 어떻게 사용하는가?
- [시리얼 모니터]에서 전송 부분을 어떻게 이용하며 Serial.read() 함수에 대해 아두이노로 데이터를 어떻게 보내는가?
- 서보의 RPM을 변경하기 위해 변수 증가를 for() 반복문에서 어떻게 활용하는가?

- 프로그래밍 작업을 완료하였다는 것을 알리는 방법으로 tone() 함수를 어떻게 스케치에 추가하는가?

엔지니어링 기술

- 프로그래밍 오류가 없는데 건전지가 소모되어 로봇이 예상치 못한 행동을 하는 경우 전압저하 알림을 만드는 방법은?
- 전송 커브 그래프가 무엇이며, 서보 제어 신호에 대한 서보 RPM 관계를 이해하는 데 어떻게 활용되는가?

CHAPTER 3

도전

질문Questions

1. ABOT의 전압저하(brownout)로 어떤 현상이 나타날까?
2. 리셋이란 무엇인가?
3. 피에조 스피커를 이용하여 전압저하(brownout)가 발생한 것을 어떻게 알릴 수 있을까?
4. 스피커의 소리를 내는 함수는 무엇인가?
5. 헤르츠(hertz)란 무엇이며 단위는 약자로 어떻게 쓰는가?

연습Exercises

1. 소리를 만드는 문장을 작성하자. 시작을 알리는 음과 스케치의 마지막을 알리는 소리를 다르게 하자.

2. 스케치의 중간 단계를 알리는 스피커 음이 나는 문장을 작성하라. 이것은 시작 알림 또는 마지막 음과는 다르다.

프로젝트Projects

1. TestServoSpeed 스케치를 수정하여 각각의 시험이 끝나는 것을 확인하는 음을 만든다.
2. TestServoSpeed 스케치를 수정하여 각 각의 바퀴가 차례로 회전하는 대신 양쪽 바퀴가 동시에 회전하도록 하자. 오른쪽 바퀴와 왼쪽 바퀴의 회전 방향이 반대가 되도록 하자.

CHAPTER 3

해답

질문 해답Question Solutions

1. 오류가 발생한 행동은 예상하지 않는 방향으로 가거나 혼란스럽게 춤을 추는 증상이 포함된다.
2. 아두이노가 스케치를 시작 부분부터 다시 실행하는 것. 리셋 버튼을 눌렀다 놓을 때나 아두이노가 전압저하(brownout)로 충분한 전력을 공급 받지 못할 때 발생한다.
3. 피에조 스피커를 작동 시켜 음을 내는 문장을 스케치의 첫 부분에 넣어 전압저하(brownout)가 발생할 때 소리를 내게 한다. 그러면 건전지를 교환해야 하는지 확인할 수 있다.
4. tone() 함수

5. 헤르츠(hertz)는 1초당 신호가 몇 번 반복되는지 측정한 횟수이다. 이것의 약자는 Hz.

연습 해답Exercises Solutions

```
1. tone(4, 2000, 1500);     // 소리가 다르게 나는 예제
2. tone(4, 4000, 75);       // 소리가 서로 다르게 나는 예제
```

프로젝트 해답

1. 연습 2의 해답을 for()문 끝에 추가한다.

```
/*
  ABOT 로봇 - Chapter 3, Project 1
*/

#include <Servo.h>                      // Include servo library

Servo servoLeft;                        // Declare left servo signal
Servo servoRight;                       // Declare right servo signal

void setup()                            // Built in initialization block
{
  tone(4, 3000, 1000);                  // Play tone for 1 second
  delay(1000);                          // Delay to finish tone

  Serial.begin(9600);                   // Set data rate to 9600 bps
  servoLeft.attach(13);                 // Attach left signal to P13
}
void loop()                             // Main loop auto-repeats
{

  // Loop counts with pulseWidth from 1375 to 1625 in increments of 25.

  for(int pulseWidth = 1375; pulseWidth <= 1625; pulseWidth += 25)
```

```
  {
    Serial.print("pulseWidth = ");          // pulseWidth 값 표시
    Serial.println(pulseWidth);
    Serial.println("Press a key and click"); // 사용자 표시
    Serial.println("Send to start servo...");

    while(Serial.available() == 0);         // character 기다림
    Serial.read();                           // character 읽음

    Serial.println("Running...");
    servoLeft.writeMicroseconds(pulseWidth); // Pin 13 servo speed =
    // pulse
    delay(6000);                             // ..for 6 seconds
    servoLeft.writeMicroseconds(1500);       // Pin 13 servo speed =
    // stop
    tone(4, 4000, 75);                       // Test complete
  }
}
```

---

2. 반대 방향으로 같은 속도를 만들기 위해서 Servo servoRight;와 servoRight.attach(12);를 추가하자.

servoRight.writeMicroseconds(1500 + (1500 – pulseWidth))

6초간 실행된 후 servoRight.writeMicroseconds(1500)가 추가된다.

```
/*
  ABOT 로봇 - Chapter 3, Project 2
*/

#include <Servo.h>                      // 서보 라이브러리 포함

Servo servoLeft;                        // 왼쪽 서보 신호 선언
Servo servoRight;                       // 오른쪽 서보 신호 선언
```

```
void setup()                          // 초기화 블록
{
  tone(4, 3000, 1000);                // 1초간 소리
  delay(1000);                        // 1초간 기다림

  Serial.begin(9600);                 // 전동 속도를 9600 bps로 설정
  servoLeft.attach(13);               // 13번 핀에 왼쪽 신호 전달
  servoRight.attach(12);              // 12번 핀에 오른쪽 신호 전달
}

void loop()                           // 자동 반복
{

  // 반복의 수는 pulseWidth가 1375부터 1625까지 25씩 증가함

  for(int pulseWidth = 1375; pulseWidth <= 1625; pulseWidth += 25)
  {
    Serial.print("pulseWidth = ");        // pulseWidth 값 표시
    Serial.println(pulseWidth);
    Serial.println("Press a key and click"); // 사용자 표시
    Serial.println("Send to start servo...");

    while(Serial.available() == 0);      // 문자를 기다림
    Serial.read();                        // 문자를 읽음

    Serial.println("Running...");
    servoLeft.writeMicroseconds(pulseWidth);  // 13핀 서보 속도
    // Pin 12 servo opposite direction of pin 13 servo.
    servoRight.writeMicroseconds(1500 + (1500 - pulseWidth));
    delay(6000);                          // 6초간 유지
    servoLeft.writeMicroseconds(1500);    // 13핀 서보 속도 = 정지
    servoRight.writeMicroseconds(1500);   // 12핀 서보 속도 = 정지
    tone(4, 4000, 75);                    // 실습 완료
  }
}
```

CHAPTER

[4]

ABOT 주행

이 장에서는 ABOT 동작을 조정하는 프로그래밍 방법을 소개한다. 먼저 ABOT이 기본적으로 어떻게 움직이는지를 이해하고, 각 주행 경로에 대한 함수를 만든다. 이 장 뒷부분에는 ABOT이 스스로 주행하기 위해 센서 입력 값에 대한 응답으로 함수를 호출하는 프로그램을 스케치한다.

이 장의 실습 목표는 다음과 같다.

1. 기본 동작 수행하기 : 전진, 후진, 좌회전, 우회전, 좌·우회전 및 정지
2. 실습 1로부터 주행 동작을 좀 더 정밀하게 조절하기
3. ABOT이 미리 예정된 거리를 주행하도록 만들기 위해 서보(servo) 동작 시간을 계산할 수 있는 수학 사용하기
4. ABOT이 점진적으로 가속 및 감속 주행하도록 스케치하기
5. 기본적인 주행을 실행하기 위해 함수를 만들며, 함수는 스케치에서 필요한 곳 어디라도 포함할 수 있다.
6. 사용자 주행을 빠르게 정의하는 함수를 디자인하기
7. 복잡한 주행들은 배열로 저장하고, 이러한 주행들을 다시 호출할 수 있도록 스케치하기

실습1

ABOT 기본 주행

첫 번째 단계는 회전이다. 아래 그림은 ABOT의 한 쪽을 기준으로 전진, 후진, 좌회전 그리고 우회전을 나타낸다.

앞으로 움직이기

바퀴를 앞으로 움직이기 위해 무엇을 해야 하는지 생각해 보자. 바퀴들은 자동차의 양쪽에서 서로 반대되는 방향으로 회전한다. 마찬가지로 ABOT도 앞으로 전진하기 위해 왼쪽 바퀴는 반시계 방향으로 회전해야 하고, 오른쪽 바퀴는 시계 방향으로 회전해야 한다.

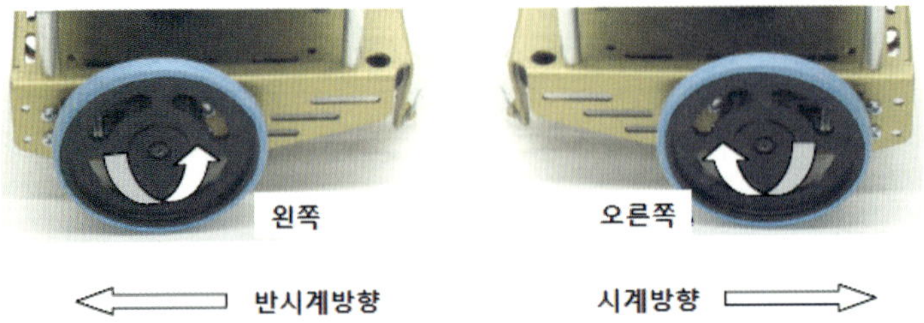

스케치는 각 서보의 속도와 방향을 제어하기 위해 서보(Servo) 라이브러리의 writeMicroseconds 함수를 사용한다. 그리고 로봇은 새로운 속도와 방향을 선택하기 전에 임의의 시간에 대한 서보 동작을 유지하기 위해 지연(delay) 함수를 사용한다. 다음의 예제는 ABOT이 3초간 앞으로 전진한 후 정지하는 것을 나타낸다.

예제 스케치

ForwardThreeSeconds

- ABOT의 전원 스위치를 1에 놓고, 건전지 팩을 ABOT 보드에 연결한다.
- 프로그램을 작성, 저장하고 아두이노에 ForwardThreeSeconds를 업로드한다.
- 프로그램 케이블을 분리하고 ABOT을 바닥에 내려놓는다.
- 리셋 버튼을 누르고 있는 동안, 스위치를 위치 3으로 옮긴다. 그리고 ABOT을 움직이도록 놓는다. ABOT이 3초 동안 앞쪽으로 전진한다.

// ABOT – ForwardThreeSeconds
// Make the ABOT roll forward for three seconds, then stop.

```
#include <Servo.h>                    // Include servo library

Servo servoLeft;                      // Declare left and right servos
Servo servoRight;

void setup()                          // Built-in initialization block
{
  tone(4, 3000, 1000);                // Play tone for 1 second
  delay(1000);                        // Delay to finish tone

  servoLeft.attach(13);               // Attach left signal to pin 13
  servoRight.attach(12);              // Attach right signal to pin 12
```

```
                                         // Full speed forward
    servoLeft.writeMicroseconds(1700);  // Left wheel counterclockwise
    servoRight.writeMicroseconds(1300); // Right wheel clockwise
    delay(3000);                        // ...for 3 seconds

    servoLeft.detach();                 // Stop sending servo signals
    servoRight.detach();
  }

  void loop()                        // Main loop auto-repeats
  {                                  // Empty, nothing needs repeating
  }
```

〈ForwardThreeSeconds 작동 원리〉

첫째, 서보(Servo) 라이브러리가 포함되어야만 여러 함수들을 사용할 수 있다.

```
#include <Servo.h>
```

다음, 서보(Servo)의 인스턴스를 선언하고, 각 바퀴에 대해 각각의 이름이 필요하다.

```
Servo servoLeft;
Servo servoRight;
```

객체의 인스턴스

객체는 하나의 스케치 안에서 여러 번 복사나 재사용이 가능한 미리 작성된 코드 블록이다. 두 개의 서보(Servo) 선언은 servoLeft와 servoRight 이름으로 두 개의 인스턴스(Instance)를 만든다.

각 인스턴스 내에 있는 함수들은 각각 다르게 사용되고 설정된다. servoLeft.attach(13)는 servoLeft 객체 인스턴스가 서보 제어 신호를 핀 13번으로 보내기 위한 설정이다. servo-Right.attach(12)는 servoRight 객체 인스턴스가 12번 핀으로 신호를 보내기 위한 설정을 의미한다.

스케치는 setup 함수 안에서 자동으로 시작한다. 이 함수는 자동으로 반복적인 동작을 유지하는 반복(loop) 함수에서 작동하기 전에 일단 setup 함수에서 코드를 실행한다.

그러므로 ABOT이 한 번만 앞으로 나갔다가 정지하게 하려면, 모든 코드가 setup 함수 내에 위치해도 된다. 루프 함수를 빈 공간으로 남겨두어도 괜찮다.

모든 움직임을 스케치할 때, 첫 번째 행동은 setup 함수가 피에조 스피커에서 "삐(beep)" 소리를 내도록 하자. tone 함수 호출은 3kHz에서 동작하는 피에조 스피커가 1초 동안 지속되는 신호를 디지털 핀 4번으로 전송한다. 그러므로 tone 함수는 코드가 실행되는 동안 배경 소리를 작동시키고, delay(1000)은 tone 함수가 완료될 때까지 ABOT이 움직이는 것을 방지한다.

```
void setup()                          // Built-in initialization
{
   tone(4, 3000, 1000);               // Play tone for 1 second
   delay(1000);                       // Delay to finish tone
```

다음, servoLeft 객체 인스턴스는 디지털 핀 13으로 할당되고 servoRight 인스턴스는 핀 12로 할당된다. 이것은 servoLeft.writeMicroseconds가 서보 제어 신호를 핀 13으로 보내는 것에 영향을 미친다. 또한, servoRight.writeMicroseconds가 핀 12로 신호를 보내는 것에 영향을 미친다.

```
   servoLeft.attach(13);              // Attach left signal to pin 13
   servoRight.attach(12);             // Attach right signal to pin 12
```

ABOT이 앞으로 움직이기 위해서는 왼쪽과 오른쪽의 바퀴가 서로 반대로 움직여야 하는 것을 기억하자. servoLeft.writeMicroseconds(1700)는 왼쪽 서보를 반시계 방향으로 최대 속도로 회전시킨다.

그리고 servoRight.writeMicroseconds(1300)는 오른쪽 바퀴를 최대 속도 시계 방향으로 회전시킨다. delay(3000)은 서보가 3초 동안 계속 동작을 유지한다는 것을 의미한다. 지연 후 servoLeft.detach와 servoRight.detach는 서보 신호를 끊고, 로봇이 정지하게 된다.

```
// Full speed forward
servoLeft.writeMicroseconds(1700);   // Left wheel counterclockwise
servoRight.writeMicroseconds(1300);  // Right wheel clockwise
delay(3000);                         // ...for 3 seconds

servoLeft.detach();                 // Stop sending servo signals
servoRight.detach();
```

setup 함수가 완료된 후, 스케치는 자동으로 반복(loop) 함수를 실행한다. 이번 스케치에서는 빈 공간으로 남겨 놓았으며, 무한 반복으로 동작은 하지 않는다.

```
// 무한 반복
void loop()                    // 메인 루프는 자동 반복 됨
{
}
```

사용자 차례 – 거리 조정

동작하는 거리를 변경시켜 보고 싶은가? delay(3000)의 값을 변화시키면 된다. 예를 들면, delay(1500)은 ABOT을 절반만 움직인다. 마찬가지로 delay(6000)은 두 배의 시간을 가지므로 두 배의 거리로 이동한다.

- 위의 두 가지 경우에 대하여 스케치를 한 후 다시 업로드시켜 변화를 살펴보자. ABOT의 이동 거리가 변하였는가?

후진, 회전 그리고 중심축 회전

ABOT의 다른 모든 움직임은 servoLeft와 servoRight의 writeMicroseconds 함수 호출 안에 있는 파라미터의 조합이다.

예를 들면, 다음의 두 가지 호출은 ABOT을 후진하도록 만든다.

```
 // Full speed backwards
servoLeft.writeMicroseconds(1300);   // Left wheel clockwise
servoRight.writeMicroseconds(1700);  // Right wheel counterclockwise
```

다음의 두 호출 함수는 ABOT이 좌회전한다.

```
 // Turn left in place
servoLeft.writeMicroseconds(1300);   // Left wheel clockwise
servoRight.writeMicroseconds(1300);  // Right wheel clockwise
```

다음 두 가지 호출 함수는 ABOT이 우회전한다.

```
 // Turn right in place
servoLeft.writeMicroseconds(1700);   // Left wheel counterclockwise
servoRight.write Microseconds(1700); // Right wheel counterclockwise
```

ABOT이 앞으로 이동, 좌회전, 우회전 그리고 후진하도록 하나의 스케치에 앞에서 정의한 모든 명령들을 조합해 보자.

예제 스케치

ForwardLeftRightBackward

- 입력, 저장 그리고 ForwardLeftRightBackward를 업로드한다.
- ABOT이 앞쪽-왼쪽-오른쪽-뒤쪽으로 움직이는 것을 확인한다.

// ABOT – ForwardLeftRightBackward

// Move forward, left, right, then backward for testing and tuning.

```
#include <Servo.h>                        // Include servo library

Servo servoLeft;                          // Declare left and right servos
Servo servoRight;

void setup()                              // Built-in initialization block
{

  tone(4, 3000, 1000);                    // Play tone for 1 second
  delay(1000);                            // Delay to finish tone

  servoLeft.attach(13);                   // Attach left signal to pin 13
  servoRight.attach(12);                  // Attach right signal to pin 12

  // Full speed forward
  servoLeft.writeMicroseconds(1700);  // Left wheel counterclockwise
  servoRight.writeMicroseconds(1300); // Right wheel clockwise
  delay(2000);                        // ...for 2 seconds

  // Turn left in place
  servoLeft.writeMicroseconds(1300);   // Left wheel clockwise
  servoRight.writeMicroseconds(1300);  // Right wheel clockwise
  delay(600);                          // ...for 0.6 seconds

  // Turn right in place
  servoLeft.writeMicroseconds(1700);   // Left wheel clockwise
  servoRight.writeMicroseconds(1700);  // Right wheel clockwise
  delay(600);                          // ...for 0.6 seconds

  // Full speed backward
  servoLeft.writeMicroseconds(1300);   // Left wheel clockwise
  servoRight.writeMicroseconds(1700);  // Right wheel counterclock-
  wise
  delay(2000);                         // ...for 2 seconds
```

```
  servoLeft.detach();                   // Stop sending servo signals
  servoRight.detach();
}

void loop()                             // Main loop auto-repeats
{                                       // Empty, nothing needs repeating
}
```

Tip 이 스케치를 빨리 입력하기 위해, 주행을 만드는 4개 라인을 4개 복사하려면 아두이노 소프트웨어 에디터 메뉴 툴(복사와 붙이기)을 이용하자(참고, servoLeft.writeMicroseconds, servoRight.writeMicroseconds 그리고 delay). 그런 다음 각각에 대하여 수정하자.

사용자의 차례

중심축 회전

ABOT은 한 바퀴를 축으로 중심회전을 할 수 있다. 바퀴가 돌고 있는 동안 다른 바퀴는 정지하면 된다. 다음은 전진과 후진의 축회전에 대한 4가지 루틴이다.

```
// Pivot forward-left
servoLeft.writeMicroseconds(1500);    // Left wheel stop
servoRight.writeMicroseconds(1300);   // Right wheel clockwise

// Pivot forward-right
servoLeft.writeMicroseconds(1700);    // Left wheel counterclockwise
servoRight.writeMicroseconds(1500);   // Right wheel stop

// Pivot backward-left
servoLeft.writeMicroseconds(1500);    // Left wheel stop
servoRight.writeMicroseconds(1700);   // Right wheel counterclockwise
```

```
// Pivot backward-right
servoLeft.writeMicroseconds(1300);     // Left wheel clockwise
servoRight.writeMicroseconds(1500);    // Right wheel stop
```

- ForwardLeftRightBackward를 PivotTests로 저장하라.
- 각각의 writeMicroseconds 호출 내에 있는 μs파라미터를 변화시키면 스케치는 전진, 좌회전, 우회전 그리고 후진의 4가지 축회전을 실행한다.
- 수정된 스케치를 실행해 보자. 그리고 여러 가지의 중심축 회전 움직임이 작동되는지 확인하자.
- 각 주행에 대해 delay 호출과 함께 실험해 보면, 각각의 움직임이 90도 회전하기 위해 충분히 긴 시간 동안 주행할 것이다.

실습2

기본적인 주행 조정

여러분의 ABOT이 전속력으로 15초간 앞쪽으로 달리도록 지시하는 스케치를 상상해 보자. 로봇이 앞쪽으로 똑바로 주행해야 하는데 만약 로봇이 주행하는 동안 왼쪽이나 오른쪽으로 방향이 약간 틀어진다면 어떻게 해야 하는가? 더 이상 ABOT을 분리할 필요가 없고 이것을 조정하기 위해 드라이버로 서보들을 재조정할 필요도 없다. 양쪽 바퀴 주행을 같은 속도로 맞추는 간단한 스케치를 통한 조정 작업으로 해결할 수 있다. 드라이버는 하드웨어적인 조정을 고려할 때 사용되고, 프로그램은 소프트웨어적인 조정을 수행한다.

ABOT의 직선 경로

ABOT이 직선 대신에 곡선으로 주행하는가? 하나의 서보를 기준으로 다른 서보의 최고 속도가 변화되어 ABOT이 점진적인 회전을 하는 경우다. 즉, 한 바퀴가 반대편의 바퀴보다 약간 빠르게 회전하고 있는 것이다.

ABOT이 꾸불꾸불하게 진행할 경우, 이것을 올바로 잡기 위해 가장 먼저 해야 할 것은 방향성이 얼마나 많이 잘못 되었는지를 알아보기 위해 당분간 지속적인 전진 상태를 관찰하는 것이다.

예제 스케치

ForwardTenSeconds

- ForwardThreeSeconds를 열고 ForwardTenSeconds로 다시 저장한다.
- delay(3000)을 delay(10000)으로 변경하고 제목과 참고사항을 변경한다.
- 파워 스위치를 1로 위치 설정하고 스케치를 업로드한 후, USB 케이블을 분리한다.
- ABOT을 부드럽고 깨끗한 긴 바닥 위에 놓는다.
- 전원 스위치를 2 위치로 옮기는 동안 리셋 버튼을 누른 상태를 유지하고, 로봇을 놓는다.
- 리셋 버튼을 누르자. 그 다음에 ABOT이 10초 동안 앞으로 전진하면서 오른쪽과 왼쪽으로 휙휙 돌아가는지를 유심히 살펴보자.

// Robotics with the BOE Shield – ForwardTenSeconds
// Make the BOE Shield-Bot roll forward for ten seconds, then stop.

```
#include <Servo.h>                      // Include servo library

Servo servoLeft;                        // Declare left and right servos
Servo servoRight;

void setup()                            // Built-in initialization block
{
  tone(4, 3000, 1000);                  // Play tone for 1 second
  delay(1000);                          // Delay to finish tone

  servoLeft.attach(13);                 // Attach left signal to pin 13
  servoRight.attach(12);                // Attach right signal to pin 12

// Full speed forward
  servoLeft.writeMicroseconds(1700);  // Left wheel counterclockwise
  servoRight.writeMicroseconds(1300); // Right wheel clockwise
  delay(10000);                         // ...for 10 seconds
```

```
    servoLeft.detach();                    // Stop sending servo signals
    servoRight.detach();
  }

  void loop()                             // Main loop auto-repeats
  {                                       // Empty, nothing needs repeating
  }
```

사용자의 차례

ABOT이 경로를 따라 똑바로 가도록 서보 속도 조정

만약 ABOT이 앞쪽으로 똑바로 신행해야 하는데 약간 회전을 한다면, 그 해결책은 아주 간단하다. 상대적으로 빠른 바퀴의 속도를 늦춰주기만 하면 된다. servo 변환 곡선 그래프에서 가장 알맞은 서보의 속도 제어는 1400 ~ 1600 μs 범위라는 것을 기억하라.

표 4-1 writeMicroseconds(μs) 함수 내의 μs파라미터

최고 스피드 시계방향	선형 스피드 영역 출발	전체 정지	선형 스피드 영역 끝	최고 스피드 반시계 방향
1300	1400	1500	1600	1700

ABOT이 서서히 왼쪽으로 회전한다고 해보자. 이것은 오른쪽 바퀴가 왼쪽 바퀴보다 빠르게 회전한다는 것을 의미한다. 왼쪽 바퀴는 가능한 범위 내에서 빠르게 이미 회전하고 있으므로, 로봇을 똑바른 방향으로 진행하도록 하기 위해서는 오른쪽 바퀴의 속도를 늦춰줄 필요가 있다. 속도를 늦추기 위해 servoRight.writeMicroseconds(μs) 함수 내의 파라미터를 1500에 가깝게 변화시킨다. 먼저 1400을 적용한다. 아직 너무 빠르게 움직이는가? 값을 1410으로 변화시킨다. ABOT이 더 이상 왼쪽으로 회전하

지 않을 때까지 파라미터 값을 10씩 증가시켜 가면서 실험한다. ABOT이 오른쪽으로 돌아가기 시작한다면, 보다 적은 값으로 파라미터를 감소시켜라. ABOT이 똑바로 앞으로 갈 때까지 파라미터를 계속 조정하라. 이것을 반복 과정이라 부르는데, 올바른 값을 찾기 위한 시도와 개선의 반복 작업을 의미한다.

만약 ABOT이 오른쪽 방향으로 회전한다면, 왼쪽 바퀴를 천천히 회전시켜야 한다. servoLeft.writeMicroseconds(1700)으로 시작해서 서서히 파라미터 값을 감소시켜야 한다. 1600을 적용해 보라. 로봇이 똑바로 움직이든가 다른 방향으로 회전할 때까지 10씩 감소시켜 본다. 만약 너무 지나치게 변화된다면 2씩 감소하라. ForwardTenSeconds를 수정하면 ABOT이 앞으로 똑바로 진행할 것이다.

- ForwardTenSeconds를 수정해서 ABOT이 똑바로 가도록 만들어라.
- writeMicroseconds() 함수 호출에 대해 각 서보가 최상의 μs 파라미터를 가지는 표시를 테이프나 스티커로 만들어 사용하라.
- 만약 ABOT이 똑바로 움직인다면, 그 효과를 보기 위해 약간의 수정이 필요하다. 이것은 ABOT이 직선 라인 대신 커브로 주행하는 원인이다.
- ABOT을 후진하기 위해 프로그래밍할 때, 완전히 다른 상황이 된다.
- BoeBotForwardTenSeconds를 수정하여 ABOT이 10초 동안 뒤로 움직이도록 만든다.
- 똑바른 라인에 대한 테스트를 반복한다.
- ABOT을 똑바로 뒤로 움직이기 위해 writeMicroseconds 함수 호출에 대한 μs 파라미터 수정 과정을 반복한다.

회전 조절

ABOT이 일정한 장소에서 회전할 때 소비되는 시간의 양은 얼마나 멀리 회전하는지를 결정한다. 회전을 조절하는 것은 여러분들이 다른 양의 시간에 대한 회전을 만들기 위해 지연 함수 ms 파라미터를 조절하는 것이다.

ABOT이 90도(1/4 바퀴) 이상 회전을 한다고 하자. delay(580) 혹은 delay(560)을 시도하라. 만약 충분하게 회전하지 않는다면, 지연 함수의 ms 파라미터를 20ms씩 증가시키면서 진행한다.

실질적인 작은 변화의 차이는 20 정도이다. 서보제어 신호는 매 20ms마다 보내지며, 사용자의 지연 함수 호출의 ms 파라미터는 20을 곱해서 조정한다.

만약 90도가 조금 넘거나 90도 약간 아래에 해당하는 값을 알고자 한다면, 최대한 큰 회전을 만들 수 있는 값을 선택한 다음, 서보를 약간씩 천천히 회전 시킨다. 왼쪽으로 회전하는 경우 양쪽 writeMicroseconds의 μs 파라미터들은 1300에서 1500가까이 변화된다. 1400으로 시작하고 양쪽 서보가 천천히 움직이도록 값을 점진적으로 올려간다. 오른쪽 회전에 대해, μs 파라미터를 1700부터 1600까지 변화시키면서 출발한다. 그리고 10씩 그 값을 증가시켜 속도를 줄인다.

사용자의 차례

90도 회전과 스케치 업데이트

정확하게 90도 회전하도록 ForwardLeftRightBackward를 수정하자.
각 서보의 라벨을 90도 회전을 위한 지연함수 ms 파라미터 표시로 갱신하자.
전진과 후진 주행을 위해 결정된 값으로 ForwardLeftRightBackward 내의 지연함수 ms 파라미터를 갱신하자.

- 정밀한 90도 회전을 만들기 위해 ForwardLeftRightBackward를 수정하자.
- 90도 회전을 위해 적당한 지연 함수의 ms 파라미터 표기를 각 서보의 레이블로 업데이트하자.
- 똑바른 전진과 후진으로 주행하기 위한 값으로 ForwardLeftRightBackward 안에 있는 delay 함수의 ms 파라미터 값을 업데이트하자.

⚠ 카페트는 로봇 운행의 에러를 유발할 수 있다.

만약 ABOT이 카페트 위에서 주행하고 있다면, 완벽한 결과는 기대하기 어렵다. 털이 놓여 있는 카페트 길은 ABOT 주행에 영향을 미칠 수 있고, 특히, 장거리에서도 마찬가지이다. 좀 더 정밀한 주행을 위해서는 부드러운 면이 있는 곳을 사용하자.

실습3

거리계산

많은 로봇 경진대회에서는 좀 더 정밀한 로봇 주행을 평가하며, 어떤 초보자 단계 로봇 경진대회는 추측항법(dead reckoning)을 평가한다. 이 경진대회의 목표는 로봇을 하나 혹은 그 이상의 장소로 움직여서 정확히 출발 지점으로 되돌아오게 하는 것이다.

여러분이 휴가나 친척 집으로 가는 내내 부모님께 이 질문을 반복한 것을 회상해 보자.

"우리 언제쯤 도착하지?"

어렸을 때 학교에서 나눗셈에 관하여 배웠다. 목적지의 도시까지 얼마나 남아 있는가를 확인하기 위해 도로 표지판을 살펴볼 것이고, 이어서 차 속도계를 확인한 후, 거리를 속도로 나누어서 도착지까지 얼마의 시간이 소요될지 예측한다. 이때 사용할 수 있는 식은 다음과 같다.

$$\text{시간} = \frac{\text{거리}}{\text{속도}}$$

마일식 계산 : 만약 여러분이 목적지로부터 140마일 떨어져 있고, 시간당 70마일을 주행할 수 있다면, 목적지에 도착하는 데 소요되는 시간은 약 2시간 정도일 것이다.

$$\begin{aligned} time &= \frac{140\,miles}{70\,miles/hour} \\ &= 140\,miles \times \frac{1\,hour}{70\,miles} \\ &= 2\,hours \end{aligned}$$

미터법 계산 : 만약 여러분의 목적지가 200킬로미터 떨어져 있고 시간당 100킬로미터로 운행한다면, 목적지에 도착하는 데 2시간이 걸릴 것이다.
목적지 거리가 멀다는 것만 빼고는 ABOT에 대해서도 동일하게 적용할 수 있다. 다음 식을 사용한다.

$$ABOT\ \text{이동시간} = \frac{ABOT\ \text{이동거리}}{ABOT\ \text{속도}}$$

- 입력, 저장 그리고 ForwardOneSecond를 실행하라.
- ABOT을 눈금자 옆에 놓는다.
- 지면에 닿는 바퀴 부분이 눈금자의 0 인치/센티미터에 놓이도록 만든다.
- 스케치를 다시 실행하기 위해 보드 위에 있는 리셋 버튼을 누른다.
- 바퀴가 현재 지면에 닿아 있는 부분을 측정하여 ABOT의 바퀴가 얼마나 멀리 주행했는지를 기록하라 : __________ (in 또는 cm).

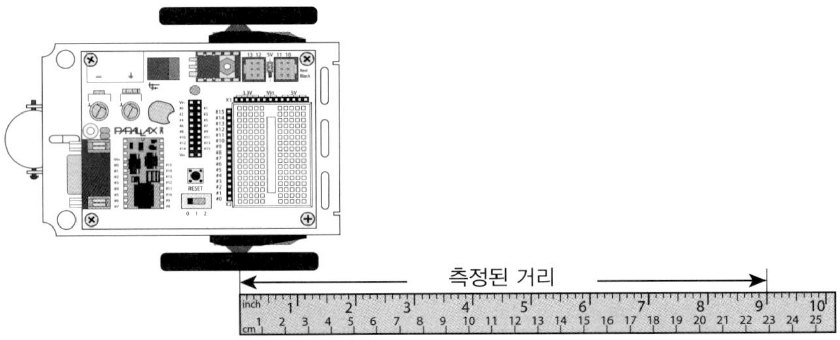

// ABOT - ForwardOneSecond
// Make the ABOT roll forward for one seconds, then stop.

```
#include <Servo.h>                    // Include servo library

Servo servoLeft;                      // Declare left and right servos
Servo servoRight;
```

```
void setup()                              // Built-in initialization block
{
  tone(4, 3000, 1000);                    // Play tone for 1 second
  delay(1000);                            // Delay to finish tone

  servoLeft.attach(13);                   // Attach left signal to pin 13
  servoRight.attach(12);                  // Attach right signal to pin 12
          // Full speed forward
  servoLeft.writeMicroseconds(1700);  // Left wheel counterclockwise
  servoRight.writeMicroseconds(1300); // Right wheel clockwise
  delay(1000);                            // ...for 1 second

servoLeft.detach();                       // Stop sending servo signals
servoRight.detach();
}

void loop()                               // Main loop auto-repeats
{                                         // Empty, nothing needs repeating
}
```

여러분이 기록한 거리는 unit/second 단위로 표현되는 ABOT의 속도이다. 이제, ABOT이 특정 거리를 가기 위해 로봇을 몇 초 동안 움직여야 하는지를 알 수 있다.

1초당 인치와 센티미터

인치는 "in" 이고 센티미터는 "cm"이다. 마찬가지로 "인치/초"의 단위는 "in/s"이고, "센티미터/초"의 단위는 "cm/s"이다. 두 가지 모두 ABOT의 편리한 속도 측정 방법이다. 1인치는 2.54센티미터이다. 인치의 센티미터 변환은 인치 값에 2.54를 곱하면 된다. 센티미터의 인치 변환은 센티미터 값에 2.54로 나누면 된다.

계산은 초 단위라는 것을 명심하라. 그러나 지연 함수의 파라미터 값은 milisecond (밀리초) 값으로 되어 있다. 따라서 계산 결과 값에 1000을 곱하여 사용해야 한다. 그리고 지연함수 호출 때 이 값을 사용한다. 예를 들면, ABOT을 2.22초 동안 움직이도록 만들고자 한다면, writeMicroseconds 함수를 호출한 후, delay(2220)을 사용해야 할 것이다.

미국식 방법 예 : 9 in/s에서 ABOT이 20인치만큼 주행하기 위해 2.22초 동안 움직여야 한다.

$$
\begin{aligned}
time &= \frac{20in}{9in/s} \\
&= 20in \times \frac{1s}{9in} \\
&= 2.22s
\end{aligned}
$$

미터식 계산 예 : 23cm/s에서 ABOT은 51cm를 주행하기 위해 2.22초 동안 움직여야 한다.

$$
\begin{aligned}
time &= \frac{51cm}{23cm/s} \\
&= 51cm \times \frac{1s}{23cm} \\
&= 2.22s
\end{aligned}
$$

같은 결과를 나타내는 양쪽 예제:

$$
\begin{aligned}
time(ms) &= time(s) \times \frac{1000ms}{s} \\
&= 2.22s \times \frac{1000ms}{s} \\
&= 2220ms
\end{aligned}
$$

따라서 writeMicroseconds 함수를 부른 후 delay(2220)을 적용한다.

```
servoLeft.writeMicroseconds(1700);
servoRight.writeMicroseconds(1300);
delay(2220);
```

사용자 차례

여러분의 ABOT의 거리

이제, 여러분이 선택한 거리를 시도해 보자.

- ABOT이 얼마나 멀리 움직이기를 원하는지 거리를 결정하라.
- 선택한 거리에 대해 직진으로 얼마만큼의 시간 동안 로봇이 운행해야 하는지를 아래 식을 이용하여 구하라.

$$\text{이동시간(밀리초, } ms) = \frac{ABOT\ \text{이동거리}}{ABOT\ \text{속도}} \times \frac{1000\ ms\ \text{(밀리초)}}{s\text{(초)}}$$

- ABOT이 여러분이 계산한 시간만큼 직진으로 움직이도록 ForwardOne-Second를 수정하고 실행하라. 얼마나 가깝게 갔는가?

ABOT의 바퀴가 홀에 들어갔을 경우 빠져 나올 수 있도록 엔코더(encoder)라 불리는 도구를 사용하여 거리의 정확성을 유지하라.

실습4

경사(ramping) 주행

램핑은 갑작스런 출발과 정지를 방지하고 서보의 속도를 점진적으로 증가하거나 감소하는 방법이다. 이 기술은 ABOT의 건전지와 서보들의 수명을 길게 할 수 있다.

램핑을 위한 프로그래밍

아래 예제는 속도가 최대가 될 때까지 어떻게 증가하는가를 나타낸다. for루프에 정수 변수 speed는 100번 반복하도록 하였다. for 루프의 증가 파라미터는 speed+=2로 표현하였는데 루프를 매 반복할 때마다 speed 값은 2씩 증가한다. speed 변수는 writeMicroseconds의 호출의 파라미터이다. 이것은 for 루프가 반복할 때마다 값에 영향을 미친다. 각각 반복할 때마다 20ms의 지연을 가진다. 루프 1초당 50번씩 반복한다. 이것은 2씩 증가해서 100까지 속도가 1초 소요된다는 것이며, 그 시점에서 양쪽 서보는 전속력으로 진행할 것이다.

```
for(int speed = 0; speed <= 100; speed+=2)
{
  servoLeft. writeMicroseconds(1500+speed);
  servoRight. writeMicroseconds(1500-speed);
  delay(20);
}
```

다음 순서를 통하여 for 루프의 순서를 자세히 살펴보자.

- 첫 번째 trip: 속도 0, 양쪽 writeMicroseconds 호출은 파라미터가 1500일 때 끝난다.

- 두 번째 trip: 속도 2, servoLeft.writeMicroseconds(1502)와 servoRight.writeMicroseconds(1498)
- 세 번째 trip: 속도 4, servoLeft.writeMicroseconds(1504)와 servoRight.writeMicroseconds(1496)
- 이 방법을 계속 실행.....
- 100번째 trip: 속도 200, servoLeft.writeMicroseconds(1600) 와 servoRight.writeMicroseconds(1400). 이것은 최고 속도에 상당히 근접하고 있다. 1700과 1300은 최대 값이다.

예제 스케치

StartAndStopWithRamping

- 프로그램을 입력, 저장하고 StartAndStopWithRamping을 실행하라.
- ABOT이 최대 속도가 될 때까지 점진적으로 가속하며, 잠시 동안 최대 속도를 유지하다가 정지할 때까지 점진적으로 감소하는 것을 확인하라.

// ABOT – StartAndStopWithRamping
// Ramp up, go forward, ramp down.

```
#include <Servo.h>                // Include servo library

Servo servoLeft;                  // Declare left and right servos
Servo servoRight;

void setup()                      // Built-in initialization block
{
  tone(4, 3000, 1000);            // Play tone for 1 second
  delay(1000);                    // Delay to finish tone

  servoLeft.attach(13);           // Attach left signal to pin 13
  servoRight.attach(12);          // Attach right signal to pin 12
```

```
  for(int speed=0; speed<=100; speed+=2) //Ramp up to full speed.
  {
    servoLeft.writeMicroseconds(1500+speed);
                                 // us = 1500,1502,...1598,1600
    servoRight.writeMicroseconds(1500-speed);
                                 // us = 1500,1498,...1402,1400
    delay(20);                   // 20ms at each speed
  }

  delay(1500);                   // Full speed for 1.5 seconds

  for(int speed=100;speed>=0;speed-=2)//Ramp from full speed to
  stop
  {
    servoLeft.writeMicroseconds(1500+speed);
                              // us = 1600,1598,...1502,1500
    servoRight.writeMicroseconds(1500-speed);
                              // us = 1400,1402,...1498,1500
    delay(20);                // 20 ms at each speed
  }

  servoLeft.detach();         // Stop sending servo signals
  servoRight.detach();
}

void loop()                   // Main loop auto-repeats
{                             // Empty, nothing to repeat
}
```

여러분의 차례

다른 주행에 램핑 더하기

이제 다른 주행과 램핑을 결합한 함수를 만들 수 있다. 다음 예는 전진 대신 후진을 최대 속도로 어떻게 램핑하는지를 나타낸다. 이 루틴과 전진 방향 램핑 사이의 차이

점은 0에서 출발하여 –100까지 speed 값이 변하는 것이다.

```
for(int speed = 0; speed >= -100; speed -= 2) // Ramp stop to full reverse
{
  servoLeft.writeMicroseconds(1500+speed);   // us = 1500,1498, 1496...1400
  servoRight.writeMicroseconds(1500-speed);  // us = 1500,1502, 1508...1600
  delay(20);                                 // 20 ms at each speed
}
```

이제 안쪽 회전과 바깥쪽 회전에 대한 램핑 루틴을 만들 수 있다. 아래는 오른쪽-회전 램핑의 예이다. 한쪽의 바퀴는 1500+speed와 다른 한쪽의 바퀴는 1500– speed를 하는 대신 둘 다 1500+speed를 사용한다는 것을 명심하라.

```
for(int speed = 0; speed <= 100; speed += 2) // Ramp stop to right turn
{
  servoLeft.writeMicroseconds(1500+speed);   // us = 1500,1502, 1508...1600
  servoRight.writeMicroseconds(1500+speed);  // us = 1500,1502, 1508...1600
  delay(20);                                 // 20 ms at each speed
}

for(int speed = 100; speed >= 0; speed -= 2)// right turn to stop
{
  servoLeft.writeMicroseconds(1500+speed);   // us = 1600,1598, 1597...1500
  servoRight.writeMicroseconds(1500+speed);  // us = 1600,1598, 1597...1500
  delay(20);                                 // 20 ms at each speed
}
```

- ForwardLeftRightBackward 스케치를 열고 ForwardLeftRightBackward Ramping 이름으로 파일을 저장하라.
- 새로운 스케치를 수정하면 ABOT이 각각 주행을 안쪽으로 바깥쪽으로 램프할 것이다.

위의 작은 부분을 사용하고, StartAndStopWithRamping으로부터 비슷한 작은 부분을 사용한다.

실습5

함수로 단순 주행하기

함수는 미리 프로그램된 주행을 실행하기에 편리하다. 다음 장에서 ABOT이 장애물을 피하기 위한 주행을 하는데, 미리 작성된 주요한 구성요소로 장애물을 피해서 주행한다.

setup과 loop 함수는 아두이노 언어로 만들어진다. 그러나 스케치를 통해 명확한 일을 수행하는 함수들을 추가할 수 있다. 여기서 작업은 스케치로 어떻게 함수를 추가하는지 소개하고, 그러한 함수들을 주행에 재사용하기 위한 여러 가지 다른 방법들을 소개한다.

최소 함수 호출

아래 그림은 loop() 함수 아래에 프로그램의 맨 마지막에 example 함수를 포함하는 스케치의 한 부분을 나타낸다. 추가된 함수는 void example() 함수이다. example() 함수의 괄호 안이 비어 있는 것은, 이것을 수행하는 데 파라미터가 필요 없다는 것을 의미한다. 그리고 void가 의미하는 것은 반환(return) 값이 없다는 것이다(다음 장에 return 값이 있는 함수를 살펴본다). 괄호 { }의 정의는 example 함수의 코드 블록을 의미한다.

```
void setup() {
  serial.begin(9600);

  serial. println("Before example function call.")
  delay(1000);

  example();

  serial.println("After example function call.");
  delay(1000);
}

void loop() {
}

void example()
{
  serial.println("During example function call.");
  delay(1000);
```

Function call...

...sends sketch to function.

Function starts here.

When done, sketct returns to next instruction after function call.

위의 그림에서, setup() 함수 안에서 example() 함수를 호출하고 있다. example()은 스케치가 이 이름을 가리키는 함수를 찾아가서 코드를 실행하고 그것이 완료되었을 경우 되돌아온다. 그러므로 스케치는 void example()로 점프할 것이고 괄호{ } 내에 있는 두 줄의 명령을 실행한다. 그 다음은 함수를 호출한 곳으로 되돌아가고 다음 명령이 계속 실행한다. 아래는 스케치를 실행할 때 볼 수 있는 일의 순서이다.

1. [시리얼 모니터]는 "Before example function call."을 나타낸다.
2. 1초 지연 후, 모니터는 "During example function call."을 나타낸다. 왜 그럴까? 메시지를 출력하라는 명령을 가지고 있는 example() 함수 호출 때문이고, 그 후 1초 시간 지연이 실행된다. 그 다음에, 함수는 example() 함수가 호출된 setup() 함수 내로 되돌아 간다.
3. Serial Monitor는 "After example function call."을 나타낸다.

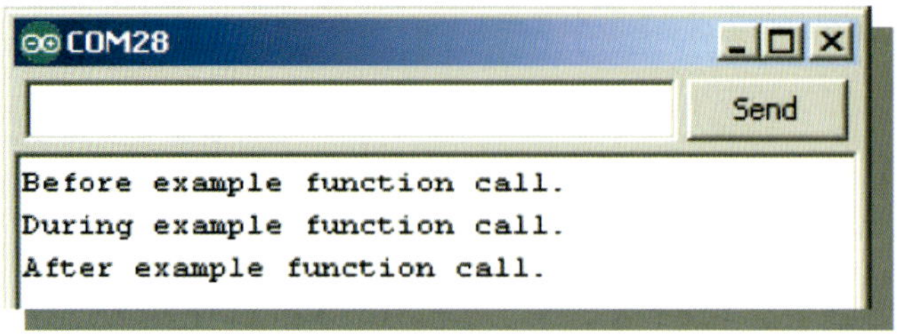

예제 스케치

SimpleFunctionCall

- 입력, 저장 그리고 SimpleFunctionCall을 업로드한다.
- 업로드의 진행을 살펴보고, 작업이 완료되는 순간 [시리얼 모니터]를 열어라.
- 터미널을 보고 "Before", "During" 그리고 "After"로 시작하는 문자열 메시지를 확인하라.

// Robotics with the BOE Shield – SimpleFunctionCall
// This sketch demonstrates a simple function call.

```
void setup() {
  Serial.begin(9600);

  Serial.println("Before example function call.");
  delay(1000);

  example();                         // This is the function call

  Serial.println("After example function call.");
  delay(1000);
}
```

```
void loop() {
}

void example()                    // This is the function
{
  Serial.println("During example function call.");
  delay(1000);
}
```

파라미터를 가지는 함수 호출

함수는 한 개 혹은 그 이상의 파라미터를 가질 수 있다는 것을 기억하라. 피라미터는 함수가 호출되었을 때 함수가 받고 사용하는 데이터이다. 아래 그림은 다음 스케치로부터 pitch() 함수를 나타낸다. void pitch(int Hz)로 선언된다. 1장 실습 3의 아두이노에서 여러 가지 데이터 형식으로 변수 값들을 저장하는 것을 상기하라. int는 정수 범위 −32,768부터 32,767까지 범위를 가진다. 프로그램에서 괄호 안에 있는 int Hz는 pitch() 함수에 대한 파라미터이다. 이 경우, 지역변수 Hz가 정수(int) 데이터 형식으로 선언한다.

> 지역변수는 함수 내에 선언된다. 그리고 이것은 이 함수 내에서만 사용된다. 만약 지역변수가 함수 선언할 때 파라미터로 만들어졌다면, 여기서는 void pitch(int Hz)처럼, 함수가 호출될 때마다 이 값은 초기화된다. 예를 들면, pitch(3500) 호출은 정수 값 3500을 pitch 함수의 int Hz 파라미터로 전달한다.

그래서 첫 번째 pitch 함수가 pitch(3500)를 호출할 때, 정수 값 3500이 Hz로 전달된다. 이것은 pitch 함수의 코드 블록을 통하여 이 과정이 진행되는 동안 Hz를 3500으로 초기화한다. 두 번째 호출, pitch(2000), pitch 함수의 코드 블록을 통하여 스케치가 두 번째 진행되는 동안 Hz를 2000으로 초기화한다.

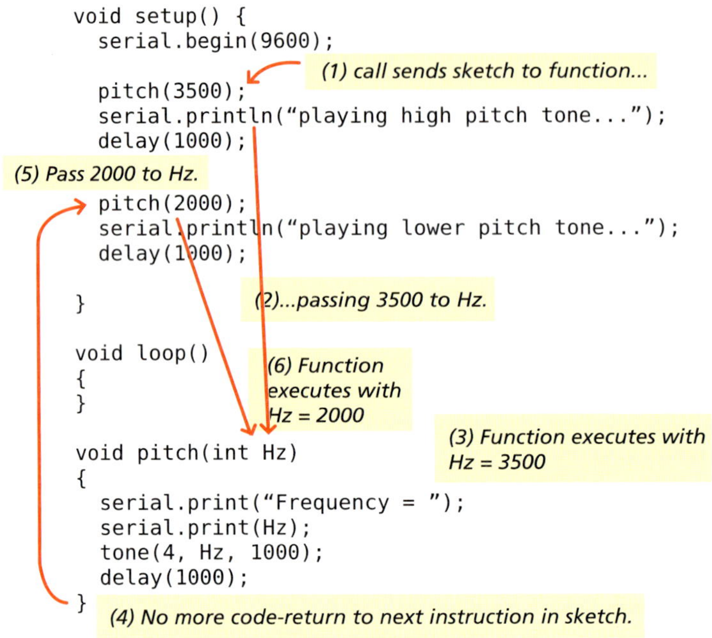

예제 스케치

FunctionCallWithParameter

1. 스케치를 읽고 여러분이 이것을 실행했을 때 보고 들리는 것이 무엇인지를 예측하라.
2. 프로그램을 입력하고 FunctionCallWithParameter를 업로드하라. 그런 다음 [시리얼 모니터]를 열어라.
3. 터미널을 보고 소리를 들어라.
4. 예측이 맞았는가? 만약 그렇다면 잘 하였다. 만약 그렇지 않다면, 스케치를 자세히 살펴보고 각 함수 호출부터 함수와 되돌아오는 것까지 코드를 따라가서 확인해 보자. 확실히 하기 위해, 위에서처럼 다른 diagram을 살펴보자.

// Robotics with the BOE Shield – FunctionCallWithParameter

// This program demonstrates a function call with a parameter.

```
void setup() {
  Serial.begin(9600);

  Serial.println("Playing higher pitch tone...");
  pitch(3500);       // pitch function call passes 3500 to Hz param-
eter
  delay(1000);

  Serial.println("Playing lower pitch tone...");
  pitch(2000);       // pitch function call passes 2000 to Hz param-
  eter
  delay(1000);
}
void loop()
{
}
void pitch(int Hz)   // pitch function with Hz declared as a param-
eter
{
  Serial.print("Frequency = ");
  Serial.println(Hz);
  tone(4, Hz, 1000);
  delay(1000);
}
```

여러분의 차례

두 개의 파라미터까지 함수 확장

다음은 두 개의 파라미터를 사용하는 수정된 pitch 함수인 Hz와 ms이다. 이 새로운 pitch 함수는 소리를 얼마나 지속하는지를 제어하는 것이다.

```
void pitch(int Hz, int ms)
{
  Serial.print("Frequency = ");
  Serial.println(Hz);
  tone(4, Hz, ms);
  delay(ms);
}
```

아래는 수정된 pitch 함수에 대한 두 가지 호출이다. 하나는 3500Hz에서 0.5초 동안 지속하는 것이고 다른 하나는 2000Hz에서 1.5초 동안 지속하는 것이다.

```
  pitch(3500, 500);
  pitch(2000, 1500);
```

이러한 각각의 pitch 호출은 두 개의 값을 가진다는 것에 주목하자. 하나는 Hz로 전달하고, 다른 하나는 ms 파라미터로 전달한다. 함수 내에 있는 값들의 개수는 함수 정의에 있는 파라미터의 개수와 일치해야 한다. 만약 그렇지 않다면 스케치는 컴파일할 수 없을 것이다.

- FunctionCallWithParameter를 FunctionCallWithTwoParameters로 저장하자.
- pitch 함수를 두 개 파라미터 버전으로 교체하자.
- 하나의 파라미터 pitch 호출을 두 개 파라미터 호출로 교체하자.
- 수정된 스케치를 동작시키고 동작을 검증하자.
- FunctionCallWithParameter을 FunctionCallWithTwoParameters로 저장하라.
- pitch 함수를 두 개의 파라미터가 있는 것으로 대체한다.
- 한 개의 파라미터가 있는 pitch 함수 호출을 두 개의 파라미터가 있는 pitch 함수 호출로 대체한다.
- 수정된 스케치를 실행한다. 그리고 확인 과정을 거친다.

함수 내에 주행 넣기

앞으로 전진, 왼쪽 회전, 오른쪽 회전 그리고 뒤로 후진 주행 루틴들을 함수들의 안에 놓는다.

예제 스케치 – MovementsWithSimpleFunctions

- 입력, 저장 그리고 MovementsWithSimpleFunctions을 업로드하라.

// Robotics with the BOE Shield – MovementsWithSimpleFunctions
// Move forward, left, right, then backward for testing and tuning.

```
#include <Servo.h>                // Include servo library

Servo servoLeft;                  // Declare left and right servos
Servo servoRight;

void setup()                      // Built-in initialization block
{
  tone(4, 3000, 1000);            // Play tone for 1 second
  delay(1000);                    // Delay to finish tone

  servoLeft.attach(13);           // Attach left signal to pin 13
  servoRight.attach(12);          // Attach right signal to pin 12

  forward(2000);                  // Go forward for 2 seconds
  turnLeft(600);                  // Turn left for 0.6 seconds
  turnRight(600);                 // Turn right for 0.6 seconds
  backward(2000);                 // go backward for 2 seconds

  disableServos();                // Stay still indefinitely
}

void loop()                       // Main loop auto-repeats
{                                 // Empty, nothing needs repeating
}
```

```
void forward(int time)                       // Forward function
{
  servoLeft.writeMicroseconds(1700);  // Left wheel counterclockwise
  servoRight.writeMicroseconds(1300); // Right wheel clockwise
  delay(time);                        // Maneuver for time ms
}

void turnLeft(int time)                      // Left turn function
{
  servoLeft.writeMicroseconds(1300);   // Left wheel clockwise
  servoRight.writeMicroseconds(1300);  // Right wheel clockwise
  delay(time);                         // Maneuver for time ms
}

void turnRight(int time)                     // Right turn function
{
  servoLeft.writeMicroseconds(1700);   // Left wheel counterclockwise
  servoRight.writeMicroseconds(1700);  // Right wheel counterclockwise
  delay(time);                         // Maneuver for time ms
}

void backward(int time)                      // Backward function
{
  servoLeft.writeMicroseconds(1300);   // Left wheel clockwise
  servoRight.writeMicroseconds(1700);  // Right wheel counterclockwise
  delay(time);                         // Maneuver for time ms
}

void disableServos()                         // Halt servo signals
{
  servoLeft.detach();                  // Stop sending servo signals
  servoRight.detach();
}
```

ABOT이 움직이는 패턴을 만들 수 있다. 이것은 ForwardLeftRightBackward 스케치에 의해 만들어지는 것과 같은 것이다. 같은 움직임을 결과로 나타내는 여러 스케치 방법들 중의 두 번째 예제이다. 이 장의 끝 부분에서 다수의 예제를 볼 수가 있다.

사용자 차례

루프에서 함수 호출

4가지의 주행을 계속해서 실행하기를 원하는가? setup 함수에서 loop 함수로 4가지 주행 함수 호출을 옮긴다. 이것을 실행해 보자.

- MovementsWithFunctionsInLoop와 같은 새로운 이름으로 스케치를 저장한다.
- // disableServos()처럼 왼쪽에 두 개의 /를 놓는 방법으로 setup 함수 내에 있는 disableServos() 함수 호출을 주석 처리한다.
- loop 함수로부터 // Empty… 코멘트 부분을 제거하라. 이것은 올바르지 않은 부분이다.

forward(2000), turnLeft(600), turnRight(600) 그리고 backward(2000) 함수 호출을 setup 함수에서 제거하라. 그리고 이것들을 loop 함수 내에 붙여넣기한다. 완성된 결과는 아래와 같다.

```
void setup()                          // Built-in initialization block
{
  tone(4, 3000, 1000);                // Play tone for 1 second
  delay(1000);                        // Delay to finish tone

  servoLeft.attach(13);               // Attach left signal to pin 13
  servoRight.attach(12);              // Attach right signal to pin 12

  // disableServos();                 // Stay still indefinitely
}
```

```
 void loop()                        // Main loop auto-repeats
{
  forward(2000);                   // Go forward for 2 seconds
  turnLeft(600);                   // Turn left for 0.6 seconds
  turnRight(600);                  // Turn right for 0.6 seconds
  backward(2000);                  // go backward for 2 seconds
}
```

- 수정된 스케치를 업로드한 후 지속적으로 4가지의 주행이 연속적으로 반복이 이루어지는지를 확인하라.

실습6

사용자 주행 함수

마지막 스케치 MovementsWithSimpleFunctions은 길고 모양새가 없는 프로그램이다. 그리고 로봇을 움직이기 위한 네 가지 함수는 거의 같다. TestManeuver Function 스케치는 함수의 유사성과 코드의 유연성의 장점을 가진다.

TestManeuverFunction는 speedLeft, speedRight와 msTime의 3가지 파라미터를 가지는 움직임에 대한 maneuver 함수를 가진다.

```
void maneuver(int speedLeft, int speedRight, int msTime)
```

아래에 열거된 speedLeft 그리고 speedRight에 대한 규칙은 기억하기 쉽다. 가장 좋은 것은 이 maneuver 함수와 함께 더 이상 시계 방향과 반시계 방향으로 회전에 대한 생각을 할 필요가 없다.

- 로봇이 앞으로 움직이기 위한 양수 값
- 로봇이 뒤로 움직이기 위한 음수 값
- 앞으로 최대 속력의 값 200
- 뒤로의 최대 속력 값 –200
- 정지 값 0
- 선형적 속도 조절 범위 100부터 –100

msTime에 대한 규칙들은 다음과 같다.

- maneuver를 실행하기 위한 여러 개의 양수 ms 값
- servo 신호를 무력화시키기 위한 값 –1

아래의 함수들 호출은 전진-후진-왼쪽-오른쪽-정지 순서가 된다.

```
maneuver(200, 200, 2000);          // Forward 2 seconds
maneuver(-200, 200, 600);          // Left 0.6 seconds
maneuver(200, -200, 600);          // Right 0.6 seconds
maneuver(-200, -200, 2000);        // Backward 2 seconds
maneuver(0, 0, -1);                // Disable servos
```

예제 스케치

TestManeuverFunction

- 입력, 저장 그리고 업로드 TestManeuverFunction
- 전진, 왼쪽, 오른쪽, 후진 그리고 정지 순서로 되는지를 확인하라.

// ABOT – TestManeuverFunction
// Move forward, left, right, then backward with maneuver function.

```
#include <Servo.h>                 // Include servo library

Servo servoLeft;                   // Declare left and right servos
Servo servoRight;

void setup()                       // Built-in initialization block
{
  tone(4, 3000, 1000);             // Play tone for 1 second
  delay(1000);                     // Delay to finish tone

  servoLeft.attach(13);            // Attach left signal to pin 13
  servoRight.attach(12);           // Attach right signal to pin 12
```

```
  maneuver(200, 200, 2000);        // Forward 2 seconds
  maneuver(-200, 200, 600);        // Left 0.6 seconds
  maneuver(200, -200, 600);        // Right 0.6 seconds
  maneuver(-200, -200, 2000);      // Backward 2 seconds
  maneuver(0, 0, -1);              // Disable servos
}
void loop()                        // Main loop auto-repeats
{                                  // Empty, nothing needs repeating
}
void maneuver(int speedLeft, int speedRight, int msTime)
{
  // speedLeft, speedRight ranges: Backward Linear Stop  Linear Forward
  //                          -200     -100......0......100       200
  servoLeft.writeMicroseconds(1500+speedLeft); // Set Left servo speed
  servoRight.writeMicroseconds(1500-speedRight); //Set right servo
  // speed
  if(msTime==-1)                               // if msTime = -1
  {
    servoLeft.detach();                        // Stop servo signals
    servoRight.detach();
  }
  delay(msTime);                               // Delay for msTime
}
```

여러분의 차례

속도와 지속적인 제어

maneuver 함수를 사용하여, 0은 정지, 100부터 –100사이는 속도 제어 범위 그리고 200과 –200은 servo가 전속력으로 달리도록 한다.

TestManeuverFunction 스케치는 사용자 maneuver들을 빠르게 정의하는 것이 용이하다. maneuver 함수를 각각 호출하는 동안 각 바퀴의 회전과 주행에 대한 새로운 파라미터를 전달한다. 예를 들면 3초 동안 호 모양을 그리기 위해 오른쪽 바퀴가 전속력으로 움직이고 있는 동안 왼쪽 바퀴는 절반의 속력으로 움직이도록 만들어 보자. 함수 호출은 다음과 같을 것이다.

```
maneuver(50, 100, 3000);
```

다른 예제는 왼쪽 바퀴를 중심축으로 회전하는 것으로서 왼쪽 바퀴는 정지 상태를 유지하며 오른쪽 바퀴는 앞으로 움직이는 것이다.

```
maneuver(0, 200, 1200);
```

- 여러분의 스케치에 예제 maneuver 호출 두 개를 추가하라.
- 다른 세 가지의 바퀴-축회전을 다음의 순서대로 추가하라.
  전진 - 오른쪽 축회전, 후진 - 오른쪽 축회전 그리고 후진 - 왼쪽 축회전

실습7

배열을 이용한 주행 순서

어떤 로봇 응용은 연속된 주행을 요구한다. ABOT이 장애물에 의해 부딪쳤을 경우에 대해 다음 장에 간단한 실행 예제들을 참고할 수 있다. 이러한 동작은 앞으로 전진하기 전에 뒤로 물러난 후 회전하는 동작으로 두 개의 주행 동작이 연속된 간단한 연속동작이다.

다른 예는 복도 주행이다. ABOT이 복도를 주행하기 위해서는 복도 벽을 찾기 전에 복도로 진입하기 위한 주행 동작을 진행한다.

다른 연속동작은 좀 더 정교할 수 있다. 길고 복잡한 주행의 한 예는 로봇 댄스 경연대회이다(로봇 댄스 경연대회가 최근에 많은 인기를 얻고 있다). 노래가 끝날 때까지 춤추는 동안, 로봇은 꽤 긴 주행 목록과 주행 시간이 필요하다. 만약 여러분의 스케치에 주행기록을 저장할 필요가 있다면, 배열 변수는 이러한 리스트를 만드는 데 가장 좋은 도구이다.

이번 과제는 피에조 스피커를 이용하여 간단한 음악 응용을 가지는 배열을 소개한다. 그리고 스케치가 실행되는 동안 이것을 재생하기 위해 실행동작의 순서를 저장하는 배열 사용의 두 가지 다른 방법을 실험한다.

배열이란 무엇인가?

배열은 하나의 이름을 가지는 변수들의 집합이다. 배열 속의 각 변수는 하나의 요소를 의미한다. 다음은 8개의 요소를 가지는 배열 선언이다.

```
int note[] = {1047, 1174, 1319, 1397, 1568, 1760, 1976, 2093};
```

배열 이름은 note이며, 배열 내에 있는 각 요소는 차례대로 순서에 의해 접근할 수 있다. 배열순서는 0부터 시작한다. 그래서 각 요소들은 0부터 7까지 번호가 할당된다. 아래 그림은 어떻게 note[0]가 1047을 저장, note[1]이 1174 저장, note[2]가 1319를 저장, 그리고 마지막의 note[7]이 2093을 저장하는가를 나타낸다.

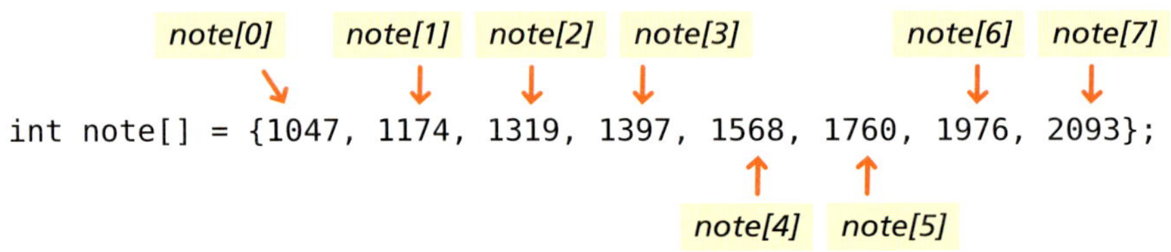

note[3]에 있는 1397을 변수 myVar에 대입을 원할 경우 코드는 다음과 같다.

```
myVar = note[3];
```

스케치에서 배열 요소 값 역시 바꿀 수 있다. 예를 들면, 다음과 같이 1397값을 1975값으로 바꿀 수 있다.

```
note[3] = 1975;
```

배열은 위 그림에 나타낸 것처럼 임의의 값을 가지는 것처럼 미리 초기화할 필요는 없다. 예를 들면, 아래와 같이 8개의 요소를 가지는 배열을 선언할 수 있다.

```
int myArray[8];
```

그런 다음, 스케치에 센서 측정값, [시리얼 모니터]로부터 입력되는 값 혹은 여러분이 저장하는 어떤 값이든지 나중에 각 요소의 값을 배열에 대입할 수 있다.

아래 그림은 피아노 건반의 오른쪽 부분인 음악 악보를 나타낸다. 각 건반 위의 키는 각 주파수의 줄을 진동시킨다.

- 맨 왼쪽에 있는 여덟 개의 흰색 건반 주파수들과 악보 배열 안에 있는 값들을 비교하라.

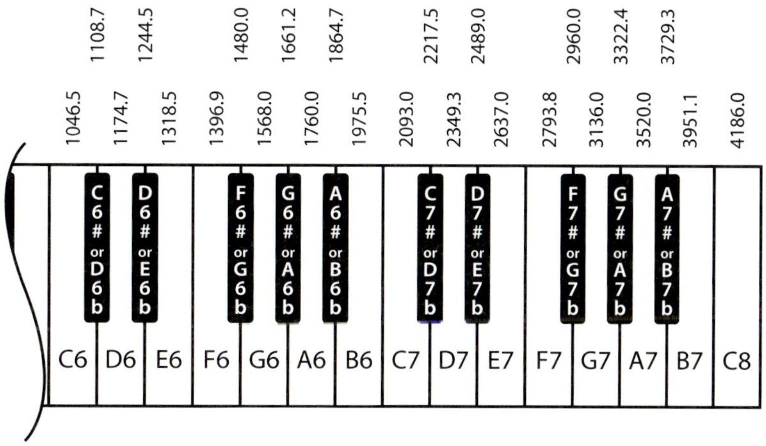

다음, 여러분의 ABOT이 어떤 악보를 연주하기 위해 배열을 사용해 보자.

배열 요소 사용

배열 요소는 그 값을 사용하기 위해 다른 변수로 저장할 필요는 없다. 예를 들면, 스케치는 아래와 같이 [시리얼 모니터]에 note[3]에 있는 값을 화면에 나타낼 수 있다.

```
Serial.print(note[3]);
```

배열 안에 있는 값들이 악보이므로, 우리는 ABOT의 피에조 스피커로 악보를 연주할 수 있다! 여기에 그 방법이 있다.

```
tone(4, note[3], 500);
```

예제 스케치

PlayOneNote

아래에 [시리얼 모니터]에 각각의 배열 요소 값을 나타내는 예가 있다. 그리고 이 값들은 ABOT의 피에조 스피커로 음악 악보를 연주하는 값으로 사용할 것이다.

- 입력, 저장 그리고 Arduino에서 PlayOneNote를 업로드한다.
- 스케치가 업로딩을 마치자마자 [시리얼 모니터]를 연다.
- [시리얼 모니터]에 "note = 1397"이 나타나는지를 확인한다.
- 스피커로 음악이 나오는지를 확인한다.
- note[4]를 이용하는 1568값을 연주하고 출력하도록 스케치를 수정한다.
- 수정된 스케치를 테스트한다.

// ABOT 로봇
// 음표(note) 배열을 이용하여 하나의 곡을 연주하기

```
int note[] = {1047, 1147, 1319, 1397, 1568, 1760, 1976, 2093};

void setup()
{
  Serial.begin(9600);
  Serial.print("note = ");
  Serial.println(note[3]);

  tone(4, note[3], 500);
  delay(750);
}
void loop()
{
}
```

예제 스케치

PlayNotesWithLoop

많은 응용 프로그램에서 배열 요소에 접근하기 위해 변수를 사용한다. 다음의 스케치 PlayAnotherNote는 index 변수를 선언하고 index 숫자에 의해 배열 요소를 선택하기 위해 사용한다.

for 루프와 유사하게 indcx의 값은 지동적으로 증가될 수 있다. 악보를 연주하고 화면에 나타내기 위한 코드는 for 루프 안쪽에 있고 index를 배열 요소를 선택하기 위해 사용된다. for 루프를 통한 첫 번째 과정은, index를 0으로 한다. note[0]에 저장되는 값은 note[index]가 print 함수 혹은 tone 함수가 어디에 있든지 사용된다. 루프를 통한 각 과정과 함께, index는 스케치가 배열 안에 있는 모든 악보들이 화면에 나타나고 연주될 때까지 증가한다.

- 입력, 저장 그리고 PlayNotesWithLoop를 업로드하라.
- 스케치를 업로딩하자마자 Serial Monitor를 열어라.
- Serial Monitor가 스피커로 나오는 연주가 배열 안에 있는 각 악보들을 나타내는지 확인하라.

// ABOT 로봇 – PlayNotesWithLoop

// 음표(note) 배열을 이용하여 하나의 곡을 연주하기

```
int note[] = {1047, 1147, 1319, 1397, 1568, 1760, 1976, 2093};

void setup()
{
  Serial.begin(9600);
```

```
  for(int index = 0; index < 8; index++)
  {
    Serial.print("index = ");
    Serial.println(index);

    Serial.print("note[index] = ");
    Serial.println(note[index]);

    tone(4, note[index], 500);
    delay(750);
  }
}
void loop()
{
}
```

- 만약 아래에 있는 것처럼 for루프를 변화시킨다면 무슨 일이 일어나겠는가? 해보자!!

```
for(int index = 7; index >= 0; index--)
```

sizeof 함수 이용

좀 더 많거나 적은 악보를 가지는 멜로디를 만들고자 한다. 악보의 정확한 숫자를 연주하기 위해 for 루프를 업데이트하는 것을 잊지 말아야 한다. 아두이노 라이브러리는 이러한 것을 도울 수 있는 sizeof 함수를 가지고 있다. 이것은 바이트 단위로 배열의 크기를 알려 줄 뿐만 아니라 배열 변수 형식의 크기도 알려 준다(int 처럼). 코드는 배열의 바이트 수를 변수 형식의 바이트 수로 나눌 수 있다. 그 결과는 배열 내에 있는 요소의 수이다.

아래는 이 기술을 이용한 예이다. 변수 elementCount에 note 배열 안에 있는 요소의 수를 저장한다.

```
int note[] = {1047, 1147, 1319, 1397, 1568, 1760, 1976, 2093};
int elementCount = sizeof(note) / sizeof(int);
```

이후, for 루프는 배열 안에 있는 모든 악보를 연주하기 위한 elementCount 변수를 사용할 수 있다. 요소가 추가되든지 삭제되든지 상관없다.

```
for(int index = 0; index < elementCount; index++)
```

- 입력, 저장 그리고 PlayAllNotesInArray를 업로드하라.
- 스케치를 업로딩하자마자 [시리얼 모니터]를 열어라
- [시리얼 모니터]가 스피커로 나오는 연주가 배열 안에 있는 각 목록들을 나타내는지 확인하라.

// ABOT 로봇 – PlayAllNotesInArray
// 정수 배역의 요소 숫자를 결정하기 위해 sizeof를 사용하라
// 그 다음 각각의 note 값의 간격을 나타내고 프린트한다

```
int note[] = {1047, 1147, 1319, 1397, 1568, 1760, 1976, 2093};

void setup()
{
  Serial.begin(9600);
  int elementCount = sizeof(note) / sizeof(int);

  Serial.print("Number of elements in array = ");
  Serial.println(elementCount);

  for(int index = 0; index < elementCount; index++)
  {
    Serial.print("index = ");
    Serial.println(index);
```

```
    Serial.print("note[index] = ");
    Serial.println(note[index]);

    tone(4, note[index], 500);
    delay(750);
  }
}
void loop()
{
}
```

여러분의 차례

목록 추가하기

- 다음 두 악보, D7과 E7을 추가하고 키보드 그림으로부터 주파수들을 이용한다. 여러분의 배열은 아래와 같이 한 줄 이상에 걸쳐 사용될 수 있다.

```
int note[] = {1047, 1147, 1319, 1397, 1568, 1760,
              1976, 2093, 2349, 2637};
```

- 만약 여러분이 음악에 관심이 있다면, 짧은 곡조를 연주하는 배열을 써서 연주를 해보자.

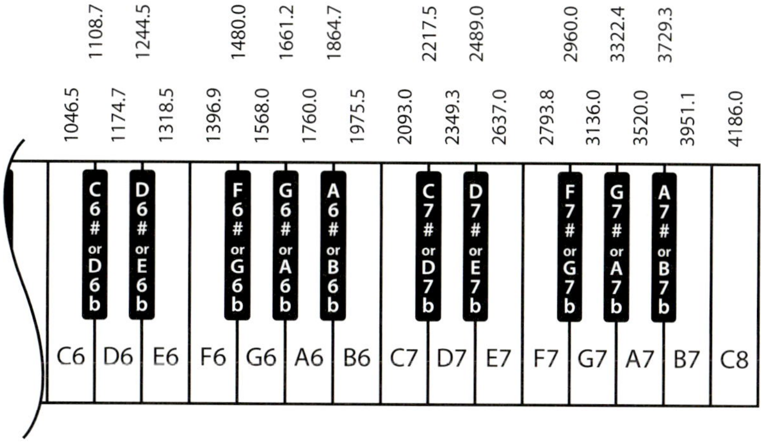

배열을 가지는 주행

앞선 실습 예제에서 maneuver 함수를 기억하는가? 여기 있는 3가지 배열은 maneuver 함수 내에서 각각 파라미터로 사용되는 것들이다. 이와 더불어 이것들을 이 장을 통하여 실습했던 전진-왼쪽-오른쪽-후진-정지 순서로 만든다.

```
//                    Forward   left    right   backward   stop
//     index             0        1       2        3         4

int speedsLeft[]  = {200,     -200,    200,     -200,       0};
int speedsRight[] = {200,      200,   -200,     -200,       0};
int times[]       = {2000,     600,    600,     2000,      -1};
```

스케치는 모든 주행을 실행하기 위한 함수들 가운데서 하나의 코드를 사용할 수 있다.

```
// Determine number of elements in sequence list.
int elementCount = sizeof(times) / sizeof(int);
```

// Fetch successive elements from each sequence list and feed them
// to maneuver function.

```
for(int index = 0; index < elementCount; index++)
{
  maneuver(speedsLeft[index], speedsRight[index], times[index]);
}
```

루프를 통하여 1씩 증가한다. 그래서 각 maneuver 함수 호출과 함께, 각 배열 안에 있는 다음 요소는 maneuver 함수에서 파라미터로 전달될 것이다. 루프의 첫 번째는 index 0, maneuver 함수 호출의 파라미터들을 각 배열의 0번째 요소로 하면 다음처럼 maneuver(speedsLeft[0], speedsRight[0], times[0])이다. maneuver 함수로 전달된 실제적인 값은 maneuver(200, 2000, 2000)이다. 루프의 두 번째는 index가 1이며 다음과 같다. maneuver(speedsLeft[1], speedsRight[1], times[1])의 실제적인 값은 maneuver(–200, 200, 2000)이다.

예제 스케치

maneuver(–200, 200, 2000)

- 입력, 저장 그리고 아두이노를 이용하여 ManeuverSequence를 업로드하라.
- ABOT이 전진-왼쪽-오른쪽-후진 움직임 그리고 정지가 실행되는지를 확인하라.

// ABOT – ManeuverSequence
// Move forward, left, right, then backward with an array and the
// maneuver function.

```
#include <Servo.h>                        // Include servo library

//              Forward   left  right  backward   stop
//        index       0      1      2         3      4
```

```
int speedsLeft[]  = {200,    -200,    200,      -200,      0};
int speedsRight[] = {200,     200,   -200,      -200,      0};
int times[]       = {2000,    600,    600,      2000,     -1};

Servo servoLeft;                    // Declare left and right servos
Servo servoRight;

void setup()                        // Built-in initialization block
{
  tone(4, 3000, 1000);              // Play tone for 1 second
  delay(1000);                      // Delay to finish tone

  servoLeft.attach(13);             // Attach left signal to pin 13
  servoRight.attach(12);            // Attach right signal to pin 12

  // Determine number of elements in sequence list.
  int elementCount = sizeof(times) / sizeof(int);

  // Fetch successive elements from each sequence list and feed them
  // to maneuver function.
  for(int index = 0; index < elementCount; index++)
  {
    maneuver(speedsLeft[index], speedsRight[index], times[index]);
  }
}
void loop()                      // Main loop auto-repeats
{                                // Empty, nothing needs repeating
}
void maneuver(int speedLeft, int speedRight, int msTime)
{
// speedLeft, speedRight ranges:Backward Linear Stop Linear Forward
//                         -200      -100......0......100       200
  servoLeft.writeMicroseconds(1500+speedLeft); // Set Left servo
  // speed
  servoRight.writeMicroseconds(1500-speedRight); // Set right servo
  // speed
```

```
  if(msTime==-1)                                    // if msTime = -1
  {
    servoLeft.detach();                              // Stop servo signals
    servoRight.detach();
  }
  delay(msTime);                                     // Delay for msTime
}
```

ABOT이 움직이는 순서가 전진-왼쪽-오른쪽-후진-정지와 유사하게 실행되었는가? 지금까지의 작업이 지루하지는 않은가? ABOT이 그 밖의 다른 할 수 있는 일들이나, 자신이 만든 루틴으로 노래하고 춤추는 것을 보고 싶은가?

여러분의 차례

리스트에 주행을 추가

다음은 보다 긴 리스트를 시도해 볼 수 있는 예제이다. 전진-왼쪽-오른쪽-후진의 순서로 진행한 뒤 4가지의 축회전을 실행하는 것이다. 이 예제에서, index가 4일 경우, 이것은 각 배열의 두 번째 줄의 첫 번째를 사용한다. 마찬가지로 index가 5일 때, 이것은 각 배열의 두 번째 줄에 있는 두 번째 수를 사용한다. { }안에 있는 각 요소는 콤마를 이용하여 구분한다. 그리고 이것은 한 줄로 표현해도 되며 혹은 여러 줄에 걸쳐 표현해도 전혀 문제가 되지 않는다.

```
int speedsLeft[]  = {200,    -200,    200,      -200,
                      0,     200,   -200,        0,       0};
int speedsRight[] = {200,     200,   -200,      -200,
                     200,       0,      0,      -200,       0};
int times[]       = {2000,    600,    600,      2000,
                     1000,   1000,   1000,      1000,      -1};
```

- ManeuverSequence를 ManeuverSequenceExpanded로 저장하라.
- 배열을 위에서 선언한 9개의 요소를 가지는 예제처럼 만들어라.
- 수정된 스케치를 실행하고 전진-왼쪽-오른쪽-후진의 순서로 수행한 후 축회전을 실행하는지 확인하라.

문자 배열과 switch-case

이 활동의 마지막 예제는 배열에 문자 목록을 이용하여 주행을 수행하는 스케치이다. 각 문자는 200ms 실행 시간을 가지는 주행을 나타내는 것이다. 실행 시간이 고정되어 있으므로, 이것은 유연성을 가지고 있지는 않다. 그러나 이것은 주행을 빠르게 만드는 것으로 간단하다.

f = forward	b = backward	l = left	r = right	s = stop
전진	**후진**	**왼쪽**	**오른쪽**	**정지**

문자배열 이용은 콤마로 분리된 배열의 목록을 사용하지 않는다. 대신, 문자열을 사용한다. 다음은 문자배열 안에 이전에 했던 전진-왼쪽-오른쪽-후진-정지의 시퀀스와 같은 예제이다.

```
char maneuvers[] = "fffffffffflllrrrbbbbbbbbbbs";
```

문자배열은 10개의 f 문자를 가진다. 각 문자가 200ms의 실행 시간을 나타내므로, ABOT이 2초 동안 전진을 할 것이다. 다음은 3개의 문자 l이므로 600 ms 동안 왼쪽 회전을 할 것이다. 3개의 r 문자는 오른쪽 회전을 만들고, 뒤에 오는 문자 b는 후진으로 가도록 만들 것이다. 그리고 문자 s는 이 시퀀스를 완전하게 멈추도록 한다.

예제 스케치

ControlWithCharacters

- 입력, 저장 그리고 아두이노에서 ControlWithCharacters를 업로드하라.
- ABOT이 전진-왼쪽-오른쪽-후진한 후 정지하는지 확인하라.

// ABOT – ControlWithCharacters
// Move forward, left, right, then backward for testing and tuning.

```
#include <Servo.h>                    // Include servo library

char maneuvers[] = "fffffffffflllrrrbbbbbbbbbbs";

Servo servoLeft;                      // Declare left and right servos
Servo servoRight;

void setup()                          // Built-in initialization block
{
  tone(4, 3000, 1000);                // Play tone for 1 second
  delay(1000);                        // Delay to finish tone

  servoLeft.attach(13);               // Attach left signal to P13
  servoRight.attach(12);              // Attach right signal to P12

  // Parse maneuvers and feed each successive character to the go
  // function
  int index = 0;
  do
  {
    go(maneuvers[index]);
  } while(maneuvers[index++] != 's');
}
 void loop()                          // Main loop auto-repeats
{                                     // Empty, nothing needs repeating
}
```

```
void go(char c)                          // go function
{
  switch(c)                              // Switch to code based on c
  {
    case 'f':                                    // c contains 'f'
      servoLeft.writeMicroseconds(1700);   // Full speed forward
      servoRight.writeMicroseconds(1300);
      break;
    case 'b':                                    // c contains 'b'
      servoLeft.writeMicroseconds(1300);   // Full speed backward
      servoRight.writeMicroseconds(1700);
      break;
    case 'l':                                    // c contains 'l'
      servoLeft.writeMicroseconds(1300);   // Rotate left in place
      servoRight.writeMicroseconds(1300);
      break;
    case 'r':                                    // c contains 'r'
      servoLeft.writeMicroseconds(1700);   // Rotate right in place
      servoRight.writeMicroseconds(1700);
      break;
    case 's':                                    // c contains 's'
      servoLeft.writeMicroseconds(1500);   // Stop
      servoRight.writeMicroseconds(1500);
      break;
  }
  delay(200);                                    // Execute for 0.2 seconds
}
```

- 이 배열을 시도하라. ABOT이 무엇을 하는지 예측할 수 있겠는가?

```
char maneuvers[] = "fffffffffflllrrrrrlllbbbbbbbbbbs";
```

maneuvers 문자 배열 변수와 사용을 초기화한 후, 배열로부터 문자들을 가져와서 go 함수로 이들 문자열을 전달한다.

```
int index = 0;
do
{
  go(maneuvers[index]);
} while(maneuvers[index++] != 's');
```

첫 번째, index는 초기값으로 0이 선언되었고 do-while 루프가 사용되었다. 일반적인 while 루프와 마찬가지로 do-while 루프는 코드 블록 내에 있는 명령 줄들을 반복적으로 실행한다. 그러나 블록을 시작한 후 나타나는 while 부분까지 최소한 한 번은 항상 실행한다. 루프를 통한 시점에 go(maneuvers[index])는 maneuvers[index]에 있는 문자를 전달한다. index++에 있는 ++는 루프를 통한 다음 시간 동안 index 변수에 1을 추가한다. 이것은 후위 증가 연산자라는 것을 명심하자. 이것은 "maneuvers 배열이 's'와 같지 않을 동안 계속된다.

이제 go 함수를 살펴보자. 이것은 c파라미터를 통해 전달된 각 문자를 받고, switch/case문을 이용하여 그때 상황에 따라 평가한다. maneuver 문자 배열 안에 있는 각각의 5개의 문자에 대해, go 함수에 의해 받은 문자가 switch(c) 블록 안에서 일치하는지를 묻는 case문이 있다.

만약 go 함수 호출이 c파라미터에 대해 f 문자를 전달한다면, f인 경우의 코드는 전속력-전진으로 실행된다. 만약 이것이 b를 전달한다면, 전속력-후진이 실행된다. 각각의 경우에 이어서 break는 switch 블록을 빠져나오고, 스케치는 다음 명령어 delay(200)으로 이동한다. 그래서 각 go에 대한 호출은 200 ms 주행을 결과로 나타낸다. 각 case문의 끝에 break가 없다면, 스케치는 다음 case문을 실행하게 되어 주행에서 요구되지 않았던 결과를 초래한다.

```
  void go(char c)                          // go function
{
  switch(c)                                // Switch to based on c
  {
    case 'f':                              // c contains 'f'
```

```
    servoLeft.writeMicroseconds(1700);      // Full speed forward
    servoRight.writeMicroseconds(1300);
    break;
  case 'b':                                  // c contains 'b'
    servoLeft.writeMicroseconds(1300);      // Full speed backward
    servoRight.writeMicroseconds(1700);
    break;
  case 'l':                                  // c contains 'l'
    servoLeft.writeMicroseconds(1300);      // Rotate left in place
    servoRight.writeMicroseconds(1300);
    break;
  case 'r':                                  // c contains 'r'
    servoLeft.writeMicroseconds(1700);      // Rotate right in place
    servoRight.writeMicroseconds(1700);
    break;
  case 's':                                  // c contains 's'
    servoLeft.writeMicroseconds(1500);      // Stop
    servoRight.writeMicroseconds(1500);
    break;
}
delay(200);                                  // Execute for 0.2 s
```

여러분의 차례

배열 요소와 case문 추가하기

- 전방으로 1/2 속력의 경우를 추가하자. 문자는 'h'를 사용하고 servo를 선형으로 움직이기 위해 1400에서 1600 사이의 값을 가진다.

```
case 'h':                                    // c contains 'h'
servoLeft.writeMicroseconds(1550);          // Half speed forward
servoRight.writeMicroseconds(1450);
break;
```

- 10을 추가하거나 혹은 여러분의 maneuver 문자 배열에 h문자를 추가하라. 기능을 보이기 위해서 스케치에는 s문자의 왼쪽에 추가되어야 한다는 것을 명심하라.

- 축회전-후진-왼쪽과 같은 다른 주행을 위한 다른 case문을 추가한다. 그런 다음, 여러분의 배열 문자열에 새로운 주행을 위한 임의의 문자를 추가하라. 이것이 주행을 연속적으로 만들기 위해 얼마나 편리한 방법인지 알 수 있다.

CHAPTER 4

요약

이 장은 로봇 주행에 대한 모든 것, 즉 여러 가지의 다른 프로그래밍 접근으로 실험을 하고 로봇과 공학 기술의 적용을 하였다.

프로그래밍

- 주행의 단순화: 자주 사용되는 주행 코드는 사용자 함수를 만들어 주행을 단순화한다. 그리고 어떻게 함수를 호출하는지를 설명.
- 주행 코드 내에서 스텝 증가를 가지는 for루프가 어떻게 카운터 되는지를 설명.
- 무슨 파라미터들이 있는지, 함수를 어떻게 만드는지 그리고 만들어진 함수를 어떻게 호출하는지를 설명.
- 지역변수는 함수 선언 안에서 파라미터로서 어떻게 생성되는지를 설명.
- 아두이노 언어의 int와 문자 배열을 어떻게 선언하고 초기화하여 사용하는지를 설명하고, 아두이노 라이브러리의 sizeof 함수의 사용 및 장점 설명.
- 프로그램 흐름을 어떻게 제어하는지 설명, do-while문과 switch/case문 사용.
- 조건 루프에서 후위 증가 연산자(++)를 어떻게 사용하는지를 설명.
- 루프의 조건에서 “같지 않다”의 비교 연산자(!=)를 어떻게 사용하는지를 설명.
- 피에조 스피커로 연속된 악보를 연주하는 스케치하기.

- 같은 주행 순서들을 수행하기 위해 여러 가지의 다른 프로그램 방법을 이용하여 스케치하기.

로봇 기술

- 기본적인 롤링-로봇주행들이 바퀴 속도와 방향 제어에 의해 어떻게 만들어지는지를 설명.
- 점진적 회전, 축회전(pivot-turns) 그리고 턴에서의 회전(rotating-in-place turns)의 차이가 무엇인지 설명. 그리고 이를 위해 바퀴의 속도와 방향 조합을 만드는 방법 설명.
- 속도 램핑이 무엇인지 설명하고, 여러분의 로봇을 부드럽게 움직이기 위해 어떻게 사용하는지, 그리고 램핑이 여러분의 ABOT에 어떤 장점이 되는지를 설명.
- 초보 단계(entry-level) 로봇 주행의 맥락에 있어서, 추측항법(dead reckoning)이 무엇인지 설명.
- 사전에 결정된 거리 혹은 특별한 각도에서 회전을 하는 ABOT의 경로를 만들기 위해 로봇 주행 실행 시간(run-time)제어 설명.
- 직선 주행을 위한 서보 속도를 조정하는 것에 의해 하드웨어 변화를 보상하는 것을 설명.

엔지니어링 기술

- 시스템 입력과 출력 사이의 원인과 효과 관계의 특징을 나타내는 간단한 형식에 대해 일관성을 유도하기 위한 관측과 측정을 만드는 것.
- 하드웨어 조정과 소프트웨어 조정 사이의 차이
- 반복적인 작업이 무엇인지, 그리고 테스트를 하는 소프트웨어 조정을 위해 사용하는 것은 무엇인지.

CHAPTER 4

도전

질문

1. ABOT이 앞으로 가게 하기 위해서는 왼쪽 바퀴를 어떤 방향으로 해야 하는가? 그리고 오른쪽 바퀴는 어떤 방향으로 해야 하는가?
2. ABOT이 왼쪽으로 하나의 바퀴를 축으로 회전하고자 할 때, 왼쪽, 오른쪽 각각의 바퀴를 어떻게 동작시켜야 하는가? ABOT이 왼쪽 축회전을 만들기 위해 필요한 코드는 무엇인가?
3. 만약 ABOT이 똑바로 앞쪽으로 진행하도록 만들기 위해 스케치를 실행하였는데 한쪽으로 서서히 방향을 바꾼다면, 이것을 바로잡기 위해 어떻게 할 것인가? 조정을 하기 위해 필요한 명령어는 무엇인가? 그리고 어떤 종류의 조정을 여러분이 할 수 있는가?
4. 만약 ABOT이 11in/s로 움직인다면, 36인치를 주행하는 데 시간이 얼마나 걸리겠는가?
5. 왜 서보가 램프하는 for 루프에 delay(20)이 필요한가?
6. 목록에 있는 여러 가지 값들을 저장하기 위해 무슨 종류의 변수를 사용하는가?
7. 목록으로부터 검색 값들을 사용하기 위해서 무슨 loop가 적당한가?
8. 특별한 변수를 선택하기 위해 사용할 수 있는 문장은 무엇인가? 그리고 그때마다 바이어스를 평가하기 위해 사용할 수 있는 것은 무엇인가? 각 case문에 대해 다른 코드 블록을 실행하기 위해 사용할 수 있는 것은 무엇인가?
9. do-loop에 확장할 수 있는 조건은 무엇인가?

연습문제

1. 2.5초 동안 전속력으로 ABOT이 뒤로 가도록 만들기 위한 루틴을 적어라.

2. 서보들을 테스트하고 오른쪽-회전을 180도 만들기 위해 1.2초간 소요되는지를 확인하라. 이러한 정보를 이용하여 ABOT이 30도, 45도 그리고 60도 회전을 하도록 루틴을 적어라.
3. ABOT이 똑바로 앞쪽으로 전진한 다음 안쪽과 바깥쪽으로 축회전하는 램프, 그런 다음 똑바로 계속 전진하는 루틴을 적어라.

프로젝트

1. 2장의 표2-2의 3열을 완성할 때 1열로부터 각 쌍의 값들을 이용하는 ForwardThreeSeconds 스케치 안에 있는 writeMicroseconds 함수 내의 μs 인수를 수정하라. 3열 안에 있는 각 쌍에 대한 여러분의 ABOT의 결과 행동을 기록하라. 일단 완성되었다면, 이 표는 여러분 자신의 사용자 ABOT 주행들을 디자인할 때 지침표로서 사용된다.
2. 아래 그림은 두 개의 간단한 코스를 나타낸다. 각 그림을 따라 여러분의 ABOT이 주행할 수 있도록 프로그램을 스케치하라. 직선거리(삼각형의 변과 원의 지름)는 1야드 혹은 1미터라 가정하자.

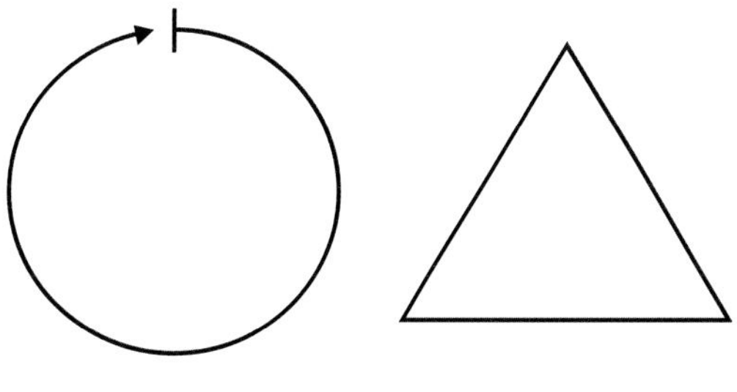

CHAPTER 4

해답

질문 해답

1. 왼쪽 바퀴는 반시계 방향, 오른쪽 바퀴는 시계 방향
2. 오른쪽 바퀴는 시계 방향으로 회전하면서(전진), 그리고 왼쪽 바퀴는 움직이지 않는다.

```
servoLeft.writeMicroseconds(1500);
servoRight.writeMicroseconds(1300);
```

3. 왼쪽으로 방향 전환을 하기 위해 오른쪽 바퀴를 천천히 움직인다. 그리고 오른쪽으로 방향 전환을 하기 위해 왼쪽 바퀴를 천천히 움직인다. servo의 writeMicroseconds에 있는 μs 파라미터를 1500에 가깝게 변화시킴으로써 바퀴의 속도를 늦춘다. 선형적인 속도 제어 범위 1400~1600의 끝에서 적당히 시작하라. 10씩 증가하여 1500까지 변하면서 점진적으로 움직일 것이다. 그리고 너무 많이 움직이면 작은 단위로 증가시켜라.

4. 아래 데이터가 주어져 있다. 36인치를 주행하는 데 3727 ms가 소요된다.

```
ABOT speed = 11 in/s
ABOT distance = 36 in/s
time = (ABOT distance / ABOT speed) * (1000 ms / s)
     = (36 / 11 ) * (1000)
     = 3.727272…s * 1000 ms/s
     ≈ 3727 ms
```

5. 루프의 각 반복 사이에 있는 20 ms 지연을 없애면, ABOT이 즉시 전속력이 되는 것처럼 0부터 100까지 빠르게 램프할 것이다.
6. 배열

7. for 루프와 do-while 루프가 이 장에서 사용된 예제들이다.
8. switch/case
9. do{...}루프 while(조건)

연습 해답

1.
```
servoLeft.writeMicroseconds(1300);
servoRight.writeMicroseconds(1700);
delay(2500);
```

2.
```
// 30/180 = 1/6, so use 1200/6 = 200
servoLeft.writeMicroseconds(1700);
servoRight.writeMicroseconds(1700);
delay(200);

// alternate approach
servoLeft.writeMicroseconds(1700);
servoRight.writeMicroseconds(1700);
delay(1200 * 30 / 180);

// 45/180 = 1/4, so use 1200/4 = 300
servoLeft.writeMicroseconds(1700);
servoRight.writeMicroseconds(1700);
delay(300);

// 60/180 = 1/3, so use 1200/3 = 400
servoLeft.writeMicroseconds(1700);
servoRight.writeMicroseconds(1700);
delay(400);
```

3.
```
// forward 1 second
servoLeft.writeMicroseconds(1700);
servoRight.writeMicroseconds(1700);
delay(1000);

// ramp into pivot
```

```
for(int speed = 0; speed <= 100; speed+=2)
{
  servoLeft.writeMicroseconds(1500);
  servoRight.writeMicroseconds(1500+speed);
  delay(20);
};

// ramp out of pivot
for(int speed = 100; speed >= 0; speed-=2)
{
  servoLeft.writeMicroseconds(1500);
  servoRight.writeMicroseconds(1500+speed);
  delay(20);
}

// forward again
servoLeft.writeMicroseconds(1700);
servoRight.writeMicroseconds(1700);
delay(1000);
```

프로젝트 해답

1. (표가 여러분이 출력한 것과는 약간 다르게 보일 수 있다.)

Servo ports connected to:		Description	Behavior
Pin 13	Pin 12		
1700	1300	Full Speed: Pin 13 CCW, Pin 12 CW	Forward
1300	1700	Full Speed: Pin 13 CW, Pin 12 CCW	Backward
1700	1700	Full Speed: Pin 13 CCW, Pin 12 CCW	Right rotate
1300	1300	Full Speed: Pin 13 CW, Pin 12 CW	Left rotate
1500	1700	Pin 13 Stopped, Pin 12 CCW Full speed	Pivot back left
1300	750	Pin 13 CW Full speed, Pin 12 Stopped	Pivot back right
1500	1500	Pin 13 Stopped, Pin 12 Stopped	Stopped

1520	1480	Pin 13 CCW Slow, Pin 12 CW Slow	Foward slow
1540	1460	Pin 13 CCW Med, Pin 12 CW Med	Forward medium
1700	1450	Pin 13 CCW Full Speed, Pin 12 CCW Medium	Veer right
1550	1300	Pin 13 CCW Medium, Pin 12 CW Full Speed	Veer left

2. 원은 오른쪽으로 계속 방향을 바꾸는 방법으로 실행시킬 수 있다. 시도와 실수, 그리고 야드와 미터 단위는 여러분이 writeMicroseconds(μs)에 대한 올바른 μs 파라미터와 delay(ms)를 위한 올바른 ms 파라미터를 사용하도록 도울 것이다. 아래는 servo와 건전지의 쌍의 특별한 관계 일을 나타내는 해이다. 여러분의 값들이 Circle 스케치 안에 있는 어떤 무엇인가로부터 매우 변화할 것이다.
   삼각형은 질문 4에서처럼, 1미터나 1야드 직선 라인에 대해 ms로 요구된 주행 계산으로 ABOT과 특별한 면에 대하여 미세 조정을 한다. ABOT은 1미터 혹은 1야드 앞으로 움직여야 한다. 그리고 120도 회전을 한다. 삼각형의 세면을 따라 위의 동작을 세 번 반복한다. 여러분은 정밀한 120도 회전을 얻기 위해 프로그램 내의 "Turn left 120" 루틴에서 delay 호출함수를 조정해야한다.

원 스케치

// ABOT 로봇
// ABOT이 직경이 1야드인 원을 그린다.

```
#include <Servo.h>                    // Include servo library

Servo servoLeft;                      // Declare left and right servos
Servo servoRight;

void setup()                          // Built-in initialization block
{
```

```
  tone(4, 3000, 1000);                      // Play tone for 1 second
  delay(1000);                              // Delay to finish tone

  servoLeft.attach(13);                     // Attach left signal to pin 13
  servoRight.attach(12);                    // Attach right signal to pin 12
  // Arc to the right
  servoLeft.writeMicroseconds(1600);  // Left wheel counterclockwise
  servoRight.writeMicroseconds(1438); // Right wheel clockwise slower
  delay(25500);                       // ...for 25.5 seconds

  servoLeft.detach();                 // Stop sending servo signals
  servoRight.detach();
}

void loop()                           // Main loop auto-repeats
{                                     // Nothing needs repeating
}
```

삼각형 스케치

// ABOT 로봇

// 한 변이 10야드씩 120도인 삼각형으로 삼각형 그리기

// 10야드 120도로 3번을 반복한다.

```
#include <Servo.h>                          // Include servo library

Servo servoLeft;                            // Declare left and right servos
Servo servoRight;

void setup()                                // Built-in initialization block
{
  tone(4, 3000, 1000);                      // Play tone for 1 second
  delay(1000);                              // Delay to finish tone
```

```
    servoLeft.attach(13);              // Attach left signal to pin 13
    servoRight.attach(12);             // Attach right signal to pin 12
    for(int index = 1; index <= 3; index++)
    {
      // Full speed forward
      servoLeft.writeMicroseconds(1700);  // Left wheel counterclockwise
      servoRight.writeMicroseconds(1300); // Right wheel clockwise slower
      delay(5500);                        // ...for 5.5 seconds

      // Turn left 120 degrees
      servoLeft.writeMicroseconds(1300);  // Left wheel counterclockwise
      servoRight.writeMicroseconds(1300); // Right wheel clockwise slower

      delay(700);
    }
    servoLeft.detach();                   // Stop sending servo signals
    servoRight.detach();
  }

  void loop()                             // Main loop auto-repeats
  {                                       // Nothing needs repeating
  }
```

CHAPTER

[5]

더듬이로 길 찾기

촉각 스위치를 접촉 스위치라고도 부르는데, 로봇에서 자주 이용된다. 물체를 들어 올리거나 다른 컨베이어 벨트에 옮길 때 물체를 감지하기 위해 촉각 스위치에 의존한다. 자동화된 공장 라인에서는 물체 개수를 파악하거나 제조 공정에서 임의의 단계에서 부품들을 일렬로 세우기 위해 촉각 스위치를 사용한다. 입력 값들은 스위치가 눌러져 있는지 혹은 그렇지 않은지에 따라 다른 동작을 하며 전기적 동작으로 모니터링한다.

이 장에서는 더듬이라 불리는 촉각 스위치를 ABOT에 장착하고 테스트한다. 스위치의 상태를 모니터하거나 촉각 센서에 물체가 부딪힐 때 무엇을 할 것인가를 결정하기 위해 ABOT을 프로그램하여 더듬이로 자율 주행을 구현한다.

촉각 주행

더듬이 스위치는 고양이 수염처럼 생겨서 이리저리 돌아다니다 부딪치면 주변을 인지하는 기능을 제공한다.

- 다운로드 5장 아두이노 코드(http://cafe.naver.com/arduinocafe)
- 실습1: 더듬이 만들기와 테스트
- 실습2: 더듬이 필드 테스트
- 실습3: 더듬이가 부착된 주행
- 실습4: 코너 탈출을 위한 인공 지능
- 실습5: 종합

실습1

더듬이 만들기와 테스트

더듬이 회로를 만들고 주행하는 스케치에서 이것을 이용하기 전에 입력된 상태를 점검하기 위해 코드를 작성하자.

더듬이 회로와 조립

- 부품 목록에 있는 더듬이 하드웨어를 모은다.
- 보드와 서보(servo)로부터 전원은 차단한다.

부품 리스트

- 더듬이 와이어 2개
- 7/8″ 팬 헤드 4–40 필립스 나사 2개
- 1/2″ 둥근 스페이스 2개
- 나일론 와셔, 사이즈 #4 2개
- 3–pin m/m 헤드 2개
- 저항 220 Ω (빨강–빨강–갈색) 2개
- 저항 10 kΩ (갈색–흑색–오렌지색) 2개

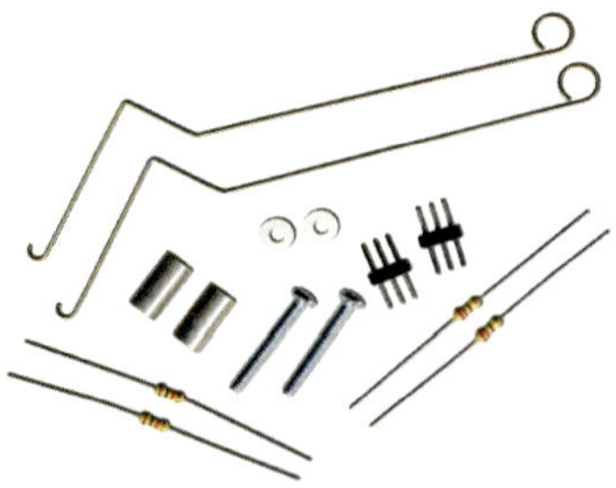

더듬이 만들기

- 서보(servo) 주행을 테스트하는 동안 신호를 모니터할 때 사용되었던 LED 회로를 제거하자.
- 앞쪽 받침대 위에 보드를 잡고 있는 두 개의 나사를 제거하자.
- 각각의 나일론 와셔와 1/2″ 둥근 스페이스를 7/8″ 나사로 조립하자.
- 보드에 있는 구멍과 아래 받침대 안쪽을 통하여 스크류를 부착한다. 너무 세게 돌리지는 말자.
- 더듬이 와이어의 끝에 있는 갈고리 모양을 둥근 나사에 밀어 넣는다. 이때 하나는 와셔 위에 그리고 다른 하나는 와셔 아래에 위치시키고, 서로 닿지 않도록 더듬이들을 교차시키자.
- 받침대 안에 있는 나사를 꽉 조이자.

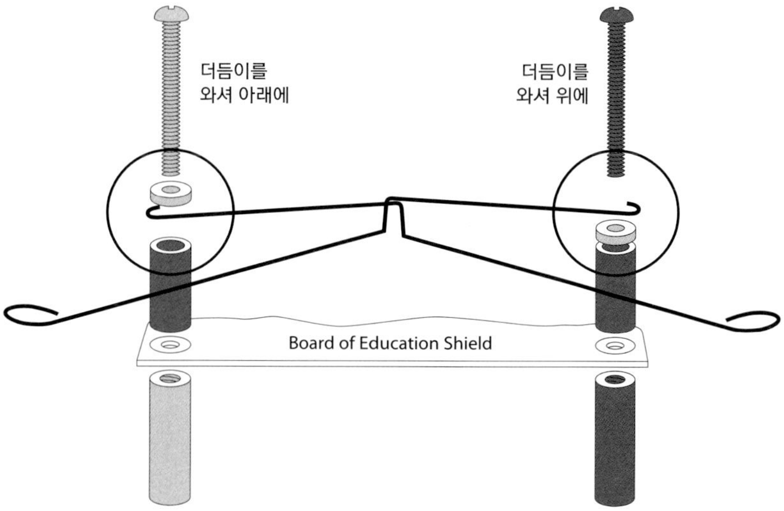

- 3–핀 헤드에 해당하는 디지털 핀 5와 7에 연결할 때 220Ω 저항을 사용하자.
- 각 3–핀 헤드에 5V 전원을 연결할 때 10kΩ 저항을 사용하자.
- 각 더듬이를 조정하고 브레드보드 위에 3–핀 헤드와 가깝게 하되 닿지는 않게 한다. 약 3mm거리 오른쪽이다.

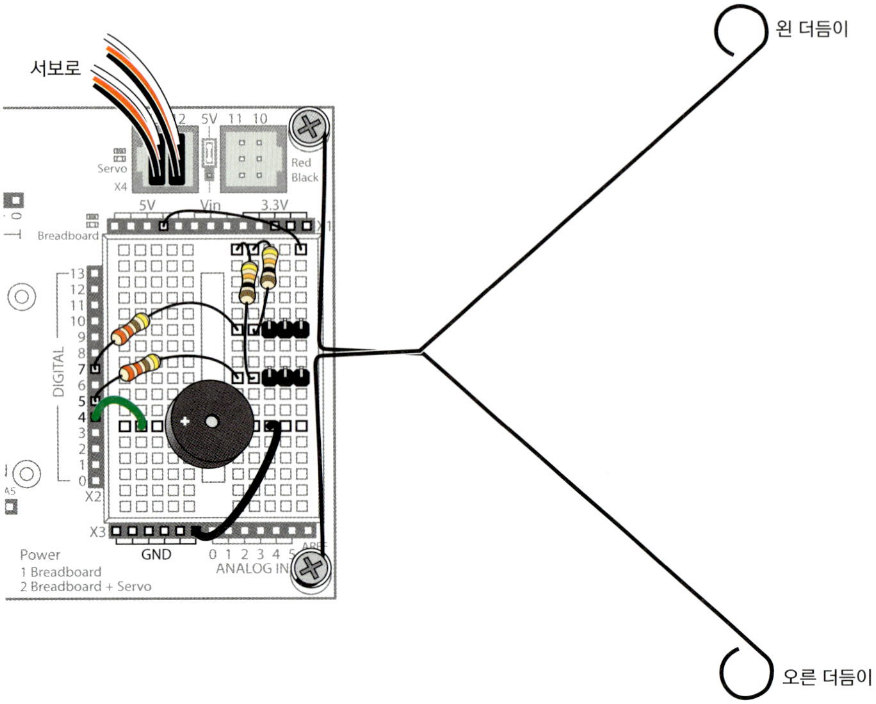

더듬이 스위치는 어떻게 동작하는가?

보드의 바깥쪽 모서리에 평평한 구멍이 접지(Vss)와 연결되어 있기 때문에 더듬이도 접지와 연결된다. 금속 받침대와 나사는 각각 더듬이와 전기적으로 연결된다.

각 더듬이는 디지털 I/O에 연결되어 있으므로, 아두이노는 각 회로에 적용된 전압(0V 혹은 5V)을 감지하도록 프로그램된다. 먼저, pinMode(pin, mode) 함수에서 각 핀을 입력 모드로 설정한다. 그런 다음, digitalRead(pin)함수를 이용하여 핀의 HIGH 혹은 LOW 상태를 감지한다.

아래 그림을 살펴보자. 왼쪽의 회로는 더듬이가 눌러지지 않았을 때 5V를 적용한다. 따라서 digitalRead(7)은 1(HIGH) 값을 되돌려 준다. 오른쪽 회로는 더듬이가 눌러졌을 때 0V를 적용한다. 따라서 digitalRead(7) 함수는 0(LOW)를 되돌려 준다.

중요한 것은 스케치가 변수 wLeft와 wRight가 가지고 있는 리턴 값을 저장할 수 있다는 것이다. 그리고 이것은 행동을 감지하거나 결정을 내리기 위해 사용된다. 다음 예제 스케치는 이 방법을 증명한다.

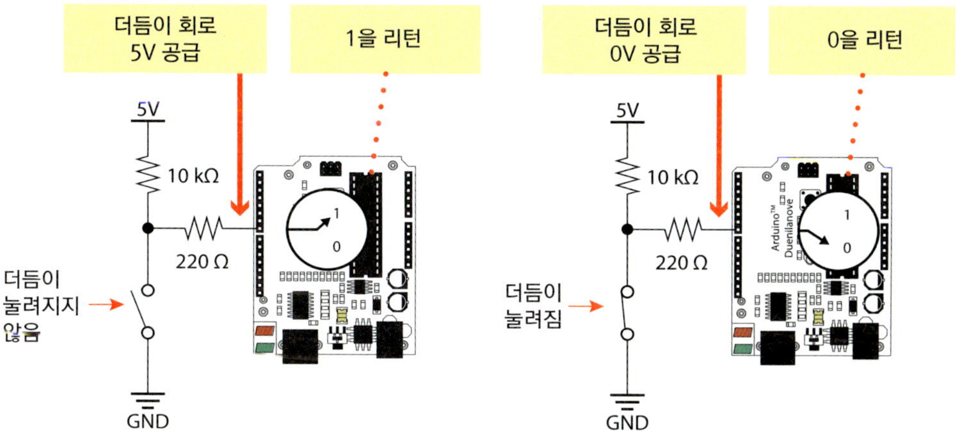

- **스위치 용어**: 각 더듬이는 기계적인 확장이고 정상 열림 상태(off until pressed) 순시(on only while pressed), 단극(one set of electrical contact points), 단역(only one position conducts) 스위치의 전기적 접지 연결이다.

더듬이 테스트

다음 스케치는 digitalRead(7)과 digitalRead(5)에 의해 반환되는 이진값을 더듬이가 적당하게 함수화하는지를 확실하게 하기 위해 테스트한다. 이 방법으로 브레드보드 위에 3-핀 헤드에 각 더듬이를 누를 수 있다. 그리고 아두이노의 디지털 핀이 전기적인 접촉을 감지하는지를 점검하자.

더듬이가 어느 쪽의 3-핀 헤드에 대해서도 눌려지지 않았을 때, 각각의 더듬이에 대해 [시리얼 모니터](Serial Monitor) 두 개의 열에 1이 나타나는 것을 예상할 수 있다. 만약 오른쪽 더듬이를 누른다면 오른쪽 열이 0으로 나타난다. 그리고 화면은 10을 나타낸다. 만약 왼쪽 더듬이를 누르면, 왼쪽 열이 0을 나타내고 화면은 01을 나타낸다. 물론 만약 여러분이 양쪽 더듬이를 모두를 누르면, 00을 나타낸다.

더듬이가 눌러 지지 않음

오른 더듬이가 눌러짐

왼 더듬이가 눌러짐

Active-low 출력

더듬이 회로는 더듬이가 눌러졌을 때(작동) low 신호를 그리고 눌러지지 않았을 때 high 신호를 전송하는 active-low 출력으로 연결된다. digitalRead가 low 신호에 대해 0을 high 신호에 대해 1을 리턴하므로, 0은 더듬이가 눌러졌을 때 여러분의 스케치는 무엇인가 일을 하는 것이고, 1은 더듬이가 눌러지지 않았다는 것을 말한다.

- 여러분의 아두이노에 TestWhiskers를 입력하고 저장하여 업로드한다.
- USB 케이블을 다시 연결하여 위치 1에 3-지점 스위치를 설정한다.
- 스케치 업로딩이 끝나자마자 [시리얼 모니터]를 연다.
- 연결된 USB 케이블을 분리한다. 아두이노는 시리얼 메시지를 [시리얼 모니터]로 보낸다.

예제 스케치

DisplayWhiskerStates

```
/*
* Robotics with the ABot - DisplayWhiskerStates
* Display left and right whisker states in Serial Monitor.
* 1 indicates no contact; 0 indicates contact.
*/


void setup()
{
  tone(4, 3000, 1000);                  // 1초동안 tone 함수 동작
  delay(1000);                          // tone 함수 지연시간
  pinMode(7, INPUT);                    // 오른쪽 더듬이 입력설정
  pinMode(5, INPUT);                    // 왼쪽 더듬이 입력설정

  Serial.begin(9600);                   // 데이터전송률을 9600 bps로 설정
}

void loop()
{
  byte wLeft = digitalRead(5);          // 핀 5번의 결과를 wLeft에 입력
  byte wRight = digitalRead(7);         // 핀 7번의 결과를 wRight에 입력

  Serial.print(wLeft);                  // 왼쪽 더듬이 상태 출력
  Serial.println(wRight);               // 오른쪽 더듬이 상태 출력

  delay(50);                            // 50 ms동안 지연
}
```

[시리얼 모니터]에 나타난 숫자를 살펴보자. 어떤 더듬이도 눌러지지 않으면, 모니터에 11이 표시되고, 5V가 두 개의 디지털 입력(5번과 7번)으로 공급된다.

오른 쪽 더듬이를 핀 세 개인 헤더(three-pin header)로 접촉시키고, [시리얼 모니터]에 표시된 값을 기록하자. 그 값은 10이어야 한다.

- [시리얼 모니터]에 나타나는 값들을 보자. 더듬이가 눌러지지 않았을 때, 양쪽 디지털 입력(5와 7)이 5V가 적용된 11이 나타난다.
- 3-핀 헤드 안쪽으로 오른쪽 더듬이를 누르고 [시리얼 모니터]에 나타난 값을 기록하자. 아마 10일 것이다.
- 오른쪽 더듬이를 누른 것을 놓고, 3-pin 헤드 안쪽으로 왼쪽 더듬이를 누른 후 [시리얼 모니터]에 나타난 값을 기록하자. 이것은 아마 01일 것이다.
- 3-pin 헤드에 대해 양쪽 더듬이를 누르면, [시리얼 모니터]에 00이 나타날 것이다.
- 만약 더듬이가 이러한 테스트를 모두 통과했다면, 여러분의 ABOT은 움직일 준비가 되었다. 만약 그렇지 않다면 여러분의 스케치와 회로에 대한 에러를 점검하자.

⚠ 이러한 과정은 중요하다.

다음 단계를 진행하기 전에 진지하게 이러한 테스트를 통과하도록 회로와 코드를 확실하게 만들어야 한다. 이 장의 예제 나머지 부분은 더듬이가 올바르게 작동하는지에 달려 있다. 만약 테스트를 하지 않았고 에러를 올바르게 고치지 않았다면, 예제의 나머지 부분은 올바르게 작동하지 않는다.

DisplayWhiskerStates가 어떻게 일하는가?

setup 함수 안에서, pinMode(7, INPUT)과 pinMode(5, INPUT)는 입력으로 디지털 핀 7과 5로 세트한다. 그래서 더듬이 회로에 의해 적용된 전압을 모니터링할 수 있다.

```
pinMode(7, INPUT);          // Set right whisker pin to input
pinMode(5, INPUT);          // Set left whisker pin to input
```

loop 함수 안에서, digitalRead에 대한 각 호출은 더듬이가 눌러졌다면 0을 리턴하고, 그렇지 않다면 1을 리턴한다. wLeft와 wRight 변수로 값들이 저장된다.

```
byte wLeft = digitalRead(5);     // Copy left result to wLeft
byte wRight = digitalRead(7);    // Copy right result to wRight
```

다음, Serial.print(wLeft) 함수는 [시리얼 모니터]에 wLeft의 값을 나타낸다. 그리고 Serial.println(wRight) 함수는 [시리얼 모니터]에 wRight의 값을 나타낸다.

```
Serial.print(wLeft);            // Display left whisker state
Serial.println(wRight);         // Display right whisker state
```

loop 함수가 반복하기 전에, delay(50)을 넣는다. 이것은 [시리얼 모니터]가 매초마다 받는 많은 메시지를 천천히 보여주기 위해서이다. 아마 이것이 필요 없을지도 모르지만, 보다 오래된 하드웨어와 어떤 종류의 OS를 사용하는 컴퓨터에 대해서 버퍼의 과동작(너무 많은 데이터를 저장) 가능성을 막기 위해서 필요하다.

여러분 차례

함수 호출 중첩(nesting)

여러분의 스케치는 digitalRead로부터 값을 저장하기 위해 변수를 사용할 필요가 없다. 대신에 digitalRead가 리턴하는 값 0 혹은 1이 Serial.print() 함수 안에서 호출하는 함수 내의 함수에 의해 바로 사용된다. [시리얼 모니터]에 리턴 값을 곧바로 보내는 경우, loop 함수는 다음과 같다.

```
void loop()                          // Main loop auto-repeats
{
  Serial.print(digitalRead(5));      // Display wLeft
```

```
  Serial.println(digitalRead(7));  // Display wRight

  delay(50);                       // Pause for 50 ms
}
```

- loop 함수를 대치하여, 스케치를 업로드하자. 그리고 더듬이가 같은 함수로 작동하는지를 확인하자.

실습2

더듬이 필드 테스트

컴퓨터 [시리얼 모니터]를 이용할 수 없는 경우 더듬이의 상태를 나타내기 위해 LED 회로를 이용하자. 간단한 스케치로 더듬이가 눌러지거나 혹은 눌러지지 않았을 때 LED에 불을 켜는 동작을 만든다.

부품 목록

- 220Ω 저항 2개
- 적색 LED 2개

LED 더듬이 테스트 회로를 구성하라.

- ABOT의 건전지 팩과 USB 케이블을 분리.
- 아래와 같이 회로를 구성.

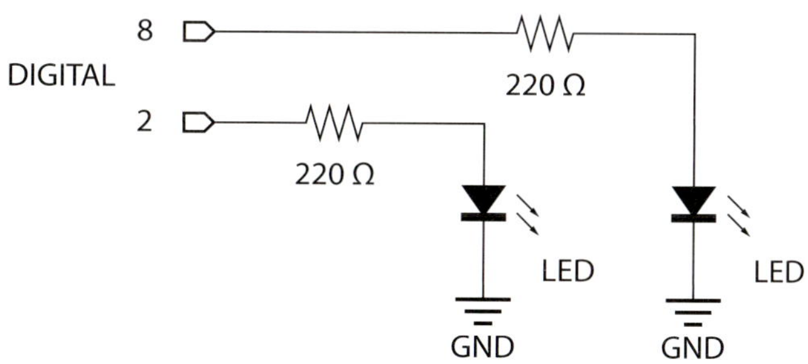

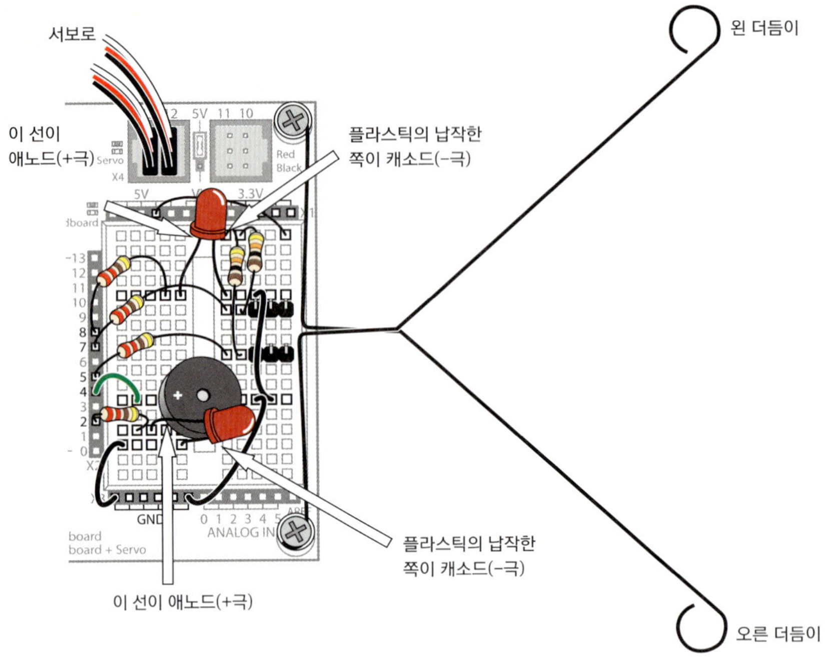

LED 더듬이 테스트 회로 프로그래밍

- WhiskerStates를 TestWhiskersWithLEDs로 다시 저장하자.
- setup() 함수에 pinMode() 호출을 추가하고, 핀 8과 2를 출력으로 설정하자.

```
pinMode(8, OUTPUT);          // Left LED indicator -> output
pinMode(2, OUTPUT);          // Right LED indicator -> output
```

- 더듬이 입력 상태를 제어하는 LED를 만들기 위해, Serial.println(wRight)와 delay(50) 사이에 두 개의 if...else문장을 삽입하자.

```
if(wLeft == 0)               // If left whisker contact
{
  digitalWrite(8, HIGH);     // Left LED on
}
else                         // if no left whisker contact
{
```

```
    digitalWrite(8, LOW);      // Left LED off
  }
  if(wRight == 0)             // If right whisker contact
  {
    digitalWrite(2, HIGH);     // Right LED on
  }
  else                         // If no right whisker contact
  {
    digitalWrite(2, LOW);      // Right LED off
  }
```

if...else문장은 조건을 기본으로 하는 코드 블록을 실행한다. 만약 wLeft가 0이라면, digitalWrite(8, HIGH)함수를 호출한다. 만약 wLeft가 1이라면, digitalWrite(8, LOW)함수를 호출한다. 이 결과 왼쪽 더듬이가 눌러졌을 때 왼쪽 LED가 불이 켜지고, 왼쪽 더듬이가 눌러지지 않았을 경우 LED는 꺼진다. 두 번째 if···else 문장은 LED회로에 대해 wRight가 마찬가지로 같은 일을 한다.

- ABOT 보드의 전원 스위치를 1의 위치에 놓자.
- 아두이노 프로그래밍 케이블을 다시 연결하자.
- TestWhiskersWithLeds를 저장하고, 여러분의 아두이노로 업로드하자.
- 브레드보드 안의 3-핀 헤드 기둥에 각각의 더듬이를 서서히 누르면서 스케치를 테스트하자. 브레드보드의 한쪽 위에 있는 빨강 LED는 더듬이가 눌려졌을 때 더듬이가 접촉이 되었다는 것을 나타내는 불이 켜진다.
- 두 개의 LED에 불이 들어오고 어떤 상태에서도 유지된다면, 전원 스위치가 0의 위치에 있을 수 있으므로 1의 위치로 옮기고 다시 시도하자.

```
/*
* Robotics with the ABot - TestWhiskersWithLeds
* Display left and right whisker states in Serial Monitor.
* 1 indicates no contact; 0 indicates contact.
* Display whisker states with LEDs.  LED on indicates contact;
* off indicates none.
*/
```

```
void setup()
{
  pinMode(7, INPUT);              // 오른쪽 더듬이 핀을 INPUT로 설정
  pinMode(5, INPUT);              // 왼쪽 더듬이 핀을 INPUT로 설정
  pinMode(8, OUTPUT);             // 왼쪽 LED 표시 -> OUTPUT 설정
  pinMode(2, OUTPUT);             // 오른쪽 LED 표시 -> OUTPUT 설정

  tone(4, 3000, 1000);            // 1초 동안 tone 동작하기
  delay(1000);                    // tone 함수마칠 때까지 지연시간

  Serial.begin(9600);             // 데이터전송률을 9600으로 설정
}

void loop()
{
  byte wLeft = digitalRead(5);      // 핀 5번의 결과를 wLeft 에 저장
  byte wRight = digitalRead(7);     // 핀 7번의 결과를 wRight 에 저장

  if(wLeft == 0)                    // 만약 왼쪽 더듬이가 접촉하면
  {
    digitalWrite(8, HIGH);          // 왼쪽 LED 불이 켜짐
  }
  else                              // 만약 왼쪽 더듬이가 접촉하지 않으면
  {
    digitalWrite(8, LOW);           // 왼쪽 LED 불이 꺼짐
  }
  if(wRight == 0)                   // 만약 오른쪽 더듬이가 접촉하면
  {
    digitalWrite(2, HIGH);          // 오른쪽 LED 불이 켜짐
  }
  else                              // 만약 오른쪽 더듬이가 접촉하지 않으면
  {
    digitalWrite(2, LOW);           // 오른쪽 LED 불이 꺼짐
  }

  Serial.print(wLeft);              // wLeft 값 표시
  Serial.println(wRight);           // wRight 값 표시
  delay(50);                        // 50 ms 동안 멈춤
}
```

실습3

더듬이로 주행

이전의 스케치는 ABOT이 프로그래머에 의해 사전 정의된 동작을 실행하였다. 그러나 지금은 더듬이 스위치를 활용하여 주행할 수 있다. ABOT을 운전하면서 물체에 부딪친다면 스스로 길을 바꾸어 자율 주행을 할 수 있다.

더듬이 주행

RoamingWithWhiskers 스케치는 ABOT이 하나 혹은 양쪽에 장애물을 만날 때까지 더듬이 입력을 지켜보면서 앞으로 움직이도록 만든다. 아두이노가 더듬이의 전기적인 접촉을 감지하자마자 무엇을 할 것인지를 결정하기 위해 if…else문을 사용한다. 결정 코드는 더듬이가 접촉/비접촉의 여러 가지 조합의 경우를 점검한다. 그리고 후진–회전 주행을 실행하기 위해 4장으로부터 주행 함수를 호출한다. 그런 다음 ABOT은 다른 장애물을 만날 때까지 전진한다.

예제 스케치

RoamingWithWhiskers

스케치를 먼저 시도하자. 이것이 어떻게 움직이는가 좀 더 가까이서 지켜보자.

- 스위치를 위치 1로 놓자.
- ABOT의 건전지 팩을 아두이노에 다시 연결하자.
- 입력, 저장 그리고 RoamingWithWhiskers를 업로드하자.

- 프로그래밍 케이블을 ABOT에서 분리하고 전원 스위치를 2로 놓자.
- 바닥에 ABOT은 놓은 뒤 이것이 움직이도록 해보라. 더듬이 스위치를 장착한 로봇이 자신의 경로에서 장애물을 만나면 로봇은 후진, 회전 그리고 나서 새로운 방향으로 돌아다닌다.

```
// Robotics with the ABot - RoamingWithWhiskers
// Go forward. Back up and turn if whiskers indicate ABot bumped
// into something.
```

```
#include <Servo.h>
Servo servoLeft;
Servo servoRight;

void setup()
{
  pinMode(7, INPUT);
  pinMode(5, INPUT);

  tone(4, 3000, 1000);
  delay(1000);

  servoLeft.attach(13);
  servoRight.attach(12);
}

void loop()
{
  byte wLeft = digitalRead(5);
  byte wRight = digitalRead(7);

  if((wLeft == 0) && (wRight == 0))  // 두 개 더듬이가 접촉하는 경우
  {
    backward(1000);                  // 1초 동안 후진
    turnLeft(800);                   // 약 120도 좌회전
  }
```

```
  else if(wLeft == 0)                  // 왼쪽 더듬이만 접촉하는 경우
  {
    backward(1000);                    // 1초 동안 후진
    turnRight(400);                    // 약 60도 우회전
  }
  else if(wRight == 0)                 // 오른쪽 더듬이만 접촉하면
  {
    backward(1000);                    // 1초 동안 후진
    turnLeft(400);                     // 약 60도 좌회전
  }
  else                                 // 더듬이 모두 접촉하지 않는 경우
  {
    forward(20);                       // 1초의 1/50 동안 전진
  }
}

void forward(int time)                 // 전진함수
{
  servoLeft.writeMicroseconds(1700);   // 왼쪽서보 반시계
  servoRight.writeMicroseconds(1300);  // 오른쪽 서보 시계
  delay(time);                         // 지연시간
}

void turnLeft(int time)                // 좌회전함수
{
  servoLeft.writeMicroseconds(1300);   // 왼쪽서보 시계
  servoRight.writeMicroseconds(1300);  // 오른쪽서보 시계
  delay(time);                         // 지연시간
}
void turnRight(int time)               // 우회전함수
{
  servoLeft.writeMicroseconds(1700);   // 왼쪽서보 반시계
  servoRight.writeMicroseconds(1700);  // 오른쪽서보 반시계
  delay(time);                         // 지연시간
}

void backward(int time)                // 후진 함수
```

```
{
  servoLeft.writeMicroseconds(1300);   // 왼쪽서보 시계
  servoRight.writeMicroseconds(1700);  // 오른쪽서보 반시계
  delay(time);                         // 지연시간
}
```

RoamingWithWhiskers는 어떻게 작동하는가?

loop 함수 안에 있는 if...else if...else문장은 더듬이가 주의를 요구하는 어떤 상태를 점검한다. 문장의 시작은 if((wLeft == 0) && (wRight == 0))으로 "wLeft변수와 wRight변수가 모두 0인 조건을 만족한다면"을 의미한다. 두 변수가 0이라면 if 문장 블록은 backward(1000)과 turnLeft(800)을 실행한다.

```
if((wLeft == 0) && (wRight == 0)) // If both whiskers contact
{
  backward(1000);                 // Back up 1 second
  turnLeft(800);                  // Turn left about 120 degrees
}
```

if…else if…else문장 안에서, 스케치는 조건이 만족되지 않는 경우 코드 블록을 건너뛴다. 그리고 조건을 만족할 때까지 점검을 계속한다. 스케치가 참 값을 찾았을 때, 코드 블록 안에 있는 무엇인가를 실행한다. 그런 다음 또 다른 점검 없이 if…else if…else문장의 끝으로 건너뛴다. 그리고 스케치 안에 있는 그 밖의 다른 명령에 따라 움직인다.

만약 양쪽 더듬이가 눌러지지 않았다면, 첫 번째 if문은 참이 아니고 코드 블록은 건너뛴다. 스케치는 첫 번째 else if문을 점검한다. 그리고 나서 왼쪽 더듬이가 눌러지고 이 문장의 코드 블록 안에 있는 함수를 실행한다. 1초 동안 뒤로 움직이고 난 후 0.4초 동안 왼쪽으로 회전한다. 스케치는 조건의 나머지 부분은 건너뛰고 마지막 else문 뒤에 오는 어떤 동작을 수행한다.

```
 else if(wLeft == 0)              // If only left whisker contact
{
  backward(1000);                 // Back up 1 second
  turnRight(400);                 // Turn right about 60 degrees
}
```

만약 오른쪽 더듬이가 장애물을 감지했다면, 첫 번째 두 코드 블록은 건너뛰고 if(wRight == 0) 블록을 실행한다.

```
 else if(wRight == 0)              // If only right whisker contact
 {
 backward(1000);                  // Back up 1 second
 turnLeft(400);                   // Turn left about 60 degrees
}
```

이전의 모든 문장 조건이 참이 아닌 경우 else 함수가 실행된다. 이것은 필요하지 않지만, 더듬이가 눌러지지 않을 때 유용하다. 만약 그러한 경우, ABOT은 20ms 동안 앞쪽 방향으로 진행한다. loop를 반복하기 전에 왜 이런 작은 시간을 사용하는가? 재점검하기 전에 작은 전진 시간은 ABOT이 앞으로 움직일 때 더듬이 센서로부터 빠르게 변화를 감지하기 위한 것이다.

```
 else                             // Otherwise, no whisker contact
{
  forward(20);                    // Forward 1/50 of a second
}
```

전진, 후진, 좌회전 그리고 우회전 함수들은 4장 실습 5에서 그리고 MovementsWithSimpleFunctions 스케치에서 소개된다. 확실히 이 함수들은 코드를 단순화시킨다.

ABOT이 달리는 주행상태를 LED를 통해 나타나도록 만들기 위해 스케치의 if...else if...else 문장을 수정할 수 있다. 표시기 LED회로에서 HIGH와 LOW 신호를 보내는 digitalWrite 함수 호출을 추가한다.

예는 다음과 같다.

```
if((wLeft == 0) && (wRight == 0)) // If both whiskers contact
{
  digitalWrite(8, HIGH);            // Left LED on
  digitalWrite(2, HIGH);            // Right LED on
  backward(1000);                   // Back up 1 second
  turnLeft(800);                    // Turn left about 120 degrees
}
else if(wLeft == 0)                 // If only left whisker contact
{
  digitalWrite(8, HIGH);         // Left LED on
  digitalWrite(2, LOW);          // Right LED off
  backward(1000);                // Back up 1 second
  turnRight(400);                // Turn right about 60 degrees
}
else if(wRight == 0)             // If only right whisker contact
{
  digitalWrite(8, LOW);          // Left LED off
  digitalWrite(2, HIGH);         // Right LED on
  backward(1000);                // Back up 1 second
  turnLeft(400);                 // Turn left about 60 degrees
}
else                             // Otherwise, no whisker contact
{
  digitalWrite(8, LOW);          // Left LED off
  digitalWrite(2, LOW);          // Right LED off
  forward(20);                   // Forward 1/50 of a second
}
```

- LED표시기를 이용한 주행상태를 알려주는 ABOT을 만들기 위해 RoamingWithWhiskers 안에 있는 if...else if...else문장을 수정하자.
- setup 함수 안에서 디지털 핀을 출력으로 놓는다는 것을 기억하자. 그렇게 함으로써 LED에 실제적인 전류가 공급될 수 있다.

```
pinMode(8, OUTPUT);          // Left LED indicator -> output
pinMode(2, OUTPUT);          // Right LED indicator -> output
```

실습4

모서리 탈출을 위한 인공지능

마지막 스케치를 주목하자. ABOT이 코너에서 곤경에 빠질 수도 있다. 코너로 들어갔을 때, 왼쪽 더듬이가 왼쪽 벽을 접촉하여 뒤로 물러나고 오른쪽으로 회전한다. ABOT이 앞쪽으로 다시 움직일 때, 이번에는 오른쪽 더듬이가 오른쪽 벽을 감지하여 뒤로 그리고 왼쪽으로 회전을 한다. 그러고 나면 로봇은 다시 왼쪽 벽을 접촉할 것이고 그런 다음 오른쪽 벽을 다시 접촉하는 동작을 누군가가 이러한 곤경으로부터 구해줄 때까지 계속 반복할 것이다.

코너 탈출 프로그래밍

RoamingWithWhiskers는 이러한 문제와 행동을 감지하기 위해 확장할 수 있다. 방법은 양쪽 더듬이가 물체를 번갈아가며 접촉하는 횟수를 세는 것이다. 이것을 하기 위해 스케치는 각각의 더듬이가 이전의 접촉 동안 무엇을 했는지를 기억해야 한다. 그런 다음, 그러한 상태와 현재 더듬이 접촉 상태를 비교해야 한다. 만약 그들이 반대로 있다면, 카운터(counter)에 1을 더한다. 만약 카운터가 여러분이 정해 놓은 한계치를 넘는 경우, 로봇은 U턴을 하고 코너를 탈출한다. 그리고 카운터를 리셋한다.

다음 스케치는 if 문장을 다른 한쪽에 새롭게 만든다. 스케치는 하나의 조건을 점검하여, 이 조건이 사실이라면, 첫 번째 if 문장의 코드 블록 내에 다른 조건을 점검한다. 다음 스케치에서 교차 더듬이 접촉을 연속으로 점검하는 이 방법을 사용한다.

예제 스케치
EscapingCorners

이 스케치는 ABOT이 어느 쪽 더듬이를 먼저 눌렀는지에 따라 다르지만 더듬이가 네 번째 혹은 다섯 번째 교차하여 눌러지면, 코너를 탈출하기 위해 뒤로 물러서서 U턴을 실행하도록 하자.

- 전원 스위치를 위치 1로 놓고, EscapingCorners를 입력하고 저장하여 업로드하자.
- ABOT이 돌아다니면서 더듬이를 교차로 누르는 이 스케치를 테스트한다. 더듬이가 교차로 네 번 혹은 다섯 번 접촉한 후에 후진하여 U턴을 해야 한다.

```
/*
* Robotics with the ABOT - EscapingCorners
* Count number of alternate whisker contacts, and if it exceeds 4, get out
* of the corner.
*/
```

```
#include <Servo.h>                  // 서보 라이브러리 포함

Servo servoLeft;                    // 오른쪽 왼쪽 서보 선언
Servo servoRight;

byte wLeftOld;                      // 이전 루프 더듬이 값들
byte wRightOld;
byte counter;                       // 코너 카운터

void setup()
{
  pinMode(7, INPUT);                // 우측 더듬이 핀 INPUT 설정
  pinMode(5, INPUT);                // 좌측 더듬이 핀 INPUT 설정
```

```
  pinMode(8, OUTPUT);                  // 왼쪽 LED 표시 -> OUTPUT 설정
  pinMode(2, OUTPUT);                  // 오른쪽 LED 표시 -> OUTPUT 설정

  tone(4, 3000, 1000);                 // 1초동안 tone 함수 실행
  delay(1000);                         // tone함수 멈추기까지 지연시간

  servoLeft.attach(13);                // 핀13번에 왼쪽 서보 할당
  servoRight.attach(12);               // 핀12번에 오른쪽 서보 할당

  wLeftOld = 0;                        // 이전 더듬이 상태 초기화
  wRightOld = 1;
  counter = 0;                         // 카운터 0 으로 초기화
}

void loop()
{
  byte wLeft = digitalRead(5);         // 오른쪽 더듬이 5번핀 값 wLeft에 입력
  byte wRight = digitalRead(7);        // 왼쪽 더듬이 7번핀 값 wRight에 입력

  if(wLeft != wRight)                  // 하나의 더듬이가 눌러졌는가?
  {
    if ((wLeft != wLeftOld) && (wRight != wRightOld))
    {
      counter++;                       // count 더하기
      wLeftOld = wLeft;                // 다음 반복을 위해 현재 값 기록하기
      wRightOld = wRight;
      if(counter == 4)                 // 코너에 막혔는가?
      {
        wLeft = 0;                     // U턴으로 더듬이 상태를 설정
        wRight = 0;
        counter = 0;                   // 카운터 값을 0으로 초기화
      }
    }
    else
    {
      counter = 0;                     // 코너 카운터를 0으로 초기화
    }
```

```
  }

  if((wLeft == 0) && (wRight == 0))   // 두 개 더듬이가 모두 눌러지면
  {
    backward(1000);                   // 1초동안 후진
    turnLeft(800);                    // 약 120도 좌회전
  }
  else if(wLeft == 0)                 // 왼쪽 더듬이만 눌러지면
  {
    backward(1000);                   // 1초동안 후진
    turnRight(400);                   // 약 60도 우회전
  }
  else if(wRight == 0)                // 오른쪽 더듬이만 눌러지면
  {
    backward(1000);                   // 1초동안 후진
    turnLeft(400);                    // 약 60도 좌회전
  }
  else                                // 어떤 더듬이도 눌러지지 않으면
  {
    forward(20);                      // 1/50 초동안 전진
  }
}

void forward(int time)                // 전진 함수
{
  servoLeft.writeMicroseconds(1700);
  servoRight.writeMicroseconds(1300);
  delay(time);
}

void turnLeft(int time)               // 좌회전 함수
{
  servoLeft.writeMicroseconds(1300);
  servoRight.writeMicroseconds(1300);
  delay(time);
}
```

```
void turnRight(int time)                    // 우회전 함수
{
  servoLeft.writeMicroseconds(1700);
  servoRight.writeMicroseconds(1700);
  delay(time);
}

void backward(int time)                     // 후진 함수
{
  servoLeft.writeMicroseconds(1300);
  servoRight.writeMicroseconds(1700);
  delay(time);
```

어떻게 코너 탈출 작업을 하는가?

이 스케치는 RoamingWithWhiskers의 수정된 버전이다. 그래서 코너 감지와 탈출을 위한 새로운 코드를 살펴 보자.

먼저 다음의 3개 전역 바이트 변수가 추가된다. wLeftOld, wRightOld 그리고 counter 변수이다. wLeftOld와 wRightOld는 이전의 더듬이 접촉 상태를 저장한다. 그래서 현재의 접촉 상태와 비교할 수 있다. 그런 다음 counter변수는 연속적인 교차 접촉의 횟수를 추적하는 데 사용된다.

```
byte wLeftOld;                 // Previous loop whisker values
byte wRightOld;
byte counter;                  // For counting alternate corners
```

이러한 변수들은 setup 함수에서 초기화한다. counter변수는 초기값이 0이다. 그러나 old변수 중의 하나는 초기값을 1로 설정해야 한다. 코너를 감지하는 루틴은 항상 교차 패턴을 살펴야 하고 이전의 교차 패턴과 비교를 해야 하므로 초기 교차 패턴이 있어야 한다. 그래서 loop 함수가 그것들의 값을 점검하고 수정을 시작하기 전에

setup 함수 내에 변수 wLeftOld와 wRightOld에 초기값을 할당한다.

```
wLeftOld = 0;              // Initialize previous whisker
wRightOld = 1;             // states
counter = 0;               // Initialize counter to 0
```

"// Corner Escape(코너 탈출)" 아래에 있는 첫 번째 일은 하나의 더듬이가 눌러졌는지를 점검한다. 이것을 하기 위한 가장 간단한 방법은 if 문장에 !=(같지 않다)연산자를 사용하는 것이다. "if(wLeft != wRight)"의 의미는 "만약 wLeft 변수가 wRight 변수와 같지 않다면..."이다.

```
// Corner Escape

if(wLeft != wRight)        // One whisker pressed?
```

만약 하나의 더듬이가 눌러져서 같지 않다면, 이전 더듬이 접촉에서 반대쪽 패턴이 접촉했는지를 점검해야 한다. 점검하기 위해 현재 wLeft 값이 이전 상태의 것과 다른지, 현재의 wRight 값이 이전 상태의 것과 다른지를 if문으로 다음과 같이 작성한다.

```
if( (wLeft != wLeftOld) && (wRight != wRightOld))
```

만약 양쪽 조건들이 참이라면, 교차 더듬이 접촉을 추적하는 counter변수에 1을 더한다. 이것 역시 wLeftOld가 현재의 wLef를 저장하고 wRightOld가 현재의 wRight 값을 저장하여 현재의 더듬이 패턴을 기억하는 것이다.

```
if((wLeft != wLeftOld) && (wRight != wRightOld))
{
counter++;                // Increase count by one
wLeftOld = wLeft;         // Record current for next rep
wRightOld = wRight;
```

만약 이것이 4번째 연속적인 교차 더듬이 접촉이라면 counter변수를 0으로 리셋하고

U턴을 실행한다. if(counter == 4) 문장이 참이라면 이 코드 블록은 양쪽 더듬이가 눌려 있는 더듬이 주행 루틴 방법을 실행한다. 그것은 어떻게 할까? wLeft와 wRight 모두 0으로 리셋한다. 이렇게 하면 더듬이 주행 루틴이 양쪽 더듬이가 눌려졌을 것으로 생각하여 U턴을 실시한다.

```
    if(counter == 4)       // Stuck in a corner?
    {
      wLeft = 0;           // Set up whisker states for U-turn
      wRight = 0;
      counter = 0;         // Clear alternate corner count
     }
}
```

그러나 if((wLeft != wLeftOld) && (wRight != wRightOld)) 안에 있는 조건이 참이 아니라면, 더 이상의 교차 더듬이 접촉은 연속해서 발생하지 않는다는 것을 의미한다. 그러면 ABOT은 코너에 갇히지 않는다. 그런 경우, count변수는 0으로 리셋하며, 로봇이 코너를 찾았을 때 다시 카운트를 시작한다.

```
   else                          // Not alternate from last time
    {
     counter = 0;                // Clear alternate corner count
    }
  }
```

새롭게 만든 if 문장에 대하여 주의해야 하는 것 한 가지는 각 문장의 코드 블록에 대해 열고 닫는 중괄호의 위치를 올바르게 하는 것이다. 아래 그림은 마지막 스케치로부터 새롭게 만든 if 문장을 나타낸다. 아두이노 편집기에서 코드 블록을 강조하기 위해 중괄호를 더블-클릭할 수 있다. 때때로, 코드를 프린터하고 블록을 보기 쉽도록 모든 중괄호 열기와 닫기를 연결하는 간단한 선을 그린다. 이것은 아주 새롭게 만들어진 코드에서 버그를 찾는 데 유용하다.

```
// corner Escape

byte wLeft = digitalRead(5);
byte wRight = digitalRead(7);

if(wLeft != wRight)
{
  if((wLeft != wLeftOld) && (wRight != wRightOld))
  {
    counter++
    wLeftOld = wLeft;
    wRightOld = wRight;
    if(counter == 4)
    {
      wLeft = 0;
      wRight = 0;
      counter = 0;
    }
  }
  else
  {
    counter = 0;
  }
}
```

이 그림에서 if(wLeft != wRight) 문장의 코드 블록은 결정 코드 부분의 나머지 모든 부분을 포함한다. 만약 wLeft와 wRight가 "같다"로 판정 난다면, 마지막 중괄호 닫기 '}'는 아두이노가 무슨 코드가 와도 건너뛴다는 것을 의미한다. 두 번째 레벨의 if문은 이전 값과 새로운 값의 wLeft와 wRight 값을 비교한다. 형식은 if ((wLeft != wLeftOld) && (wRight != wRightOld))이다. 이 코드 블록의 끝 괄호는 if(counter==4) 코드 블록 아래에 있다. if ((wLeft != wLeftOld) && (wRight != wRightOld)) 문장은 만약 더듬이 값이 이전의 값과 반대가 아니라면, 그 밖의 조건에서 counter를 0으로 리셋하는 else조건을 가진다.

- 그림 안에 있는 코드를 주의 깊게 살펴보자.
- wLeft = 0, wRigh t = 0 그리고 counter = 3이라는 것을 기억하고, 이 문장이 무엇을 하는지를 생각하자.
- wLeft = 1, wRight = 0, wLeftOld = 0, wRightOld = 1 그리고 counter = 3이라는 것을 기억하자. 한 줄씩 다시 코드를 살펴보고 각 스텝에서 각 변수에 무슨 일이 일어나는지를 설명하자.

여러분 차례

EscapingCorners 안에 있는 if문장 중의 하나가 카운터(counter) 4에 도달하는지를 점검하자.

- 값을 5와 6으로 증가시켜 그 효과를 테스트해 보자. 교차 더듬이 접촉의 수를 카운팅하거나 출발하는 벽면이 하나 이상임을 기억하자.

CHAPTER 5

요약

이 장에서는 ABOT에 대한 센서 시스템을 처음으로 소개하였고, 접촉에 의해 로봇 자신이 이리저리 돌아다니고 주행하게 하는 새로운 방법을 적용하였다.

전기적 부분

- 정상상태에서 open, momentary, single-pole, single-throw, 촉각 스위치 회로 구성.

프로그래밍

- 입력에 대한 디지털 I/O를 설정하고 핀의 입력 상태를 모니터링하기 위해 아두이노 언어의 pinMode와 digitalRead 함수를 이용.
- 전역변수의 선언과 초기화.
- 함수 호출을 새로 작성.
- 센서의 입력 상태를 기초로 프로그램 흐름을 관리하기 위해 if··else문을 이용.

- 새롭게 작성된 if 문장의 3단계 레벨 이용.

로봇 기술

- 센서 입력을 기초로 한 자율 로봇 주행
- 인공 지능의 간단한 예를 이용하여 자율적으로 굴러다니는 ABOT이 코너에서 움직일 수 없다면 빠져나오도록 할 수 있다.

엔지니어링 기술

- 부 시스템을 테스트하는 좋은 습관을 만들자.
- 시스템 입력의 상태를 시각적으로 나타내기 위해 LED 표시기 이용
- 프로그램 흐름을 시각적으로 나타내기 위해 LED 표시기 이용

CHAPTER 5

도전

질문 Questions

1. 더듬이는 전기적으로 무엇과 연결되어 있는가?
2. 더듬이가 눌렸을 때 이것을 모니터링하는 I/O핀에 몇 볼트의 전압이 발생하는가? digitalRead 함수가 되돌려 주는 이진 값은 무엇인가? 만약 디지털 핀 8이 더듬이 회로를 모니터하기 위해 사용된다면, 더듬이가 눌렸을 때 digitalRead가 되돌려 주는 값은 얼마인가? 그리고 더듬이가 눌리지 않았을 때 되돌려 주는 값은 얼마인가?

3. 만약 digitalRead(7) == 1이라면, 무엇을 의미하는가? digitalRead(7) == 0이라면 무엇을 의미하는가? digitalRead(5) == 1 그리고 digitalRead(5) == 0은 어떠한가?
4. 더듬이의 상태를 기초로 다른 주행 함수를 호출하기 위해 이 장에서 사용하고 있는 문장은 무엇인가?
5. 이중의 if 문장을 가지는 목적은 무엇인가?

연습문제Exercise

1. 더듬이 접촉을 추적하기 위해 하나의 변수 whiskers를 이용하는 루틴을 적어라. 더듬이가 접촉되지 않으면 3을 저장하고, 오른쪽 더듬이가 접촉되면 2를, 왼쪽 더듬이가 접촉되면 1을 저장하며 양쪽 더듬이가 접촉되면 0을 저장한다.

   ! 결과에 2를 곱한다.

2. RoamingWithWhiskers 안에 있는 loop 함수를 수정하라. 그래서 ABOT이 정지하도록 만들고 양쪽의 더듬이가 동시에 접촉되었을 때 재출발을 하지 않게 하라.
3. pause 함수를 만들어 RoamingWithWhiskers에 추가하여 만들어라. ABOT이 일정 시간까지 멈추게 만들어라.
4. loop 함수를 수정해서 ABOT이 뒤로 후진한 후, 좌회전 전에 0.5초 동안 정지하도록 만들어라.

프로젝트Project

1. RoamingWithWhiskers를 수정해서 ABOT이 정지하거나, 불명확한 주행을 실행하기 전에 4kHz의 삐 소리를 100 ms 동안 내도록 만들어라. 양쪽 더듬이 접촉이 같은 샘플 동안 감지되었다면 삐 소리를 두 번 내도록 만들어라.

   ❗ 연습 문제에서 사용된 pause함수를 이용하라. servo 움직임으로부터 tone호출 후 0.2초 정지는 0.1초 톤을 분리하거나, 혹은 1초간 음을 들을 수 있다.

2. ABOT이 1미터(또는 1야드) 지름의 원안에서 굴러 다닐 때, RoamingWith Whiskers를 수정하여 여러분이 한 개의 더듬이를 터치하면 ABOT이 보다 작은 원으로 움직이고, 다른 더듬이를 터치하면 ABOT이 좀 더 큰 지름을 가지는 원으로 움직이도록 하라.

CHAPTER 5

해답

질문 해답Question Solutions

1. 일반적으로 개방, 모멘트, 싱글-폴, 싱글-쓰루, 촉각 스위치와 연결되어있다.
2. 0 볼트, digitalRead에 의해 이진 수 0이 리턴된다.
   digitalRead(8) == 0, 더듬이가 눌렸을 때
   digitalRead(8) == 1, 더듬이가 눌리지 않았을 때
3. digitalRead(7) == 1 는 오른쪽 더듬이가 눌리지 않았을 때를 의미한다.
   digitalRead(7) == 0 는 오른쪽 더듬이가 눌렸을 때를 의미한다.
   digitalRead(5) == 1 는 왼쪽 더듬이가 눌리지 않았을 때를 의미한다.
   digitalRead(5) == 0 는 왼쪽 더듬이가 눌렸을 때를 의미한다.

4. 이 장에서는 더듬이 조건들과 주행함수 호출을 평가하기 위해 if, if…else 그리고 if…else if…else 문을 사용하였다.
5. 만약 하나의 조건이 참으로 나타날 경우, 코드는 이중으로 된 if 문과 함께 다른 조건을 평가할 필요가 있을 것이다.

연습 해답Exercise Solutions

1. digitalRead는 1 혹은 0을 리턴하므로, 여러분의 코드는 digitalRead(5)에 2를 곱할 수 있다. 그리고 whiskers 변수에 결과를 저장한다. whiskers변수에 대해 digitalRead(7)의 결과를 추가한다. 그리고 결과는 더듬이 없는 것에 대해 3일 것이다.

```
// Robotics with the ABOT Chapter 5, Exercise 1
// Value from 0 to 3 indicates whisker states:
// 0 = both, 1 = left, 2 = right, 3 = neither.
```

```
void setup()                          // Built-in initialization block
{
  tone(4, 3000, 1000);                // Play tone for 1 second
  delay(1000);                        // Delay to finish tone

  pinMode(7, INPUT);                  // Set right whisker pin to input
  pinMode(5, INPUT);                  // Set left whisker pin to input

  Serial.begin(9600);                 // Set data rate to 9600 bps
}

void loop()                           // Main loop auto-repeats
{
  byte whiskers = 2 * digitalRead(5);
  whiskers += digitalRead(7);

  Serial.println(whiskers);           // Display wLeft
```

```
  delay(50);                          // Pause for 50 ms
}
```

2. if((wLeft == 0) && (wRight == 0)) 블록 안에서, backward와 turnLeft 함수를 제거하고 servoLeft.detach and servoRight.detach로 대체한다.

```
void loop()                            // Main loop auto-repeats
{
  byte wLeft = digitalRead(5);         // Copy right result to wLeft
  byte wRight = digitalRead(7);        // Copy left result to wRight

  if((wLeft == 0) && (wRight == 0))  // If both whiskers contact
  {
    pause(500);                        // Pause motion for 0.5 seconds
    backward(1000);                    // Back up 1 second
    turnLeft(800);                     // Turn left about 120 degrees
  }
  else if(wLeft == 0)                  // If only left whisker contact
  {
    pause(500);                        // Pause motion for 0.5 seconds
    backward(1000);                    // Back up 1 second
    turnRight(400);                    // Turn right about 60 degrees
  }
  else if(wRight == 0)                 // If only right whisker contact
  {
    pause(500);                        // Pause motion for 0.5 seconds
    backward(1000);                    // Back up 1 second
    turnLeft(400);                     // Turn left about 60 degrees
  }
  }
  else                                 // Otherwise, no whisker contact
  {
    forward(20);                       // Forward 1/50 of a second
  }
}
```

3.

```
void pause(int time)                         // Pause drive wheels
{
  servoLeft.writeMicroseconds(1500);         // Left wheel stay still
  servoRight.writeMicroseconds(1500);        // Right wheel stay still
  delay(time);                               // Maneuver for time ms
}
```

4. forward 함수는 더듬이가 다시 점검을 하기 전에 20m 동안 앞으로 전진하도록 가정하였기 때문에, else 조건 안에 있는 pause를 호출은 확실하게 만들지 않는다.

```
void loop()                                  // Main loop auto-repeats
{
  byte wLeft = digitalRead(5);               // Copy right result to wLeft
  byte wRight = digitalRead(7);              // Copy left result to wRight

  if((wLeft == 0) && (wRight == 0))          // If both whiskers contact
  {
    pause(500);                              // Pause motion for 0.5 seconds
    backward(1000);                          // Back up 1 second
    turnLeft(800);                           // Turn left about 120 degrees
  }
  else if(wLeft == 0)                        // If only left whisker contact
  {
    pause(500);                              // Pause motion for 0.5 seconds
    backward(1000);                          // Back up 1 second
    turnRight(400);                          // Turn right about 60 degrees
  }
  else if(wRight == 0)                       // If only right whisker contact
  {
    pause(500);                              // Pause motion for 0.5 seconds
    backward(1000);                          // Back up 1 second
    turnLeft(400);                           // Turn left about 60 degrees
  }
```

```
  else                                  // Otherwise, no whisker contact
  {
    forward(20);                        // Forward 1/50 of a second
  }
}
```

프로젝트 해답

1. 이 문제를 풀기 위한 해는 요구되는 파라미터와 함께 "삐"소리를 만드는 문장을 쓰는 것이다. "삐"를 시작하자마자, ABOT이 "삐"소리를 내는 동안 유지하기 위해 pause 함수를 호출한다. else문장의 코드 블록에 pause 호출을 더한다. 20 ms 동안 어떤 멈춤도 없이 앞쪽 방향으로 반복적으로 가는 것이 필요하다.

```
// RoamingWithWhiskers  Chapter 5 Project 1
// Go forward. Back up and turn if whiskers indicate ABOT
// bumped into something.
```

```
#include <Servo.h>                   // Include servo library

Servo servoLeft;                     // Declare left and right servos
Servo servoRight;

void setup()                         // Built-in initialization block
{
  pinMode(7, INPUT);                 // Set right whisker pin to input
  pinMode(5, INPUT);                 // Set left whisker pin to input

  tone(4, 3000, 1000);               // Play tone for 1 second
  delay(1000);                       // Delay to finish tone

  servoLeft.attach(13);              // Attach left signal to pin 13
  servoRight.attach(12);             // Attach right signal to pin 12
}
```

```
void loop()                        // Main loop auto-repeats
{
  byte wLeft = digitalRead(5);       // Copy right result to wLeft
  byte wRight = digitalRead(7);      // Copy left result to wRight

  if((wLeft == 0) && (wRight == 0))// If both whiskers contact
{
    tone(4, 4000, 100);            // Play a 0.1ms tone
    pause(200);                    // Stop for 0.2seconds
    tone(4, 4000, 100);            // Play a 0.1ms tone
    pause(200);                    // Stop for 0.2seconds
    backward(1000);                // Back up 1second
    turnLeft(800);                 // Turn left about 120 degrees
  }
  else if(wLeft == 0)             // If only left whisker contact
  {
    tone(4, 4000, 100);           // Play a 0.1ms tone
    pause(200);                   // Stop for 0.2seconds
    backward(1000);               // Back up 1 second
    turnRight(400);               // Turn right about 60 degrees
  }
  else if(wRight == 0)           // If only right whisker contact
  {
    tone(4, 4000, 100);          // Play a 0.1ms tone
    pause(200);                  // Stop for 0.2seconds
    backward(1000);              // Back up 1 second
    turnLeft(400);               // Turn left about 60 degrees
  }
  else                           // Otherwise, no whisker contact
  {
    forward(20);                 // Forward 1/50 of a second
  }
}

void pause(int time)             // Backward function
{
```

```
  servoLeft.writeMicroseconds(1500);  // Left wheel clockwise
  servoRight.writeMicroseconds(1500); // Rightwheelcounterclockwise
  delay(time);                        // Maneuver for time ms
}

void forward(int time)                // Forward function
{
  servoLeft.writeMicroseconds(1700);  // Leftwheel counterclockwise
  servoRight.writeMicroseconds(1300); // Right wheel clockwise
  delay(time);                        // Maneuver for time ms
}

void turnLeft(int time)               // Left turn function
{
  servoLeft.writeMicroseconds(1300);  // Left wheel clockwise
  servoRight.writeMicroseconds(1300); // Right wheel clockwise
  delay(time);                        // Maneuver for time ms
}

void turnRight(int time)             // Right turn function
{
  servoLeft.writeMicroseconds(1700); //Leftwheel counterclockwise
  servoRight.writeMicroseconds(1700);//Rightwheelcounterclockwise
  delay(time);                       // Maneuver for time ms
}

void backward(int time)              // Backward function
{
  servoLeft.writeMicroseconds(1300); // Left wheel clockwise
  servoRight.writeMicroseconds(1700);//Rightwheelcounterclockwise
  delay(time);                       // Maneuver for time ms
}
```

2. 4장의 해로부터 원 스케치를 시작하라. loop 함수에 원 코드를 옮기고 지연을 50ms로 감소한다. 그래서 더듬이가 1초에 20번 접촉하는지를 감시할 수 있다. 그런 다음, 오른쪽 더듬이가 눌렸을 때 오른쪽 바퀴가 천천히 움직이거나, 혹은 왼쪽 더듬이가 눌렸을 때 오른쪽 바퀴 스피드를 증가시키기 위해서, 변수를 증감시키는 if 문장을 더듬이 모니터링 코드와 함께 추가한다.

```
// Robotics with the ABOT - Chapter 5, project 2 - WhiskerCircle
// ABOT navigates a circle of 1 yard diameter.
// Tightens turn if right whisker pressed, or reduces turn if left whisker
// is pressed.
```

```
#include <Servo.h>                        // Include servo library

Servo servoLeft;                          // Declare left and right servos
Servo servoRight;

int turn;

void setup()                              // Built-in initialization block
{
  pinMode(7, INPUT);                      // Set right whisker pin to input
  pinMode(5, INPUT);                      // Set left whisker pin to input

  tone(4, 3000, 1000);                    // Play tone for 1 second
  delay(1000);                            // Delay to finish tone

  servoLeft.attach(13);                   // Attach left signal to Port 13
  servoRight.attach(12);                  // Attach right signal to Port 12

  turn = 0;

//  servoLeft.detach();                   // Stop sending servo signals
//  servoRight.detach();
}
```

```
void loop()                                 // Main loop auto-repeats
{                                           // Nothing needs repeating
  int wLeft = digitalRead(5);
  int wRight = digitalRead(7);

  if(wLeft == 0)
  {
    turn -= 10;
  }
  else if(wRight == 0)
  {
    turn += 10;
  }
  // Arc to the right
  servoLeft.writeMicroseconds(1600);  // Left wheel counterclockwise
  servoRight.writeMicroseconds(1438 + turn);//Rightwheelclockwise slower
  delay(50);                                // ...for 25.5 seconds
}
```

CHAPTER

[6]

빛으로 ABOT 조종하기

광센서는 로봇과 산업용 제어에 많이 응용된다. 직물공장에서 천의 끝부분을 찾는 작업, 서로 다른 시간에 가로등을 켜도록 조정하는 작업, 사진을 찍을 때나 농작물에 물주는 작업 등에 적용할 수 있다.

ABOT 로봇에 있는 광센서는 가시광선에 반응하고, 적외선(*infrared*)이라고 하는 비가시광선에도 반응한다. 이 센서들은 아두이노가 빛의 양 변화를 감지하도록 모니터하는 회로에서도 사용될 수 있다. 이 스케치는 ABOT을 빛으로 조종되도록 확장할 수 있다. 이것은 마치 손전등의 빛을 따라 움직이거나 어두운 방에서 열린 문으로 들어오는 불빛을 따라 움직이는 것처럼 동작한다.

다음의 링크와 실습 순서에 따라 배워보자.

- 6장 아두이노 코드 다운로드 http://cafe.naver.com/arduinocafe
- 포토트랜지스터 소개
- 실습1: 전압센서로 간단하게 빛 비추기
- 실습2: 더 넓은 범위로 빛의 수준 측정하기
- 실습3: 로밍을 위한 빛 측정하기
- 실습4: 불빛 추적 루틴 점검
- 실습5: 불빛으로 ABOT 주행하기
- 제6장 요약

포토트랜지스터Phototransistor란?

트랜지스터(*transistor*)는 세 개의 단자 중 두 개를 통해 흐르는 전류의 양을 조절하는 밸브와 같다. 세 번째 단자는 얼마나 많은 전류가 두 개 단자 사이를 통과하는지를 조절한다. 트랜지스터 종류에 따라서 전류의 흐름이 전압에 의해 조절될 수 있고, 포토트랜지스터(phototransistor)의 경우처럼 빛으로 조절될 수 있다.

아래 그림은 쉴드 키트에 있는 포토트랜지스터의 개략도와 부품 모양을 보여준다. 포토트랜지스터의 베이스(B)에 비춰지는 빛의 세기는 얼마나 많은 전류를 컬렉터(C) 단자와 에미터(E) 단자로 흐르게 할 것인가를 결정한다. 더 밝은 빛은 더 많은 전류를 흐르게 한다. 그리고 더 적은 빛은 전류를 덜 흐르게 한다.

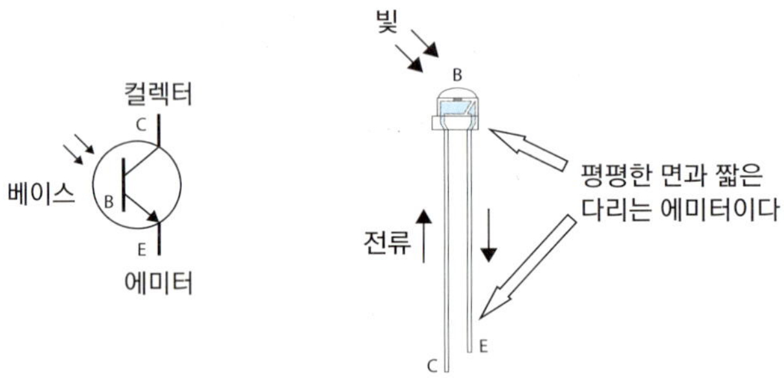

포토트랜지스터는 LED와 약간 닮은 점이 있다. 첫 째는 회로에서 포토트랜지스터를 음극과 양극을 거꾸로 연결하면 동작하지 않고, 두 번째는 핀 길이가 서로 다르며, 단자를 구분하도록 플라스틱 케이스의 평평한 부분이 있다. 두 다리 가운데서 길이가 긴 것이 포토트랜지스터의 컬렉터 단자(+)이다. 짧은 길이의 핀이 에미터(−)를 나타내고, 이것이 포토트랜지스터의 플라스틱 케이스의 평평한 면에 연결되어 있다.

광선

바다에서 파도가 칠 때 인접한 두 파고 점 사이 거리를 피트나 미터로 측정할 수 있다. 빛은 파동운동을 하고 있으며, 최고점 사이의 거리는 10억분의 1미터인 나노미터

(*nanometers* : nm)로 측정된다. 아래 그림은 우리가 일상생활에서 볼 수 있는 가시광선과 우리 눈으로 볼 수 없는 자외선과 적외선 등의 파장을 표시한다.

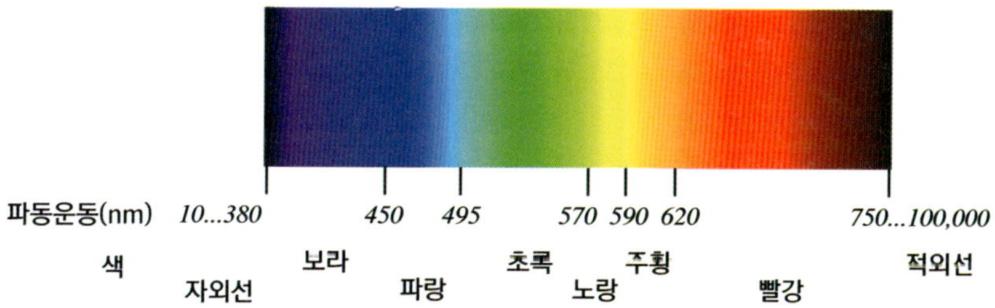

ABOT 키트의 포토트랜지스터는 850nm 파장에 가장 민감한데, 이것은 적외선 영역에 해당한다. 적외선은 눈으로 식별할 수 없지만, 할로겐등과 백열등 그리고 특히 태양광을 포함하여 많은 광원들이 상당한 양의 적외선을 방출한다. 또한 포토트랜지스터는 가시광선에 덜 민감하게 반응하며, 특히 450nm 아래 파장에서 잘 반응한다.

이 장의 포토트랜지스터 회로는 실내에서 형광등과 백열등에서 잘 동작하도록 설계되었다. 태양 직사광 또는 할로겐 직사광선은 피해야 하는데, 포토트랜지스터에 너무 많은 적외선 광이 들어가지 않도록 하기 위한 것이다.

- 태양직사광이 실내로 들어오지 않도록 창문을 막고, 할로겐 등의 빛도 천장에서 반사되도록 위쪽 방향으로 설치하자.

실습1

단순 광을 전압 센서로

ABOT이 끝에 불빛이 있는 코스를 찾아가고 있다고 상상해보자. 이번 실습에서 로봇의 최종 임무는 불빛이 비추는 바로 아래에서 멈추는 것이다. 간단한 포토트랜지스터로 회로를 이용하여 아두이노가 이진수 1을 가지는 밝은 빛과 이진수 0을 가지는 환경조명을 감지한다는 것을 알 수 있을 것이다. 책상의 백열등과 손전등은 최상의 광선 조합을 만든다. 과제의 회로를 사용하여 형광등과 LED광원 조합에서 각각의 광원을 구별하는 것은 쉽지 않다.

환경(Ambient)은 "우리 주위에 존재하거나 나타나는"의 의미이다. 방안의 불빛 수준이 환경조명(ambient light)에 해당한다고 생각할 수 있다.

부품 목록

- 포토트랜지스터(phototransistor) 1개
- 점프선(jumper wires) 2개
- 저항, 2kΩ (빨강–흑색–빨강) 1개
- 백열등 또는 형광등 또는 책상등 1개

로봇 실험구역 내에 광선 상태에 따라 2kΩ 저항을 다음 저항들 중 하나로 교체할 수 있다.

- 저항, 220Ω (빨강–빨강–갈색) 1개
- 저항, 470Ω (노랑–보라–갈색) 1개
- 저항, 1kΩ (갈색–흑색–빨강) 1개
- 저항, 4.7kΩ (노랑–보라–빨강) 1개
- 저항, 10kΩ (갈색–흑색–주황) 1개

포토트랜지스터와 적외선 LED가 비슷하게 보이기 때문에 아래 그림을 참조하면 구분을 하는 데 도움이 된다.

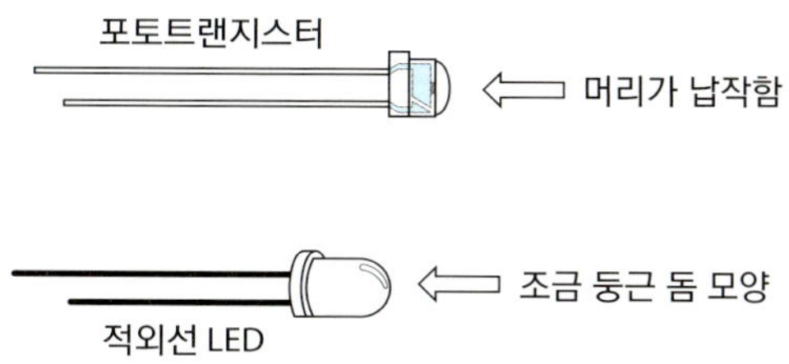

밝은 빛 감지기 설치

아래 개략도와 배선도는 밤에 자동으로 켜지는 가로등과 유사한 회로이다. 회로의 출력전압은 포토트랜지스터에 얼마나 많은 빛이 비춰지는가에 따라 변화한다. 아두이노는 한 개의 아날로그 입력 핀으로 전압 수준을 관찰한다.

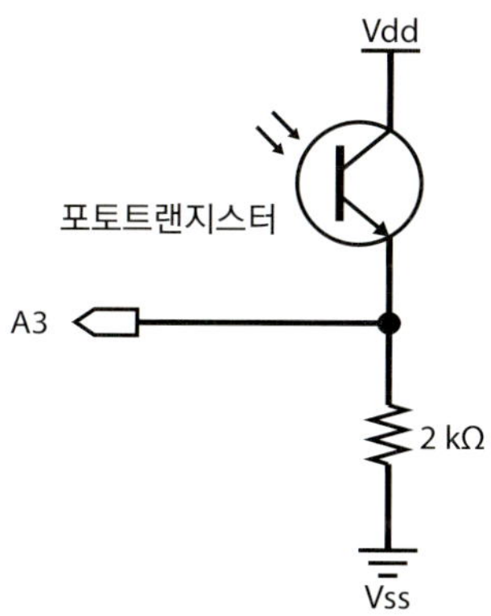

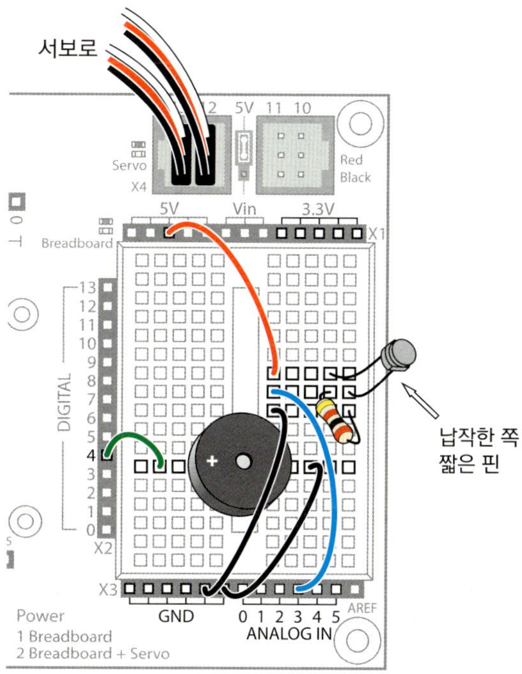

- 아두이노로부터 건전지 팩과 프로그램 케이블을 분리하고 ABOT의 스위치를 0으로 놓는다.
- 더듬이 회로를 제거하고, 회로의 피에조 스피커는 남겨두자.
- 2kΩ저항을 사용하여 회로를 구성한다.
- 포토트랜지스터의 에미터(–) 단자가 저항으로 연결되고 컬렉터(+)가 5V에 연결되었는지 반복하여 점검한다.
- 또한 포토트랜지스터의 단자들은 서로 닿지 않았는지 점검한다.

예제 스케치

PhototransistorVoltage

PhototransistorVoltage 스케치는 A3번 핀에서 측정된 전압을 [시리얼 모니터]에 나타낸다. ABOT에는 5개의 사용 가능한 아날로그 입력 채널이 있다. 구성한 회로에서 A3번 핀을 포토트랜지스터의 에미터와 전선으로 연결하고 같은 행의 한 점에 저항의 한쪽이 만나도록 구성한다. 회로의 이 부분 전압은 포토트랜지스터의 변화에 의해 감지되는 빛의 정도에 따라 변화하게 된다. 아래 [시리얼 모니터] 캡처 화면은 측정전압의 몇 가지 예를 보여준다.

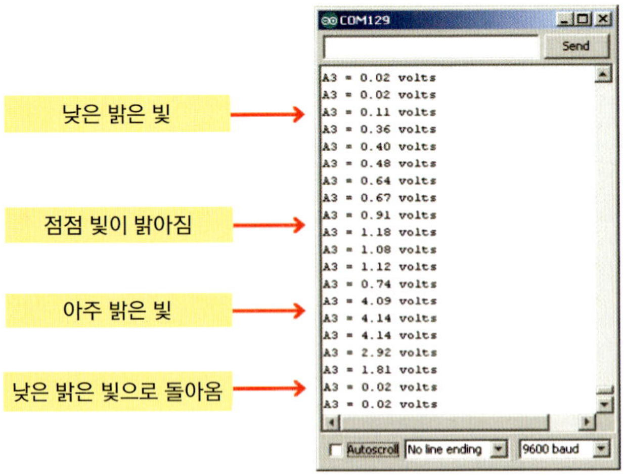

- 프로그램 케이블과 건전지 팩을 보드에서 분리하자.
- ABOT의 전원 스위치를 1의 위치에 놓자.
- PhototransistorVoltage 스케치를 입력하고 저장하여 아두이노로 업로드하자.
- 메뉴에서 "[도구]->[시리얼 모니터]"를 클릭한다. 위 그림처럼 나타난다.
- 포토트랜지스터 위로 손전등이나 램프를 천천히 움직이면서 [시리얼 모니터]에서 A3의 값을 관찰하자. 더 밝은 빛은 전압이 높게 나오고, 더 어두운 빛은 전압이 낮게 나온다.
- 환경 조명이 형광등보다 밝다면 2kΩ 저항보다 더 작은 저항값으로 교체할 필요가 있다. 1kΩ, 470Ω, 또는 220Ω까지 시도해 보자.

```
/*
 * ABOT - PhototransistorVoltage
 * [시리얼 모니터]에 A3에 연결된 포토트랜지스터의 전압을 나타내는 프로그램
 */
```

```
void setup()
{
 Serial.begin(9600);            // 데이터전송률 9600 bps로 설정
}

void loop()
{
 Serial.print("A3 = ");         // "A3 = "를 출력
 Serial.print(volts(A3));       //  A3 측정전압 출력
 Serial.println(" volts");      // " volts" 출력 그리고 새줄 바꾸기
 delay(1000);                   // 1초 동안 지연
}

float volts(int adPin)          //  adPin 변수의 전압 함수
{
 return float(analogRead(adPin)) * 5.0 / 1024.0;
}
```

더 밝은 빛에서 멈추기

HaltUnderBrightLight 스케치는 A3로 공급되는 전압이 3.5V를 초과할 만큼 충분히 밝은 빛을 포토트랜지스터가 감지할 때까지 ABOT이 전진하도록 한다. 이전에 작성한 스케치로부터 기록한 최고 전압과 최저 전압의 중간 지점 값으로 3.5V를 변경할 수 있다.

- 이전 스케치로부터 기록한 환경조명과 밝은 불빛 사이의 중간 지점을 계산하자.
- HaltUnderBrightLight 스케치에서, if(volts(A3) > 3.5) 문장 중 3.5 대신 중간값으로 대체하자.
- HaltUnderBrightLight의 수정본을 아두이노로 업로드하자.
- 마룻바닥에 손전등이나 램프를 놓아두고, ABOT을 두어 걸음 떨어진 바닥에 위치시켜, 빛을 따라 똑바로 갈 수 있도록 방향을 잡자.
- ABOT이 전진하도록 전원 스위치를 2의 위치로 옮기자. 전등에 얼마나 가까이에서 멈추었나?
- ABOT이 밝은 불빛 바로 앞에 멈추도록, if(volts(A3) >…)문장을 조작하는 문턱(threshold) 값을 조절해 보자.

```
/*
 * ABOT - HaltUnderBrightLight
 * [시리얼 모니터]에 A3에 연결된 포토트랜지스터의 전압을 나타내는 프로그램.
 */
```

```
#include <Servo.h>

Servo servoLeft;                    // 왼쪽 오른쪽 서보 선언
Servo servoRight;

void setup()
{
 tone(4, 3000, 1000);
 delay(1000);
 ≠servoLeft.attach(13);
```

```
  servoRight.attach(12);

  servoLeft.writeMicroseconds(1700);
  servoRight.writeMicroseconds(1300);
}

void loop()
{
  if(volts(A3) > 3.5)            // 만약 A3 전압이 3.5보다 크면
  {
    servoLeft.detach();          // 서보를 제거
    servoRight.detach();
  }
}

float volts(int adPin)           // adPin 변수의 전압 함수
{
  return float(analogRead(adPin)) * 5.0 / 1024.0;
}
```

전압 함수는 어떻게 동작하는가?

아두이노의 A0, A1…A5 소켓이 아날로그를 디지털로 변환하는 아트멜(Atmel) 마이크로컨트롤러 핀에 연결되어 있다. 마이크로 컨트롤러는 전체 전압을 여러 개로 나누어, 나누어진 각각의 숫자가 전압을 나타내는 방식으로 전압을 측정한다. 각각의 아두이노 아날로그 입력은 10비트 해상도를 가지고 있고, 10개의 2진수 자리는 측정전압을 나타내는 데 사용한다. 10개의 2진수 비트는 1부터 1023까지의 숫자를 의미한다. 따라서 0을 포함한 전압 레벨의 개수는 총 1024개가 된다.

기본적으로 아두이노의 analogRead 함수는 전압 측정값이 5V 이내인 상태에서 0 ~ 1023 사이의 값을 사용하도록 구성된다. 5V를 1024의 여러 단계로 나누면 각 단계의 전압 값은 5/1024 전압(4.89mV)이 된다.

예제: analogRead 함수가 645를 표시하면 실제 전압 값은 얼마인가?

답: $V = 645 \times \frac{5V}{1024}$
$= 3.1494140625\,V$
$\approx 3.15\,V$

스케치는 volts(A3)를 전압함수라고 한다. 이때 A3는 adPin으로 통용되고, 함수 내에서 analogRead(adPin)는 analogRead(A3)가 된다. 그리고 A3에 공급되는 전압을 나타내는 0 ~ 1023 사이의 값을 반환한다. analogRead 함수는 정수형 값을 반환하지만, float analogRead(adPin)로 표현된다면 정수형 값이 실수형 값으로 변환된다. 여기에 실수 5.0을 곱하고 1024로 나면 전압 레벨로 변환된다(645는 3.15V로 변환된다).

```
float volts(int adPin)                    // Measures volts at adPin
{                                         // Returns floating point voltage
 return float(analogRead(adPin)) * 5.0 / 1024.0;
}
```

"return"은 volt() 함수 내에서 계산된 결과 값을 호출 함수로 반환한다. PhototransistorVoltage 스케치는 Serial.print(volts(A3)) 계산을 가지고 있는 volt() 함수에 의해 반환되는 값을 나타낸다. HaltUnderBrightLight는 불빛 아래에서 멈추기 위해 ABOT은 if(volts(A3) > 3.5) 표현 내부에 있는 값을 사용한다.

이진수와 아날로그 그리고 디지털

이진수 센서는 일반적으로 어떤 것의 존재와 비존재를 나타내는 두 개의 서로 다른 상태를 전송할 수 있다. 예를 들면 더듬이가 압력을 받지 않으면 HIGH 신호를, 압력을 받으면 LOW 신호를 보내는 것처럼 말이다.

아날로그 센서는 측정값이 연속적인 범위이고 그에 상응하는 연속적인 범위의 값을 보낸다. 이번 실험에서의 포토트랜지스터 회로는 아날로그 센서의 예이다. 이것들은 연속적인 범위의 빛의 레벨에 해당하는 연속적인 값들을 제공한다.

디지털 값은 디지트(digit)로 표현된 숫자이다. 컴퓨터와 마이크로컨트롤러가 아날로그 측정값을 디지털로 저장한다. 아날로그 센서로 측정하고 디지털 값으로 측정치를 저장하는 과정을 A/D변환(*analog to digital conversion*)이라고 한다. 이 측정을 디지털화 측정(*digitized* measurement)이라 하고, 아날로그를 디지털로 변환하는 과정을 양자화 측정(*quantized* measurements)이라 한다.

아두이노 맵 함수

PhototransistorVoltage 스케치에서 0 ~ 1023 사이의 측정값을 0.0 ~ 4.995 범위의 전압값으로 변환한다. 다른 응용 즉, 모터제어나 다른 분석을 위하여 또 다른 함수에 스케치가 사용되어 측정값을 다른 범위의 정수 범위 값으로 변환해야 할 필요가 생길 수 있다.

이런 경우 아두이노 맵 함수가 편리하다. 하나의 정수 범위를 또 다른 범위의 값으로 대응시킨 값을 "매핑(mapping)"이라고 한다. 예를 들어 0 ~ 1023 사이의 범위를 1300 ~ 1700 사이의 서보 제어 범위로 매핑할 경우 맵 함수 사용 방법을 보여주는 예제가 다음과 같다.

```
int adcVal = analogRead(A3);
int newAdcVal = map(adcVal, 0, 1023, 1300, 1700);
```

이번 예제에서, adcVal의 값이 512라면, newAdcVal에 대한 맵 함수의 결과는 1500이 된다. 그래서 0 ~ 1023 범위의 중간 지점으로부터 1300 ~ 1700 범위의 대응점으로 측정값이 대응된다.

포토트랜지스터 회로 동작 원리

저항은 전류의 흐름을 방해하는 소자이다. 저항이 포함된 회로에서 전압은 수압에 비유

될 수 있다. 주어진 전류량이 일정할 경우, 큰 저항 값은 큰 전압 강하가 일어난다. 만약 저항 값을 일정하게 유지하고 전류를 변화시킨다면, 동일한 저항 양단에 더 많은 전류를 공급해서 더 큰 전압 값을 얻을 수 있고, 전류가 작아지면 전압 값도 작아진다.

아두이노의 아날로그 입력은 포토트랜지스터 회로에서 보이지는 않는다. 그래서 A3는 회로를 모니터할 뿐 아무런 영향이 없다. 아래 회로를 살펴보자. 회로 위쪽의 5V와 아래쪽의 GND(0V)를 이용하여, 5V 전압은 ABOT의 건전지가 가지고 있는 전자들이 회로를 통과하도록 한다.

A3 전압(V_{A3})이 빛에 따라 변하는 이유는 포토트랜지스터가 빛의 양이 많을 때 더 많은 전류를 흐르게 하고 빛의 양이 적을 때 더 적은 전류를 흐르게 하기 때문이다. 아래 회로에서 전류 I가 저항을 통과하여 흐른다. 저항을 통하여 더 많은 전류가 흐르면, 저항 양단의 전압이 커진다. 전류가 덜 흐르게 되면 전압은 낮아진다. 저항의 한쪽 끝이 Vss = 0V에 묶여져 있기 때문에, A3 전압은 전류가 증가하면 올라가고 전류가 작아지면 내려간다.

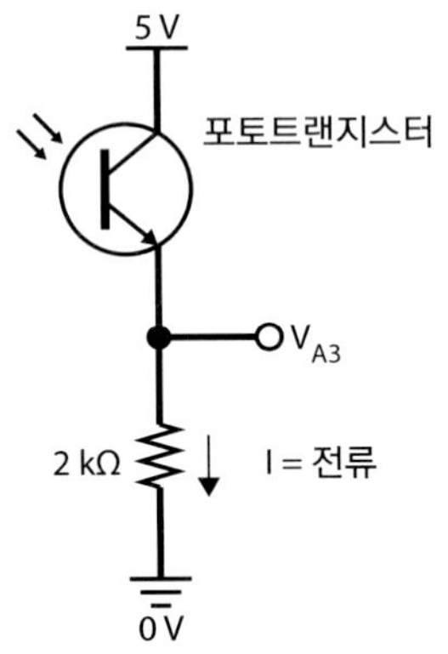

2kΩ 저항을 1kΩ 저항으로 교체한다면, V_{A3}는 동일한 전류에 대하여 더 작은 값이 될 것이다. 사실 동일한 전압 수준이 되기 위해서는 두 배의 전류가 되어야 한다. 이것은 ABOT이 멈추도록 하는 HaltUnderBrightLight의 기준전압 3.5V 수준에 도달하도록 빛의 밝기가 2배가 되어야 한다는 것을 의미한다.

그래서 포토트랜지스터와 직렬 연결되는 저항이 작아지면 빛에 덜 민감한 회로를 만들 수 있다. 만약 2kΩ 저항을 10kΩ 저항으로 교체한다면 동일한 전류에서 V_{A3}는 5배 증가하고, 3.5V에 도달하도록 1/5 전류를 생성하기 위해 1/5의 빛의 양이 필요하다. 그래서 큰 저항을 가지는 회로는 빛에 좀 더 민감하게 동작한다.

- **직렬연결**: 두 개 또는 그 이상의 부품들이 끝과 끝으로 연결될 때, 직렬이라고 한다. 회로의 포토트랜지스터와 저항은 직렬로 연결되어 있다.

옴의 법칙

전류와 저항 두 가지가 V_{A3} 전압에 영향을 미친다. 그리고 옴의 법칙이 이것의 동작 원리를 설명한다. 옴의 법칙에 의하면 저항 양단의 전압은 저항을 통과하는 전류와 저항을 곱한 값과 같다. 따라서 두 개의 값을 알고 있을 때 세 번째 값을 계산하려면 옴의 법칙을 사용할 수 있다.

$$V = I \times R$$

어떤 교재에서는, E = I × R로 표기된 것을 보게 될 것이다. E는 전압을 나타내는 “volts”의 또 다른 표현이다.

전압(V)은 볼트(volts)의 단위로 측정되고, 단위는 대문자 V로 나타낸다. 전류 I는 암페어로 측정되고 단위는 A를 사용한다. 저항 R은 옴으로 측정되고 단위는 그리스 문자 오메가(Ω)를 사용한다. 다음 회로에 흐르는 전류 단위는 밀리암페어(mA)이다. 소문자 m은 1/1000의 암페어 측정치를 나타내는 것이다. 마찬가지로 kΩ에서의 소문자 k는 측정치가 옴의 1000배임을 나타낸다.

회로를 흐르는 다음 두 개의 전류량에 대하여 포토트랜지스터에서의 V_{A3}를 옴의 법칙으로 계산해보자. 이때 저항 R은 2kΩ이라고 하자.

1. 상당히 밝은 빛에 의한 결과로 생성되는 전류 1.75mA
2. 좀 밝지 않은 빛으로 생성되는 전류 0.25mA

계산할 때 밀리(m)는 1000분의 1, 그리고 킬로(k)는 1000이라는 것을 기억하고 옴의 법칙에 대입하자.

I = 1.75mA 그리고 R = 2kΩ일 때

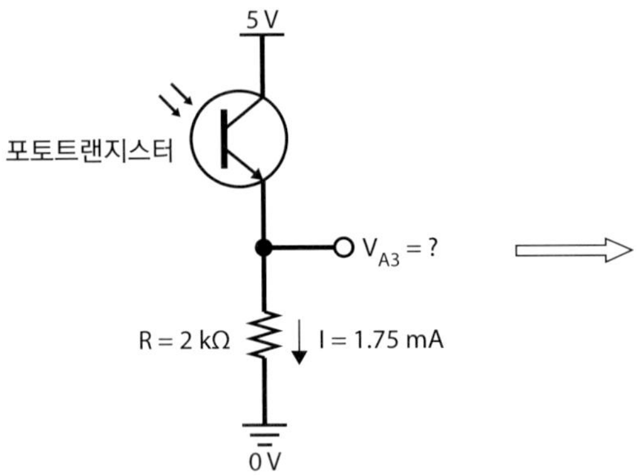

$$
\begin{aligned}
V_{A3} &= I \times R \\
&= 1.75\ mA \times 2\ k\Omega \\
&= \frac{1.75}{1000}\ A \times 2000\ \Omega \\
&= 1.75\ A \times 2\ \Omega \\
&= 3.5\ A\Omega \\
&= 3.5\ V
\end{aligned}
$$

I = 0.25mA 그리고 R = 2kΩ일 때

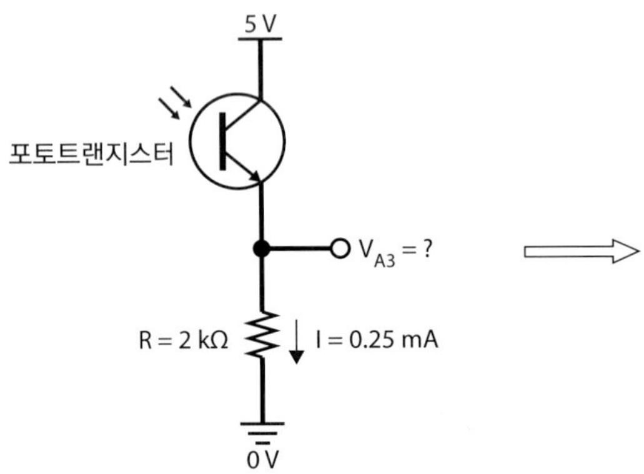

$$
\begin{aligned}
V_{A3} &= I \times R \\
&= 0.25\ mA \times 2\ k\Omega \\
&= \frac{0.25}{1000}\ A \times 2000\ \Omega \\
&= 0.25\ A \times 2\ \Omega \\
&= 0.5\ A\Omega \\
&= 0.5\ V
\end{aligned}
$$

옴의 법칙과 저항 조정

실내의 조명이 밝은 불빛에 대해 V_{A3} = 3.5V는 그늘진 조명에 대해 V_{A3} = 0.5V이므로 2배만큼 밝다고 한다. 더 높은 전류가 흐를 수 있는 또 다른 상황은 환경 조명이 적외선보다 더 강한 경우이다. 어느 경우이든 포토트랜지스터에 흐르는 전류는 회로를 통해 흐르는 전류의 두 배일 수 있고 측정이 어려워진다.

회로의 전압응답을 밝은 빛일 경우 3.5V, 어두운 빛일 경우 0.5V로 낮추기 위하여 어떻게 하면 되는가?

저항 값을 반으로 낮춘다. 2kΩ저항을 1kΩ저항으로 바꾸자.

- 저항 R = 1kΩ과 밝은 빛 전류 I = 3.5mA와 어두운 빛 전류 I = 0.5mA을 사용하여 옴의 법칙 계산을 반복하자. 두 배의 전류를 사용하여 밝은 빛에 대하여 3.5V 어두운 빛에서 0.5V를 나타낼 수 있는가?

실습2

더 넓은 범위에서 빛의 레벨 측정하기

이전 과제에서 회로는 제한된 빛의 범위에서만 동작한다. 실습1 회로가 잘 동작하는 방에서 계측을 하거나 더 밝은 방으로 그것을 가져가면 모든 전압 측정값이 최대값을 나타내는 것을 발견할 수 있다. 그리고 더 어두운 방으로 가져가면 전압을 0.1V도 만들지 못한다.

이번 과제는 아두이노가 더 넓은 범위의 빛의 레벨을 측정하는 데 사용할 수 있는 다른 포토트랜지스터 회로를 소개한다. 이 회로와 스케치는 0부터 75,000까지의 범위 값을 반환할 수 있다. 주의할 것은 작은 값은 밝은 빛을 나타내고 큰 값은 어두운 빛을 나타낸다는 것이다.

커패시터Capacitor란?

커패시터는 전하를 충전하는 소자로서 많은 회로의 기초 구성요소이다. 또한 건전지는 전하를 축적하는 소자로서 이번 실습에서 충전, 방전, 다시 재충전되는 얇은 건전지와 같은 커패시터를 살펴본다.

0.1 µF 커패시터

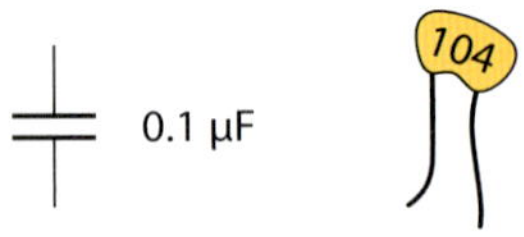

커패시터가 얼마나 많은 전하를 충전할 수 있는지는 패러데이(F)로 측정된다. 1패러데이는 ABOT 회로에 사용하는 데 실용적이지 않은 매우 큰 값이다. 키트의 커패시터는 백만분의 1 비율을 사용한다. 백만분의 1패러데이를 마이크로 패러데이(*micro-farad*)로 부르고 단위는 μF이다. 0.1μF는 백만분의 1의 십분의 1을 나타낸다.

커패시턴스 측정

- **마이크로패러데이**: 단위 μF, $1\ \mu F = 1 \times 10^{-6} F$
- **나노패러데이**: 단위 nF, $1\ nF = 1 \times 10^{-9} F$
- **피코패러데이**: 단위 pF, $1\ pF = 1 \times 10^{-12} F$

0.1 μF 커패시터의 표면에 있는 숫자 104는 피코패러데이(picofarads: pF) 값을 나타낸다. 여기서 104는 10에 0을 4개 더하는 것이며, 즉 커패시터는 100,000pF 즉 0.1μF가 된다.

$$
\begin{aligned}
(100{,}000) \times (1 \times 10^{-12})\ F &= (100 \times 10^{3}) \times (1 \times 10^{-12})\ F \\
&= 100 \times 10^{-9}\ F = 0.1 \times 10^{-6}\ F \\
&= 0.1 \mu F
\end{aligned}
$$

광 감지하는 눈 만들기

다음 회로는 각각의 포토트랜지스터에 도달하는 빛의 레벨에 서로 독립적으로 반응할 수 있다. 하나는 좌측 전방 그리고 다른 하나는 우측 전방으로 약 45° 위로 향하도록 설치한다. 두 개의 포토트랜지스터 값을 모니터하는 스케치는 ABOT이 어느 방향이 더 밝은 빛인지를 결정하는데, 이 정보는 길을 찾는데 결정적인 수단이 된다.

부품 목록

- 포토트랜지스터(phototransistors) 2개
- 커패시터(capacitors), 0.1μF (104) 2개
- 저항(resistors), 1kΩ (갈색-검정-빨강) 2개
- 점퍼 와이어(jumper wires) 2개

- 건전지와 프로그래밍 케이블을 보드와 분리하자.
- 이전 포토트랜지스터 회로를 제거하고, 아래 회로를 구성하자.
- 포토트랜지스터가 반대로 연결되지 않고, 단자가 서로 닿지 않도록 배선도에 따라 회로를 점검하자.

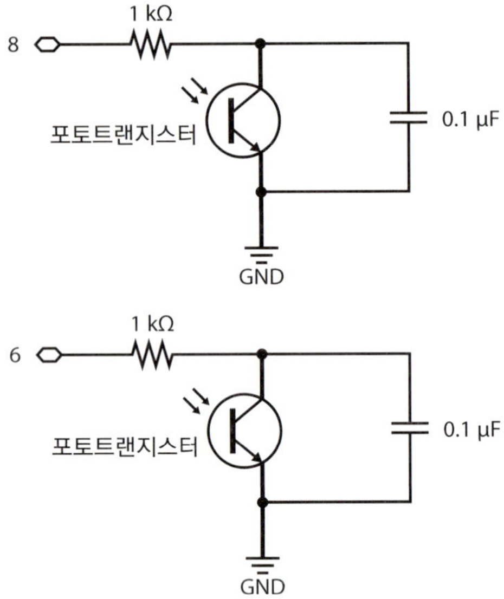

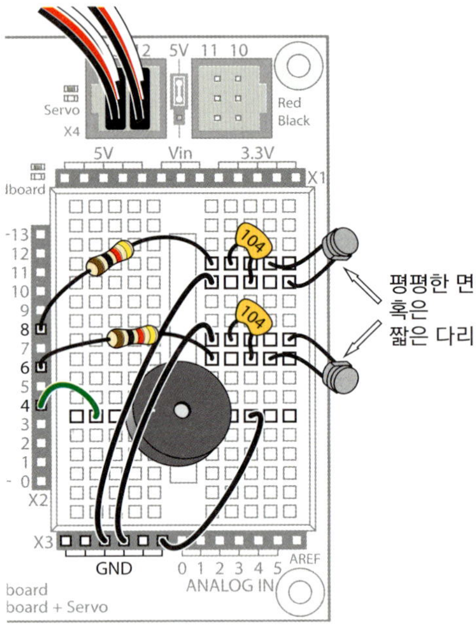

다른 방향에 대한 빛의 세기 차이를 감지하려면 위쪽 방향과 바깥방향으로 향하는 포토트랜지스터에 의존한다.

- 다음 그림처럼 포토트랜지스터를 브레드보드로부터 45° 위쪽으로 향하도록 조정하고 약 90° 정도 바깥 방향으로 조정하자.

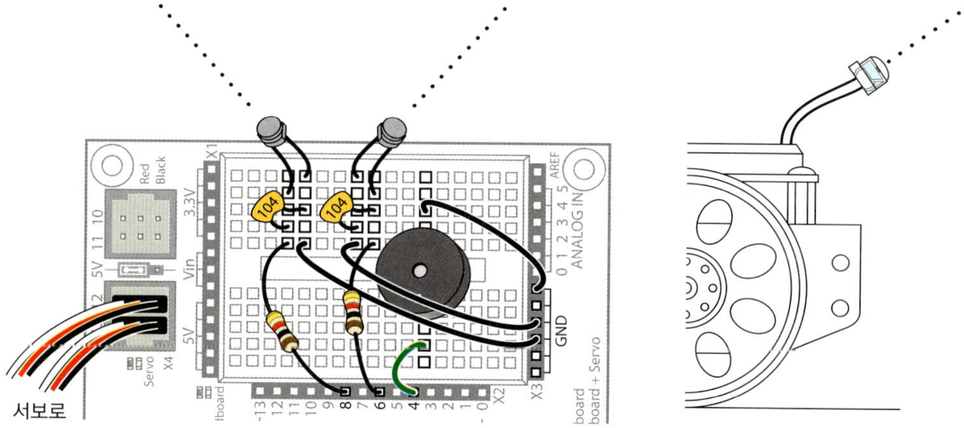

전하 이동과 포토트랜지스터 회로

다음 회로의 커패시터를 얇은 재충전식 건전지라고 생각하고, 포토트랜지스터를 빛으로 제어하는 전류 밸브라 생각하자. 각각의 커패시터는 5V로 충전될 수 있고, 그 다음 포토트랜지스터를 통하여 방전된다. 커패시터가 전하를 잃어버리는 비율은 얼마나 많은 전류가 포토트랜지스터를 통과하는지에 따라 달라지고, 포토트랜지스터 베이스에 비추는 빛의 밝기에 따라 달라진다. 다시 말하면, 더 밝은 빛은 더 많은 전류를 흐르게 하고, 더 어두운 빛은 전류를 더 적게 흐르게 한다.

이러한 종류의 포토트랜지스터/커패시터를 전하이동(*charge transfer*) 회로라고 부른다. 아두이노는 커패시터 전압이 감소하는데, 즉 어떤 전압 값 아래로 떨어지는데 얼마나 긴 시간이 걸리는지를 측정함으로써 각각의 커패시터와 연결된 포토트랜지스터를 통하여 전하 손실이 일어나는 비율을 결정한다. 감쇠시간은 포토트랜지스터의 베이스에 도달하는 빛의 밝기에 따라 제어되는 전류 밸브를 얼마나 넓게 여는가에 따라 다르다. 더 밝은 빛은 더 빠른 감쇠를 의미하고, 더 어두운 빛은 천천히 감쇠하는 것을 의미한다.

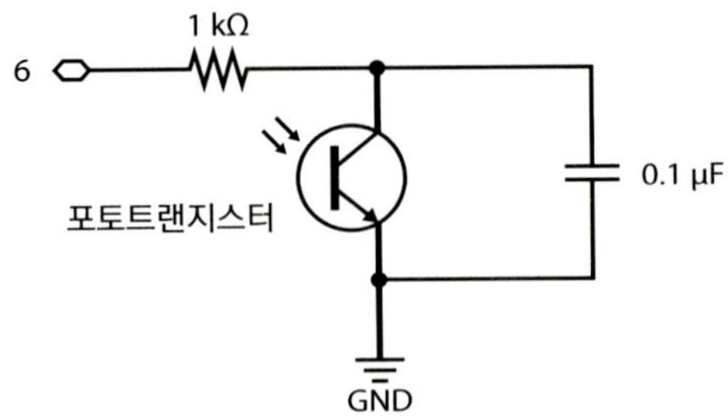

- **QT Circuit:** 전하 이동의 약자가 QT이다. 문자 Q는 전기적 전하이고 T는 이동을 나타낸다.
- **병렬 연결**: 그림에 나타난 포토트랜지스터와 커패시터는 병렬로 연결되어 있다. 각 단자의 하나는 공통 단자(또한 노드로 부른다)로 연결된다. 포토트랜지스터와 커패시터의 한 단자는 GND에 연결된다. 그리고 다른 하나의 단자는 동일한 1kΩ 저항 단자에 연결된다.

포토트랜지스터 회로 테스터하기

LeftLightSensor 스케치는 핀 8번 QT 회로에서 커패시터를 충전하고, 전압 감쇠 시간을 측정하여 [시리얼 모니터]에서 볼 수 있다. 다음 회로와 스케치에서 낮은 숫자가 밝은 빛을 의미한다는 점을 기억하자.

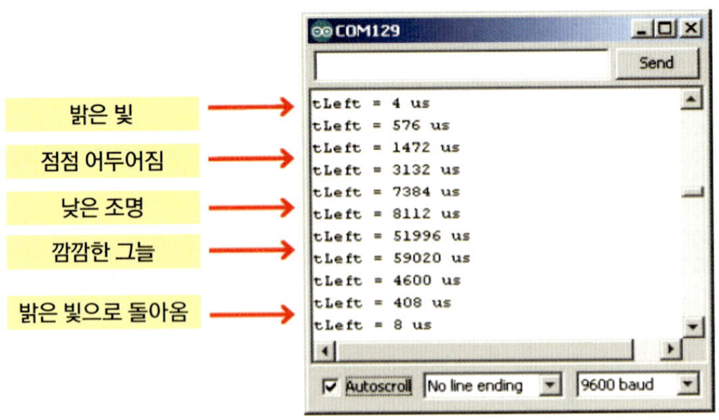

이 장의 나머지 부분에서는 빛 감지기술을 사용한다. 그래서 다른 환경조명에 대해 맞는 저항을 찾을 필요 없이 ABOT이 하나의 방에서 다른 방으로 움직일 수 있도록 만든다.

- 직사광선이 창문을 통해 안으로 비친다면 창문을 닫자.
- LeftLightSensor 입력하여 업로드하고 [시리얼 모니터]를 열자.
- [시리얼 모니터]에 디스플레이 된 값을 기록하자.
- [시리얼 모니터]가 값을 디스플레이하지 못하거나 한두 개 이후에 멈춘다면, 회로에 에러가 있을 수 있다. 이러한 징후가 나타나면 배선을 점검하고 다시 시도하자.
- 포토트랜지스터 회로 8번 핀 위에서 그림자를 만들기 위해 손을 사용하거나 책을 사용하자.
- 다시 [시리얼 모니터]에서 측정값을 점검하자. 그 값은 처음 값보다 더 커져야 한다. 이것 또한 기록하자.
- [시리얼 모니터]에 출력이 없거나 빛의 수준에 무관하게 하나의 값에 멈춰 있다면, 배선 에러일 수 있으므로 회로를 점검하자.
- 그림자를 더 어둡게 만들기 위하여 포토트랜지스터 위로 더 가깝게 어떤 물체를 움직여보자. 그리고 측정값을 기록하자.
- 강하게 그림자를 만들거나 심지어 손으로 감싸서 그림자를 만들고 측정하자.

```
/*
 * ABOT - LeftLightSensor
 * 왼쪽 빛 센서 감쇠시간 측정 및 표시.
 */
```

```
void setup()
{
tone(4, 3000, 1000);
  delay(1000);

  Serial.begin(9600);
```

```
}
void loop()
{
  long tLeft = rcTime(8);          // 왼쪽 rcTime -> tLeft 에 입력

  Serial.print("tLeft = ");        // "tLeft = " 출력
  Serial.print(tLeft);             // tLeft 값 출력
  Serial.println(" us");           // tLeft 단위 " us" 출력하고 새줄바꾸기

  delay(1000);                     // 1초 지연
}
                                   // rcTime 함수
long rcTime(int pin)               // returns decay time
{
  pinMode(pin, OUTPUT);            // 캐패시터 출력 설정
  digitalWrite(pin, HIGH);         // by 핀(pin) 출력을 HIGH로 설정
  delay(1);                        // 5 ms 동안 지연
  pinMode(pin, INPUT);             // pin을 입력(input) 으로 설정
  digitalWrite(pin, LOW);          // with no pullup
  long time = micros();            // 시간함수를 time 변수로
  while(digitalRead(pin));         // Wait for voltage < threshold
  time = micros() - time;          // 감쇠시간 계산
  return time;                     // 감쇠시간 반환
}
```

다른 포토트랜지스터 회로 테스트하기

조종 동작을 하기 전에 불빛으로 오른쪽 핀 6번 광센서 회로에 대하여 동일한 테스트를 실행할 필요가 있다. 조종 동작 이전에 두 개의 회로가 잘 동작해야 한다.

- rcTime을 호출할 때 핀 변수를 8에서 6으로 변경하자.
- tLeft의 모든 인스턴스를 tRight으로 바꾸자.
- 스케치를 동작시키고, 6번 핀의 광센서가 동작하는지 점검하자.

두 개의 포토트랜지스터 회로를 함께 테스트할 스케치를 별도로 갖는 것이 좋다.

- BothLightSensors로 스케치를 다시 저장하고, 코멘트를 갱신하자.
- loop 함수를 아래처럼 바꾸자.
- 한쪽이 방안의 가장 밝은 광원 방향을 가리키고 다른 한 쪽이 방안의 밝은 광원을 벗어나는 방향을 가리킬 때까지 ABOT을 회전시키자.[시리얼 모니터]의 tLeft와 tRight 사이에서 얻을 수 있는 가장 큰 차이는 무엇인가?

```
void loop()                                   // Main loop auto-repeats
{
  long tLeft = rcTime(8);                     // Left rcTime -> tLeft
  Serial.print("tLeft = ");                   // Display tLeft label
  Serial.print(tLeft);                        // Display tLeft value
  Serial.print(" us     ");                   // Display tLeft units

  long tRight = rcTime(6);                    // Left rcTime -> tRight
  Serial.print("tRight = ");                  // Display tRight label
  Serial.print(tRight);                       // Display tRight value
  Serial.println(" us");                      // Display tRight units + new-
line
  delay(1000);                                // 1 second delay
}
```

rcTime과 전압 감쇠

빛의 양이 적을 때, rcTime 함수는 int 혹은 word 변수를 사용하면 측정값이 너무 크기 때문에 저장할 수 없다. 저장 용량의 다음 단계는 long 변수이다. 이것은 –2,147,483,648부터 2,147,483,647까지의 값을 저장할 수 있다. 그래서 long rcTime (int *pin*) 함수 정의는 함수가 실행되고 long 값을 반환한다. 또한 측정할 핀 번호가 어느 핀인지를 알 필요가 있다.

long rcTime(int *pin*)

전하 이동(charge transfer) 측정은 다음의 7단계로 한다.

1. 커패시터를 충전하도록 I/O 핀을 HIGH로 놓자.
2. 커패시터가 충분히 충전될 때까지 기다리자.
3. I/O 핀을 입력으로 바꾸자.
4. 시간을 확인하자.
5. 전압이 아두이노의 2.1V 문턱 전압 아래로 내려갈 때까지 기다리자.
6. 다시 시간을 확인하자.
7. 6단계의 시간에서 4단계의 시간을 빼자. 이것이 감쇠 시간이다.

```
{
  pinMode(pin, OUTPUT);           // Step 1, part 1
  digitalWrite(pin, HIGH);        // Step 1, part 2
  delay(1);                       // Step 2
  pinMode(pin, INPUT);            // Step 3 part 1
  digitalWrite(pin, LOW);         // Step 3, part 2
  long time = micros();           // Step 4
  while(digitalRead(pin));        // Step 5
  time = micros() - time;         // Step 6 & 7
  return time;
}
```

이번 스케치에서, 1단계는 두 개의 하위 단계로 구성된다. 먼저 pinMode(pin, OUPUT)는 I/O핀을 출력으로 설정하고, digitalWrite(pin, HIGH)는 회로에 5V를 공급한다. 3단계도 I/O핀이 HIGH 신호를 전송하기 때문에 두 개의 하위 단계로 구성된다. 스케치가 I/O핀의 방향을 output-high에서 input으로 바꿀 때, 회로에서 10kΩ의 저항을 더하고, 이후 그 저항이 제거되어야 한다. pinMode(pin, INPUT)가 저항을 제거한 이후 digitalWrite(pin, LOW)를 더하는 것은 커패시터가 포토트랜지스터를 통하여 전하를 방출시키기 위한 것이다.

심화 주제 : 전압 감쇠 그래프

아래 그래프는 BothLightSensors 스케치가 실행되는 동안 ABOT의 좌측과 우측 QT 회로 전압응답을 보여준다. 시간에 따른 응답전압을 측정하고 그래프로 보여주는 장치를 오실로스코프(*oscilloscope*)라고 부른다. 두 개의 전압신호를 그래프하는 두 개의 측정선을 파형(trace)이라고 부른다. 위쪽 파형에 대한 전압 배율은 왼쪽을 따르고, 아래쪽 파형에 대한 전압 배율은 오른쪽을 따른다. 두 개 파형의 시간 배율은 아래쪽을 따른다. BothLightSensors에서 각 명령이 실행될 때마다 파형 위에 나타낸다. 그래서 전압신호가 어떻게 응답하는지를 알 수 있다.

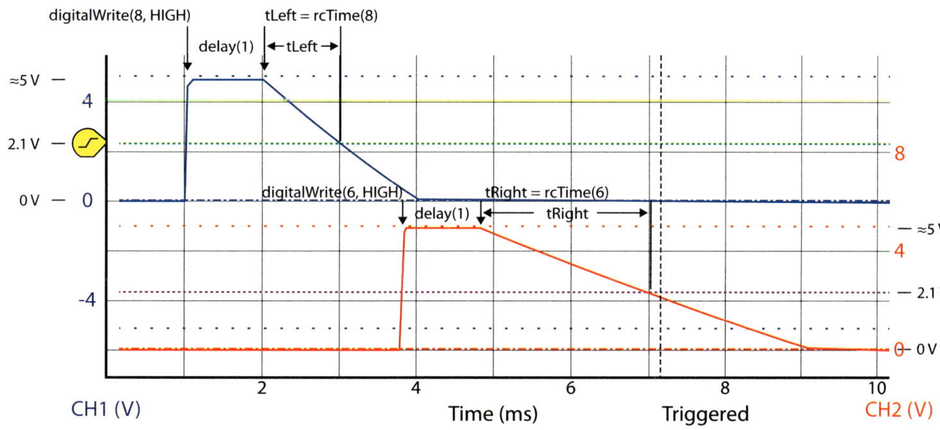

위 그래프 파형은 핀 8번 QT회로의 커패시터 전압(왼쪽 광센서)을 그린 것이다. digitalWrite(8, HIGH)에 대한 응답에서 전압은 0V부터 거의 5V까지 1ms 빠르게 올라간다. 신호는 delay(1) 동안 5V 근처에 있다. 2ms 표시에서 rcTime 호출이 감소가 시작되도록 한다. rcTime 함수는 전압이 약 2.1V 부근까지 감쇠하는 데 걸리는 시간을 측정하고, tLeft 변수에 그것을 저장한다. 그래프에서는 감쇠가 약 1ms 정도 되는 것처럼 보이고, 그래서 tLeft 변수는 1000에 가까운 값을 저장해야 한다.

그래프에서 아래 파형은 핀 6번 QT 회로의 커패시터 전압(오른쪽 광센서)을 그린 것이다. 측정은 왼쪽 센서 측정이 종료된 이후 시작한다. 전압은 감쇠시간이 약 2ms 걸리는 것만 제외하고 위쪽 파형과 유사한 형태로 변화한다. tRight는 2000에 가까운 값을 저장한다. 이 값이 커지면 더 늦은 감쇠를 나타내고, 더 낮은 빛 레벨을 나타낸다.

실습3

로밍(Roaming)을 위한 빛 측정

우리는 지금 다양한 광원 조건에서 동작할 수 있는 회로를 가지고 있다. 이제 여기에 적용될 수 있는 어떤 코드가 필요하다. 변경할 수 없는 예제 스케치 코드는 다음과 같다.

```
if(tLeft > 2500)…            // 이동에 적합하지 않음.
```

만약 코드가 방안의 그림자를 극복하고 잘 동작한다고 하더라도, 또 다른 더 밝은 빛을 만나면 그림자를 감지하지 못한다. 반대로 더 어두운 방으로 옮기더라도 오랜 시간 동안 찾지 못한다. 주행을 위하여 각 센서에 대한 빛의 레벨을 알려주는 실제 숫자는 문제 되지 않는다. 문제는 두 센서가 얼마나 많은 빛을 감지하느냐이다. 따라서 로봇은 센서가 더 밝은 빛을 찾는 방향으로 회전할 수 있다(혹은 더 밝은 빛으로부터 멀어질 수 있다).

해답은 간단하다. 오른쪽 센서 측정치를 두 개의 합으로 나누자. 결과는 항상 0과 1의 범위 내에 있게 된다. 이 기술은 정규화 미분(*normalized differential*) 측정의 예제이다. 이것은 다음 식으로 표현할 수 있다.

$$\text{정규화 미분 측정치} = \frac{tRight}{tRight + tLeft}$$

예를 들어 0.25의 정규화 미분측정은 오른쪽 센서의 밝기가 왼쪽 밝기의 1/2이라는 것을 의미한다. tRight와 tLeft의 실제 값은 밝은 방에서는 작아지고 어두운 방에서는 커질 것이지만, 왼쪽 빛이 오른쪽 센서에 대한 밝기의 1/2배이면 해답은 여전히 0.25가 될 것이다. 0.5의 측정값은 tRight와 tLeft의 값이 동일하다는 것을 의미한다. 둘 다 함께 커질 수 있고 작아질 수 있지만, 결과가 0.5라면 동일한 밝기의 빛의 레벨을 감지한다.

여기에 또 다른 방법이 있다. 정규화 미분 측정으로부터 0.5를 빼보자. 그러면 결과값이 0과 1사이 대신에 −0.5에서 +0.5 범위의 값으로 변화하고, 측정값 0은 서로 동일한 밝기를 의미한다. 이러한 결과가 영점 조정된 정규화 미분 측정치(*zero-justified* normalized differential shade measurement)이다.

$$\text{영점 조정된 정규화 미분 측정치} = \frac{tRight}{tRight + tLeft} - 0.5$$

그러면 왜 그렇게 하는가? 양수와 음수가 바퀴 속도 조절에 사용될 수 있기 때문에 −0.5 ~ +0.5범위는 주행 스케치에 더 좋다. 아래 스케치는 영점 조정된 미분 측정치이다.

```
float ndShade;                          // Normalized differential shade
ndShade = tRight / (tLeft + tRight) - 0.5; // Calculate it and subtract 0.5
```

마지막 측정치는 ndShade로 이름 붙여진 소수점 변수에 저장되므로 먼저 선언된다. 다음 줄에서 영점 조정된 미분 측정치 연산이 실행된다. 결과값은 tLeft에 비하여 tRight가 감지하는 전체 그림자 비율을 나타내는 −0.5~0.5 사이의 값이 된다. ndShade가 0일 때, 그것은 tRight와 tLeft가 동일한 값이라는 것을 의미하고 그래서 센서들이 동일한 밝기의 불빛을 감지한다는 것을 의미한다. ndShade가 −0.5에 가까워질수록 우측 센서가 더 어두운 그림자이고, ndShade가 0.5에 가까워지면 좌측 센서의 그림자가 더 어둡다는 것이다. 이것은 주행할 때 매우 유용하다. 먼저 [시리얼 모니터] 로 그것을 테스트해 보자.

예제 스케치

LightSensorValues

다음 화면 캡처는 LightSensorValues 스케치가 실행되는 [시리얼 모니터] 예제를 나타낸다. 우측 센서 위의 그림자 때문에 ndShade값이 약 0.4이고, 좌측 센서 위의 그림자로는 ndShade 값이 약 −0.4가 된다.

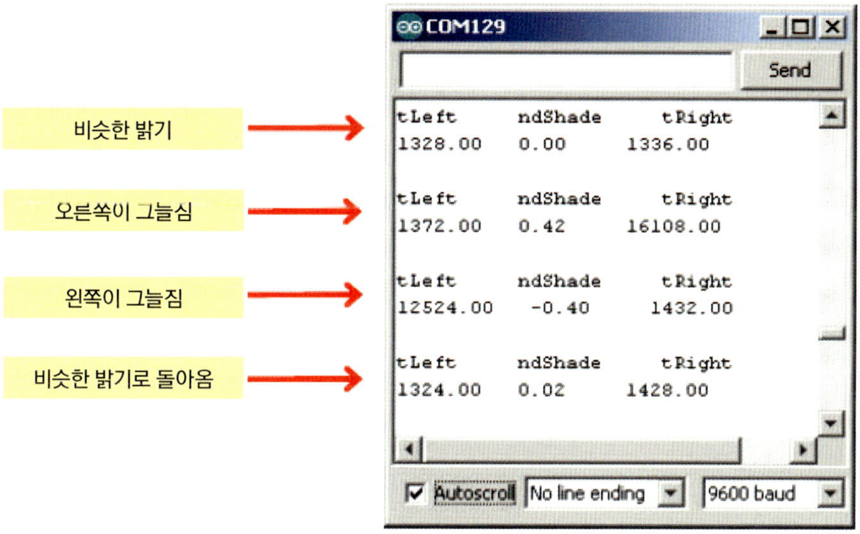

- 근처 창문에서 직사광선이 들어오지 않는지 확인하자. 실내 불빛이 좋은데, 직사광선은 여전히 센서가 과동작하는 상태가 된다.
- ABOT의 좌측 센서 위에 그림자를 드리울 때 음수가 나오는지를 점검하고, 더 어둡게 하면 더 큰 음수로 나타나는지 점검하자.
- ABOT의 우측 센서 위에 그림자를 드리울 때 양수가 나오는지를 점검하고, 더 어둡게 하면 더 큰 양수로 나타나는지를 점검하자.
- 두 개의 센서가 동일한 수준의 불빛이나 그림자에 대하여 ndShade 값이 0에 가까운지를 점검하자.

- 두 개 센서 위에 동일한 그림자를 만들자. 전체 불빛의 수준이 내려가더라도 ndShade의 값은 여전히 0에 가깝게 있어야 한다.

```
/*
 * ABOT - LightSensorValues
 * [시리얼 모니터]에서 tLeft, ndShade와 tRight 표시.
 */

void setup()
{
   tone(4, 3000, 1000);
   delay(1000);

   Serial.begin(9600);
}

void loop()
{
   float tLeft = float(rcTime(8));    // Get left light & make float
   float tRight = float(rcTime(6));   // Get right light & make float

   float ndShade;                     // Normalized differential shade
   ndShade = tRight / (tLeft+tRight)-0.5;//Calculate it and subtract 0.5
   // Display heading
   Serial.println("tLeft     ndShade     tRight");
   Serial.print(tLeft);               // Display tLeft value
   Serial.print("   ");               // Display spaces
   Serial.print(ndShade);             // Display ndShade value
   Serial.print("     ");             // Display more spaces
   Serial.println(tRight);            // Display tRight value
   Serial.println(' ');               // Add an extra newline

   delay(1000);                      // 1 second delay
}

long rcTime(int pin)                 // rcTime measures decay at pin
{
```

```
    pinMode(pin, OUTPUT);            // Charge capacitor
    digitalWrite(pin, HIGH);         // ..by setting pin ouput-high
    delay(5);                        // ..for 5 ms
    pinMode(pin, INPUT);             // Set pin to input
    digitalWrite(pin, LOW);          // ..with no pullup
    long time  = micros();           // Mark the time
    while(digitalRead(pin));         // Wait for voltage < threshold
    time = micros() - time;          // Calculate decay time
    return time;                     // Returns decay time
}
```

측정 빛의 그래프 표시

아래 [시리얼 모니터] 캡처 화면은 ndShade 변수 값을 그림으로 나타낸 예제이다. 별표(asterisk)는 빛이나 그림자가 두 개 센서에 걸쳐서 같다면 –0.5~0.5 사이 중간점에 있을 것이다. ABOT의 우측 센서 위의 그림자가 더 어둡다면 별표는 스케일에서 우측에 위치한다. 좌측 센서 위의 그림자가 더 어둡다면 별표는 좌측에 위치한다. 더 큰 그림자/불빛의 대조비는 별표 위치를 중심으로부터 더 멀게 한다.

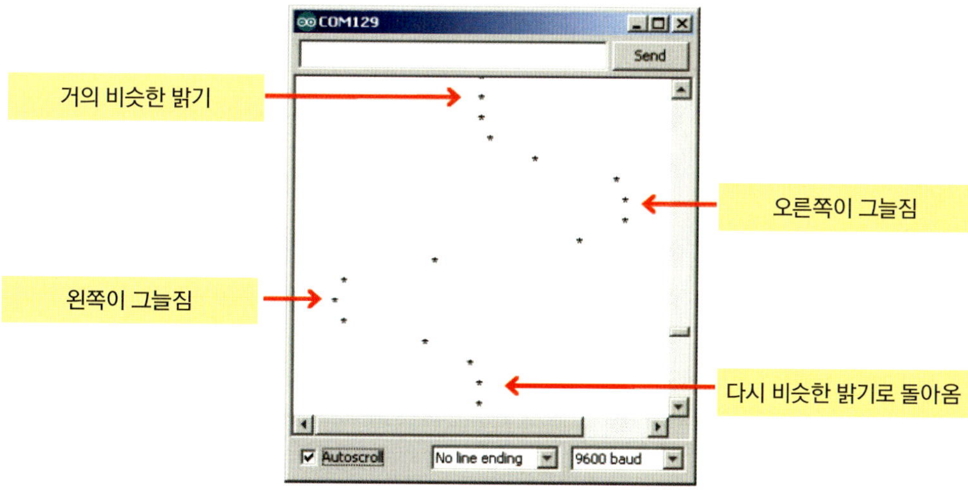

- LightSensorDisplay 스케치를 아두이노로 업로드하자.
- 각각의 광센서 위로 서로 다른 그림자를 드리우도록 시도해 보고, [시리얼 모니터]에서의 별표가 어떻게 응답하는지 살펴보자. 두 개의 센서 위로 동일한 그림자를 드리우면 별표는 계속 중간에 있어야 한다는 점을 명심하자. 두 개의 센서 사이에서 차이가 있다면 센서가 더 어두운 것을 인식한다는 것을 의미한다.

```
/*
 * ABOT - LightSensorDisplay
 * Displays a scrolling graph of ndShade. The asterisk positions ranges
 * from 0 to 40 with 20 (middle of the display) indicating same light on
 * both sides.
 */
```

```
void setup()
{
  tone(4, 3000, 1000);
  delay(1000);

  Serial.begin(9600);
}

void loop()
{
  float tLeft = float(rcTime(8));  // Get left light & make float
  float tRight = float(rcTime(6)); // Get right light & make float

  float ndShade;                   // Normalized differential shade
  ndShade = tRight / (tLeft+tRight) - 0.5; //Calculate it and subtract 0.5

  for(int i = 0; i<(ndShade * 40) + 20; i++) //Place asterisk in 0 to 40
  {
     Serial.print(' ');            // Pad (ndShade * 40) + 20 spaces
  }
  Serial.println('*');             // Print asterisk and newline
```

```
    delay(100);                              // 0.1 second delay
  }

  long rcTime(int pin)                       // rcTime measures decay at pin
  {
    pinMode(pin, OUTPUT);                    // Charge capacitor
    digitalWrite(pin, HIGH);                 // ..by setting pin ouput-high
    delay(5);                                // ..for 5 ms
    pinMode(pin, INPUT);                     // Set pin to input
    digitalWrite(pin, LOW);                  // ..with no pullup
    long time  = micros();                   // Mark the time
    while(digitalRead(pin));                 // Wait for voltage < threshold
    time = micros() - time;                  // Calculate decay time
    return time;                             // Returns decay time
  }
```

LightSensorDisplay의 동작 방법

loop 함수는 좌측과 우측 광센서에 대한 rcTime 측정을 반복하고 측정된 값을 tLeft와 tRight에 저장한다.

```
void loop()                                  // Main loop auto-repeats
{
  float tLeft = float(rcTime(8));            // Get left light & make float
  float tRight = float(rcTime(6));           // Get right light & make float
```

ndShade가 유동 소수점 변수로 선언된 후, tLeft와 tRight가 영점 조정된 정규화 미분 측정값을 얻기 위해 사용된다. 그 결과는 –0.5~0.5 사이에 존재하며 ndShade에 저장된다.

```
  float ndShade;                            // Normalized differential shade
  ndShade = tRight / (tLeft+tRight) - 0.5;  // Calculate it and subtract 0.5
```

다음에, 별표를 프린트하도록 loop 동안 커서를 우측 위치에 둔다. ndShade 값을 가져와서 40을 곱한다. 또한 ndShade가 −0.5라면 앞쪽 20칸을 남겨두고 프린트하도록 ndShade 값에 20을 더해야 한다. 그래서 $(-0.5 \times 40) + 20 = 0$이다. 이제 ndShade가 0이고, 20칸을 남기기를 원한다면 $(0 \times 40) + 20 = 20$이다. 만약 +0.5이고 40칸을 남기고 프린트하고 싶다면 $(0.5 \times 40) + 20 = 40$이다. 물론 0.25처럼 사이에 어떤 것이 있다면 $(0.25 \times 40) + 20 = 30$이다. 그래서 중간과 맨 오른쪽 사이의 절반을 프린트한다.

```
  for(int i = 0; i<(ndShade * 40) + 20; i++) // Place asterisk in 0 to 40
  {
      Serial.print(' ');                      // Pad (ndShade * 40) + 20 spaces
  }
```

빈 칸을 프린트한 후에 한 개의 별표가 선 위에 프린트된다. println은 프린트를 실행하고, 반복을 통하여 별표가 다음 줄에 표시되도록 새로운 줄을 더한다.

```
  Serial.println('*');                  // Print asterisk and newline
  delay(100);                           // 0.1 second delay
}
```

실습4

광선 추적 루틴 점검

ABOT이 광선 방향으로 따라가도록 만드는 한 가지 방법은 그림자를 따라가지 않도록 하는 것이다. ABOT의 측면으로부터 감지되는 광선 사이의 차이가 작거나 또는 많을 때 ABOT이 조금 또는 많이 회전하도록 만들기 위한 ndShade 변수를 사용할 수 있다.

그늘진 곳의 주행 결정

ABOT이 우측 그림자로부터 멀어지도록 회전을 잘하게 하는 If 문장이 여기에 있다. 프로그램은 두 개의 int 변수 speedLeft와 speedRight를 선언하는 것으로부터 시작한다. 이것들은 loop 함수에서 나른 블록들이 그 값을 검사할 것이기 때문에 if… else블록 내에서는 선언되지 않는다. 다음에 if(ndShade 〉 0.0)는 로봇의 우측 측면으로 그림자가 감지되면, ABOT이 어둠으로부터 멀어지게 회전하도록 왼쪽 바퀴의 속도를 천천히 낮추는 코드블록을 가지고 있다. 이것을 하기 위해 ndShade * 1000.0은 200으로부터 차감된다. speedLeft로 그 결과를 할당하기 이전에, int(200.0 – (ndShade × 1000.0)는 부동 소수점 해답을 정수형으로 바꾼다. 정수형 값을 필요로 하는 4장 동작함수와 호환되는 값을 만들기 위해 다음과 같이 실시한다.

```
int speedLeft, speedRight;                  // Declare speed variables

if (ndShade > 0.0)                          // Shade on right?
{                                           // Slow down left wheel
    speedLeft = int(200.0 - (ndShade * 1000.0));
    speedLeft = constrain(speedLeft, -200, 200);
    speedRight = 200;                       // Full speed right wheel
}
```

다음 그림은 ndShade가 0.125일 때 어떻게 동작하는지를 예제로 보여준다. 왼쪽 바퀴는 200 − (0.125 × 1000) = 75이기 때문에 속도가 느려진다. 선형 속도 제어가 100에서 −100 사이 범위에 있기 때문에 최대 속력의 약 3/4으로 바퀴를 구동한다. 한편 speedRight는 최대 속력으로 전진하도록 200으로 놓는다.

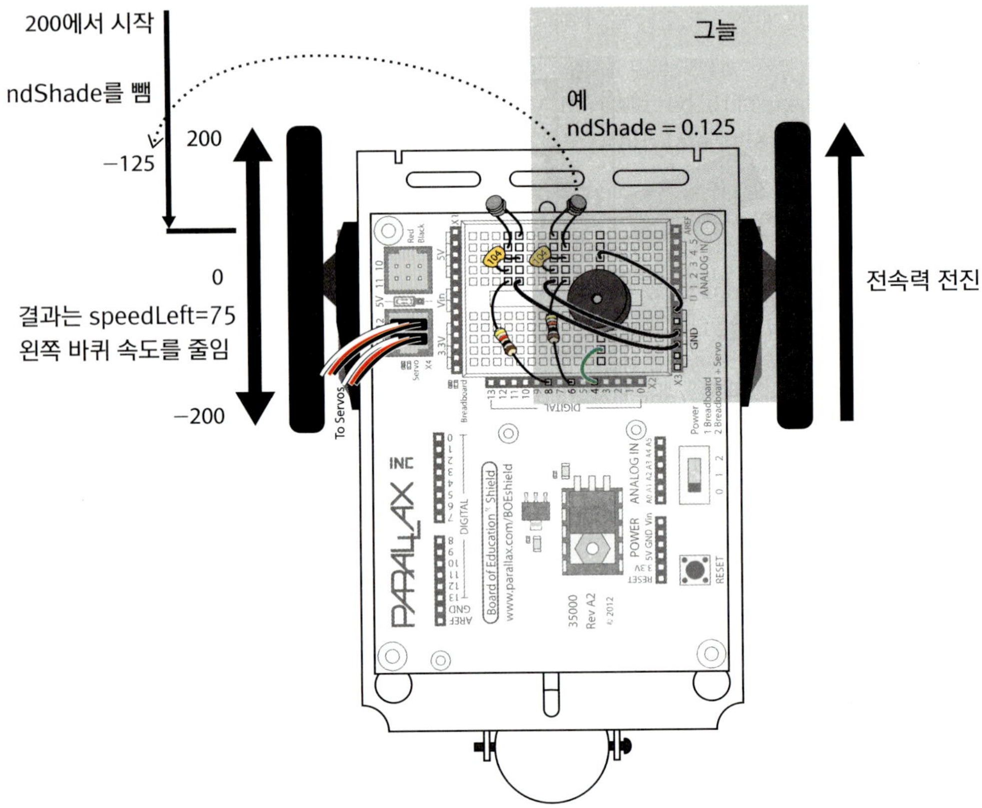

ndShade가 커지면 커질수록, 기준값 200에서 큰 값을 빼주게 된다. 이 장의 예제에서 문제는 없다. 그러나 ndShade가 0.45이라면, speedLeft 변수값으로 −250을 저장하려고 한다. 원하는 속도가 −200과 200까지의 범위 내에 있도록 동작(maneuver) 함수를 요구하기 때문에, 우리는 speedLeft가 제한구역을 벗어나지 않도록 아두이노의 constrain 함수를 사용한다. speedLeft = constrain(speedLeft, −200, 200).

아래의 else 문장은 ABOT이 좌측의 그림자로부터 멀어지면서 회전하도록 한다. 이것은 우측 바퀴를 천천히 회전하게 하고 좌측 바퀴는 전속력으로 전진하도록 한다. (ndShade*1000)에 200을 더한다. 이것은 if(ndShade >0.0)에 대한 else 문장이다. 그래서 이것은 ndShade가 0과 같거나 더 작을 때 사용된다. ndShade가 −0.125이면, speedRight = int(200.0 + (ndShade * 1000.0))는 $200 + (-1.25 \times 1000) = 200 - 125 = 75$로 평가한다. constrain 함수는 speedRight를 제한하도록 다시 사용한다.

```
else                                         // Shade on Left?
{                                            // Slow down right wheel
    speedRight = int(200.0 + (ndShade * 1000.0));
    speedRight = constrain(speedRight, -200, 200);
    speedLeft = 200;                        // Full speed left wheel
}
```

[시리얼 모니터]로 주행 결정 테스트

실제로 주행 결정을 테스트하기 전에 [시리얼 모니터]로 변수 값을 살펴볼 수 있다. 그래서 동작 함수를 호출하지 않고, 먼저 올바른 값을 갖는지를 알아보기 위하여 Serial.print를 사용해 보자.

```
  Serial.print(speedLeft, DEC);             // Display speedLeft
  Serial.print("    ");                     // Spaces
  Serial.print(ndShade, DEC);               // Display ndShade
  Serial.print("      ");                   // More spaces
  Serial.println(speedRight, DEC);          // Display speedRight

  delay(2000);                              // 1 second delay
}
```

print와 println은 좌측 열에서 speedLeft의 값을 보여주는 화면으로 나타나고, 우측 열에서 speedRight, 그리고 두 개 사이에서 ndShade를 보여주도록 한다. 주의 깊게 살피자. 더 밝은 빛 측면은 항상 전속력 전진을 위해 200을 표시할 것이고, 다른 한쪽은 200보다 더 작은 값으로 속도가 느려진다(그림자가 어두울수록 더 작은 값이 됨).

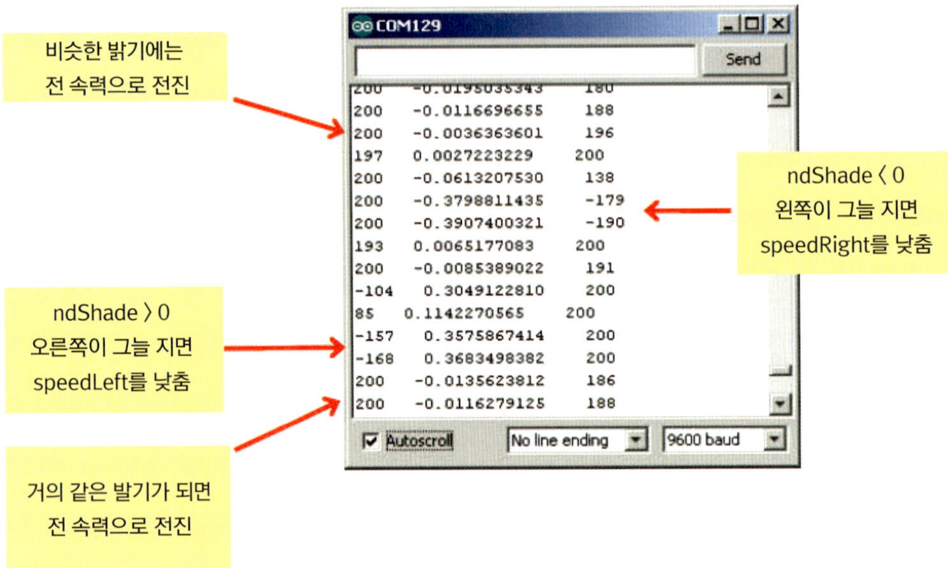

예제 스케치

Light Seeking Display

- 전원 스위치를 1에 놓았는지 확인하자.
- LightSeekingDisplay 스케치를 입력하고 저장하여 업로드하자.
- [시리얼 모니터]를 열자.
- ABOT의 우측 광센서 위에 서로 다른 그림자를 만들어 보자. speedLeft 속도를 늦추고, 그림자의 양을 바꾸어 보자.
- 좌측 바퀴 속도가 느려지는지를 검사하도록 좌측 광센서로 동일하게 시도해 보자.

두 개의 센서에 더 많은 그림자를 만들어 보자. 그림자가 두 개 센서에 동일하기 때문에 ndShade는 0에 가까워져야 한다(speedLeft 와 speedRight는 바퀴 속도가 느려지기 전에 100까지 감소해야 한다).

```
/*
 * ABOT - LightSeekingDisplay
 * Displays speedLeft, ndShade, and speedRight in Serial Monitor. Veri-
   fies
 * that wheel speeds respond correctly to left/right light/shade condi-
   tions.
 */
```

```
 void setup()
 {
    tone(4, 3000, 1000);
    delay(1000);

    Serial.begin(9600);
 }

 void loop()
 {
    float tLeft = float(rcTime(8));  // Get left light & make float
    float tRight = float(rcTime(6)); // Get right light & make float

    float ndShade;                   // Normalized differential shade
    ndShade = tRight / (tLeft+tRight)-0.5; //Calculate it and sub-
    tract 0.5

    int speedLeft, speedRight;       // Declare speed variables

    if (ndShade > 0.0)               // Shade on right?
    {                                // Slow down left wheel
        speedLeft = int(200.0 - (ndShade * 1000.0));
        speedLeft = constrain(speedLeft, -200, 200);
        speedRight = 200;            // Full speed right wheel
 }
```

```
  else                                // Shade on Left?
  {                                   // Slow down right wheel
    speedRight = int(200.0 + (ndShade * 1000.0));
    speedRight = constrain(speedRight, -200, 200);
    speedLeft = 200;                 // Full speed left wheel
  }

  Serial.print(speedLeft, DEC);       // Display speedLeft
  Serial.print("   ");                // Spaces
  Serial.print(ndShade, DEC);         // Display ndShade
  Serial.print("    ");               // More spaces
  Serial.println(speedRight, DEC);    // Display speedRight

  delay(1000);                        // 1 second delay
}

long rcTime(int pin)                  // rcTime measures decay at pin
{
```

실습5

불빛으로 ABOT 조종하기

여기서 LightSeekingDisplay 스케치는 실제로 하고 있는 무언가를 화면에 표시하기 위해 4가지 사항이 필요하다.

1. Serial.print 호출 제거
2. 서보 코드 추가
3. 동작함수(maneuver function) 추가
4. 동작함수에 speedLeft와 speedRightAdd를 통과할 반복함수로 호출

결과는 LightSeekingShieldBot 스케치이다.

- LightSeekingShieldBot를 아두이노에 입력하고 저장하여 업로드한다.
- 건전지 팩을 연결하여 ABOT을 마룻바닥에 놓고, 전원 스위치를 2에 놓는다.
- ABOT이 돌아다니도록 해보자. 그리고 좌측과 우측 광센서 위에 그림자를 만들어 보자. 로봇이 그림자를 외면한다.

```
/*
 * ABOT - LightSeekingShieldBot
 * 빛을 향하여 전진하고 그림자는 피한다.
 */

#include <Servo.h>          // Include servo library

Servo servoLeft;            // Declare left and right servos
```

```
Servo servoRight;

void setup()                          // Built-in initialization block
{
  tone(4, 3000, 1000);                // Play tone for 1 second
  delay(1000);                        // Delay to finish tone

  servoLeft.attach(13);               // Attach left signal to pin 13
  servoRight.attach(12);              // Attach right signal to pin 12
}

void loop()                           // Main loop auto-repeats
{
  float tLeft = float(rcTime(8)); // Get left light & make float
  float tRight = float(rcTime(6));// Get right light & make float

  float ndShade;                     // Normalized differential shade
  ndShade = tRight/(tLeft+tRight)-0.5; //Calculate it and subtract 0.5

  int speedLeft, speedRight;         // Declare speed variables

  if (ndShade > 0.0)                 // Shade on right?
  {                                  // Slow down left wheel
    speedLeft = int(200.0 - (ndShade * 1000.0));
    speedLeft = constrain(speedLeft, -200, 200);
    speedRight = 200;               // Full speed right wheel
  }
  else                              // Shade on Left?
  {                                 // Slow down right wheel
    speedRight = int(200.0 + (ndShade * 1000.0));
    speedRight = constrain(speedRight, -200, 200);
    speedLeft = 200;               // Full speed left wheel
  }

  maneuver(speedLeft, speedRight, 20);          // Set wheel speeds
}
```

```
long rcTime(int pin)              // rcTime measures decay at pin
{
   pinMode(pin, OUTPUT);          // Charge capacitor
   digitalWrite(pin, HIGH);       // ..by setting pin ouput-high
   delay(5);                      // ..for 5 ms
   pinMode(pin, INPUT);           // Set pin to input
   digitalWrite(pin, LOW);        // ..with no pullup
   long time  = micros();         // Mark the time
   while(digitalRead(pin));       // Wait for voltage < threshold
   time = micros() - time;        // Calculate decay time
   return time;                   // Returns decay time
}

// maneuver function
void maneuver(int speedLeft, int speedRight, int msTime)
{
   servoLeft.writeMicroseconds(1500+speedLeft);// Set Left servo
   // speed
   servoRight.writeMicroseconds(1500 - speedRight);
                                  // Set right servo speed
   if(msTime==-1)                 // if msTime = -1
   {
      servoLeft.detach();         // Stop servo signals
      servoRight.detach();
   }
   delay(msTime);                 // Delay for msTime
}
```

여러분 차례

광선/그림자 감도 조정

빛에 더 민감하게 하려면, 다음 두 줄 명령에서 1000을 더 큰 값으로 변경하자.

```
speedLeft = int(200.0 - (ndShade * 1000.0));
speedRight = int(200.0 + (ndShade * 1000.0));
```

덜 민감하게 하려면, 1000을 더 작은 값으로 변경하자.

loop 함수에 조종할 수 있는 ABOT을 위한 여러 가지 광감지 주행 아이디어들이 있다.

- ABOT이 광선 대신 그림자를 따르도록 if…else 문장 앞에 “ndShade = -ndShade right”를 놓는다. 이것이 왜 어떻게 동작하는지 궁금하면 이 장의 끝 부분의 프로젝트 2를 점검한다.
- 매우 밝은 조건과 어두운 조건을 감지함으로써 밝은 장소와 어두운 장소에서 돌아다니는 것을 마친다. tLeft와 tRight를 더하고, 결과를 높은 문턱 전압(어두움) 혹은 낮은 문턱 전압(밝음)과 비교하자.
- 제자리에 머무르거나 광원을 따라 움직이도록 광 나침반처럼 ABOT 함수를 만든다.
- 로봇이 물체 주위를 탐지하거나 항해할 수 있도록 빛을 향해 움직이는 것에 더듬이를 포함한다.

CHAPTER 6

요약

이 장은 로봇 조종을 위해 밝은 빛과 어두움을 감지할 수 있는 한 쌍의 광센서 사용법에 초점이 맞춰져 있다. 많은 전자공학 개념과 프로그램 기법들이 소개된다.

전자공학

- 포토트랜지스터가 무엇인가? 그리고 베이스, 에미터 그리고 컬렉터를 어떻게 찾는가?
- 자외선, 가시광선 그리고 적외선의 파장 대역은 무엇인가?
- 환경조명은 무엇을 의미하는가?
- 디지털 센서와 아날로그 센서의 차이는 무엇인가?
- 옴의 법칙은 무엇이고, 포토트랜지스터 회로 응답전압을 맞추기 위하여 저항을 어떻게 사용하는가?
- 출력 전압회로에서 간단한 디지털 센서로 포토트랜지스터 사용하기
- 커패시터는 무엇이고, 피코패러데이 단위로 표시된 작은 커패시터는 얼마나 작은 양인가?
- 저항-커패시터 전하 이동 회로(QT회로로도 불리어짐)에서 아날로그 센서로 포토트랜지스터 사용하기
- 부품이 직렬과 병렬로 연결된다는 것은 어떤 의미인가?
- 전압 감쇠가 무엇이고, 저항-커패시터 회로에서 어떻게 이용되는가?

프로그래밍

- 아날로그 센서 출력으로부터 전압 값을 얻기 위한 아두이노 analogRead 함수의 사용법

- 아날로그 센서로부터 측정하기 위한 저항-커패시터 회로에서 스케치는 전압 감쇠를 어떻게 측정할 수 있는가?
- 변수 값을 위한 상향 한계와 하향 한계를 설정하기 위한 아두이노 constrain 함수를 어떻게 사용하는가?

로보틱스 수단

- 빛에 반응하는 자율 센서 주행을 위한 한 쌍의 포토트랜지스터 사용하기

기술 수단

- 회로와 코드 루틴의 서브시스템 점검하기
- 아날로그 입력으로부터 10비트 값을 아두이노에 제공하는 상황에서의 개념
- 영점 조정된 정규화 미분 측정을 위한 방정식 사용하기

CHAPTER 6

도전

포토트랜지스터 출력 전압 회로

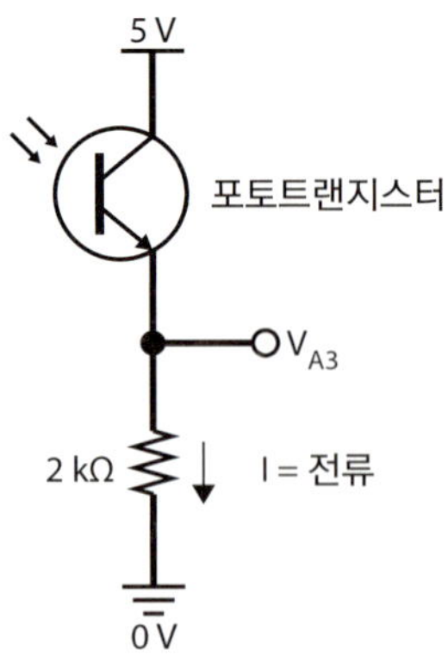

질문Questions

1. 트랜지스터는 무엇을 조절하는가?
2. 포토트랜지스터 끝은 어느 단자인가?
3. 단자를 구분하도록 포토트랜지스터 플라스틱 케이스의 납작한 지점을 어떻게 사용할 수 있는가?
4. 포토트랜지스터는 다음 중 어느 색에 더 민감한가? 빨강 또는 초록
5. 빛이 더 밝아진다면 회로에서 V_{A3}가 어떻게 반응하는가?
6. V_{A3}가 증가 또는 감소하기 위해 위 회로에서 포토트랜지스터는 어떤 동작을 하는가?
7. 빛에 더 민감하도록 위 회로를 어떻게 수정할 수 있는가?
8. 입력으로 설정되어야 할 I/O핀으로 공급되는 전압이 문턱 전압 위 또는 아래일 때 무슨 일이 일어나는가?
9. 커패시터가 축적한 전하량이 감소한다면, 단자 전압에는 무슨 일이 일어나는가?

연습문제Exercise

1. 회로에서 I = 1mA일 경우 V_{A3}에 대하여 계산하라.
2. 회로에서 V_{A3}가 4.5V라면 저항을 통과하는 전류를 계산하라.
3. 105로 적혀 있는 커패시터의 값을 계산하라.
4. 핀 7번으로 지연시간을 측정하는 rcTime문장을 작성하라. 그리고 tDecay로 이름 붙여진 변수에 결과를 저장하라.
5. 아두이노가 양쪽 끝에서 1001의 감쇠 값을 측정한다면 ndShade 측정값이 얼마인지 계산하라.
6. [시리얼 모니터]에서 50개의 등호 기호를 표시하는 반복문을 작성하라.

프로젝트Project

1. 실습 1에서, HaltUnderBrightLight sketch와 함께하는 회로는 이 과정의 끝

에서 ABOT을 불빛 아래에서 멈추게 한다. 시간이 제한되어 있고, 광원 조건을 모르고 있다면 어떻게 할 것인가? 그 장소에서 ABOT을 보정해야 한다. ABOT이 밝은 빛을 감지할 때 반복적으로 피에조 스피커가 "삐" 음을 내는 스케치와 환경조명을 감지할 때 조용하게 유지하는 스케치가 이런 작업에 유용한다. 실습1에서 이와 같이 동작하는 스케치를 작성하고 점검한다.

2. ABOT을 이리저리 돌아다니게 만들고 불빛 대신에 어두움을 찾도록 하는 프로그램을 개발한다. 이와 같은 응용은 이 장에 소개된 광 감지하는 눈 만들기 회로로부터 전하 이동 회로를 이용해야 한다.
3. ABOT이 형광등 불빛이 유일한 광원인 방안에서 책상 위의 밝은 백열등 방향으로 움직이도록 하는 프로그램을 개발한다. ABOT은 백열등 방향으로 움직일 수 있어야 하고 백열등 아래에서 움직여야 한다. 이 응용은 전하 이동 회로를 사용해야 한다.

CHAPTER 6

해답

질문 해답 Question Solutions

1. 전류의 양은 컬렉터로 흘러 들어가고 베이스를 통과하여 흘러나온다.
2. 포토트랜지스터의 컬렉터와 에미터 끝은 단자로 연결되어 있다.
3. 평평한 지점에 가까운 단자가 에미터이다. 평평한 지점과 멀리 떨어져 있는 단자는 컬렉터이다.
4. 빨강색 파장이 적외선 파장에 더 가깝다. 그래서 빨강에 더 민감해야 한다.
5. V_{A3}는 빛의 양과 함께 증가한다.
6. 포토트랜지스터는 더 많은 전류와 더 작은 전류를 저항으로 공급한다.

7. 2kΩ 저항을 더 큰 값으로 변경한다.
8. 공급전압이 문턱 전압 이상이라면, 입력은 핀이 1의 값을 저장하는 비트를 예약한다. 만약 문턱 전압 아래라면, 입력은 0을 저장하는 비트를 예약한다.
9. 전압이 감소한다.

연습 해답Exercise Solutions

1. $V = I \times R = 0.001\ A \times 2000\Omega = 2V$.
2. $V = I \times R \rightarrow I = V \div R = 4.5 \div 2000 = 0.00225A = 2.25mA$.
3. 105 → 10에 5개의 0를 붙인다. 그리고 1pF을 곱한다. $1{,}000{,}000 \times 1pF = (1 \times 10^6) \times (1 \times 10^{-12})\ F = 1 \times 10^{-6}\ F = 1\mu F$.
4. long tDecay = rcTime(7);
5. ndShade = tRight / (tLeft + tRight) − 0.5 = 1001 ÷ (1001 + 1001) − 0.5 = 0.5 − 0.5 = 0.
6.

```
for(int i = 1; i<=50; i++) // Repeat 50 times
{
  Serial.print('=');       // one = char each time through
}
```

프로젝트 해답

1. 이것은 HaltUnderBrightLight의 수정 버전이다.

```
/*
 * ABOT - Chapter 6, Project 1
 * Chirp when light is above threshold. Will require updating value of
 * threshold & retesting under bright light to get to the right value.
 */
```

```
void setup()                          // Built-in initialization block
{

  tone(4, 3000, 1000);                // Play tone for 1 second
  delay(1000);                        // Delay to finish tone
}
void loop()                           // Main loop auto-repeats
{
  if(volts(A3) > 3.5)                 // If A3 voltage greater than 3.5
  {
      tone(4, 4000, 50);              // Start chirping
      delay(100);
  }
}

float volts(int adPin)                // Measures volts at adPin
{                                     // Returns floating point voltage
  return float(analogRead(adPin)) * 5.0 / 1024.0;
}
```

2. 이것의 해답은 LightSeekingShieldBot를 복사하고, loop 함수에 ndShade = –ndShade 명령을 더 추가한다. if…else문장 바로 전에 그것을 추가하자. 회피할 그림자 대신에 회피할 밝은 빛을 가리킨다. 또 다른 접근은 tLeft/(tLeft + tRight)와 동등한 ndLight 계산을 사용한다. 스케치에서 ndShade를 ndLight로 바꿔야 한다.
3. 문턱 값을 결정하도록 LightSensorValues를 사용하자. tLeft + tRight를 취하는 것이 최선이다. 이것을 테스트하도록 LightSensorValues를 사용할 수 있다. 밝은 빛 수준에 이르는 방법의 1/4 값으로 시작한다. 그래서 밝은 빛에 대하여 tLeft + tRight = 4000과 400이라면, 400 + 1/4 × (4000 – 400) = 400 + 900 = 1300 값을 사용한다. 다음에 HaltUnderBrightLight부터 LightSeekingShieldBot의 메인 loop까지 유사한 if 문장을 그것에 추가하자. HaltUnderBrightLight는 전압 출력회로를 사용하기 때문에 보다 더 크게 뜻

의 (>)연산자를 사용한다. 보다 더 작은 값은 더 밝은 빛을 의미하기 때문에 QT회로를 위해 보다 더 작은 뜻의 (<)연산자를 필요로 한다. 또한 1300.0처럼 부동소수점 값으로 문턱 값을 표현한다. 다음이 소수점 문턱 값 예제이다.

```
// Add this if condition to stop under the bright lamp.
   if((tRight + tLeft) < 1300.0)   // tLeft+tRight < 1300?
   {
       servoLeft.detach();            // Stop servo signals
       servoRight.detach();
   }
```

여기 LightSeekingShieldBot의 수정된 버전에 트릭을 추가한다. 여전히 광선 상태에 따라 그것을 계산해야 한다.

```
/*
 * ABOT - Chapter 6, Project 3
 * Roams toward light and away from shade.
 */
```

```
#include <Servo.h>                    // Include servo library
Servo servoLeft;                      // Declare left and right servos
Servo servoRight;

void setup()                          // Built-in initialization block
{
   tone(4, 3000, 1000);               // Play tone for 1 second
   delay(1000);                       // Delay to finish tone
   servoLeft.attach(13);              // Attach left signal to pin 13
servoRight.attach(12);                // Attach right signal to pin 12
}

void loop()                           // Main loop auto-repeats
{
```

```
  float tLeft = float(rcTime(8));     // Get left light & make float
  float tRight = float(rcTime(6));    // Get right light & make float
  // Add this if condition to stop under the bright lamp.
  if((tRight + tLeft) < 1300.0)       // If A3 voltage greater than 2
  {
      servoLeft.detach();             // Stop servo signals
      servoRight.detach();
  }

  float ndShade;                      // Normalized differential shade
  ndShade = tRight / (tLeft+tRight) - 0.5;//Calculate it and subtract 0.5

  int speedLeft, speedRight;          // Declare speed variables

  if (ndShade > 0.0)                  // Shade on right?
  {                                   // Slow down left wheel
      speedLeft = int(200.0 - (ndShade * 1000.0));
      speedLeft = constrain(speedLeft, -200, 200);
      speedRight = 200;               // Full speed right wheel
  }
  else                                // Shade on Left?
  {                                   // Slow down right wheel
      speedRight = int(200.0 + (ndShade * 1000.0));
      speedRight = constrain(speedRight, -200, 200);
      speedLeft = 200;                // Full speed left wheel
  }
  maneuver(speedLeft, speedRight, 20); // Set wheel speeds
}
long rcTime(int pin)                   // rcTime measures decay at pin
{
  pinMode(pin, OUTPUT);          // Charge capacitor
  digitalWrite(pin, HIGH);       // ..by setting pin ouput-high
  delay(5);                      // ..for 5 ms
  pinMode(pin, INPUT);           // Set pin to input
  digitalWrite(pin, LOW);        // ..with no pullup
  long time  = micros();         // Mark the time
  while(digitalRead(pin));       // Wait for voltage < threshold
```

```
  time = micros() - time;    // Calculate decay time
  return time;               // Returns decay time
}
// maneuver function
void maneuver(int speedLeft, int speedRight, int msTime)
{
  servoLeft.writeMicroseconds(1500 + speedLeft); // Set Left servo speed
  servoRight.writeMicroseconds(1500 - speedRight);
                                             // Set right servo speed
  if(msTime==-1)                             // if msTime = -1
  {
      servoLeft.detach();                    // Stop servo signals
      servoRight.detach();
  }
  delay(msTime);                             // Delay for msTime
}
```

CHAPTER

[7]

적외선으로 ABOT 조종하기

이미 실습한 바와 같이 더듬이가 직접 물체에 닿아 감지하는 것과 달리 물체에 접촉하지 않고 물체가 있는지 알 수 있다면 더 좋지 않을까? 적외선(infrared headlights)을 사람의 눈처럼 만들어 보자. 각각의 지시등은 튜브 안에 들어있고 적외선 LED가 손전등처럼 빛을 앞으로 보내도록 되어 있다. 각각의 눈 역할은 적외선 수신부(infrared receiver)가 하는데, 물체에서 반사된 LED 빛을 감지해 HIGH 또는 LOW 신호를 보낸다. 다음 그림은 적외선으로 물체를 감지하는 모습이다.

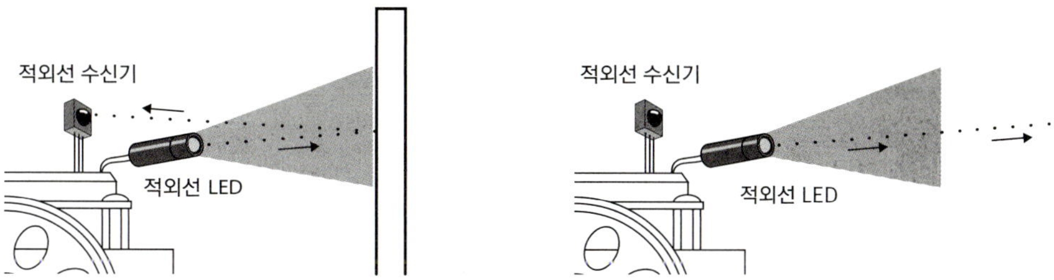

적외선 반사됨 물체 감지됨　　　　적외선 반사되지 않음, 물체 감지되지 않음

적외선과 신호

적외선(Infrared, IR)은 일반적으로 사람이 눈으로 볼 수 없다. 적외선 수신부(infrared receiver)는 적외선 빛을 감지한다. 주변 환경의 빛을 감지하지 않고 적외선 빛이 있는지 없는지 매우 빨리 감지하도록 설계해 보자.

LED 송신부를 작은 손전등으로 만들어 사용하자.

우리가 사용하는 적외선 LED는 실제로 TV 리모콘의 LED와 같다. 리모콘은 TV에 메시지를 보내기 위해 IR LED 빛을 쏜다. TV에는 수신부가 있어서 마이컴이 수신된 빛을 해석한다. TV 리모콘은 약 38kHz(초당 38,000회) 대역에서 IR LED를 매우 빠르게 깜박여서 메시지를 보낸다.

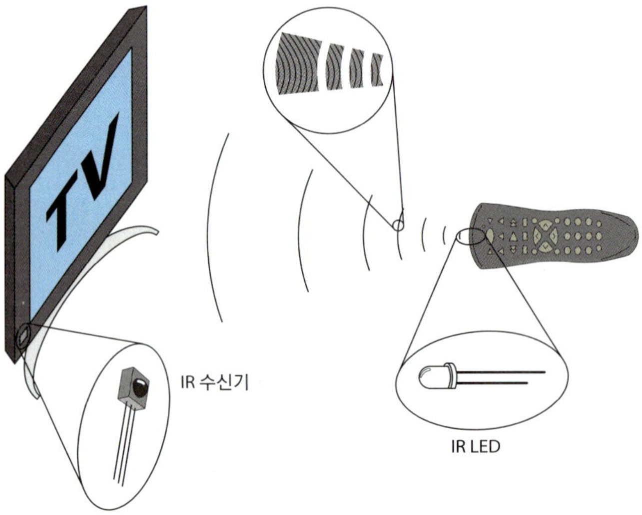

IR 수신부는 오로지 대역 범위에서 깜박이는 적외선만 받는다. 태양과 백열등에서 나오는 적외선은 막는다.

디지털 카메라, 휴대전화 카메라, 웹 카메라 안에 있는 카메라 센서는 모든 적외선 빛을 감지할 수 있다. 따라서 PC 카메라를 통해서 보면 적외선 LED가 켜져 있는지 꺼져 있는지 볼 수 있다. 리모콘의 버튼을 누르면 화면 속에 흰 빛이 깜박이는 적외선 LED를 살펴 볼 수 있다.

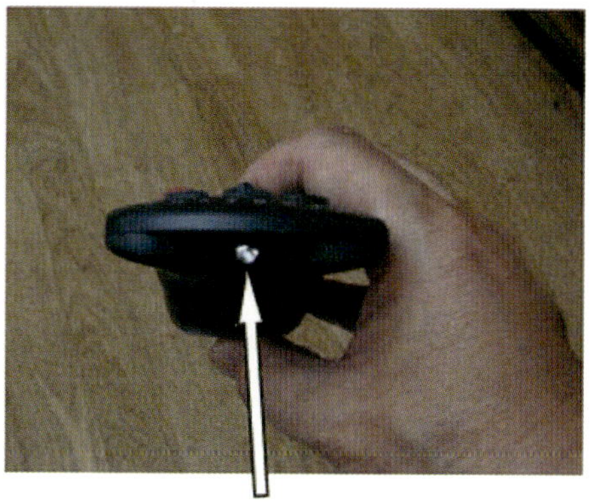

버튼을 누르고 있어도 IR LED는 다르지 않음

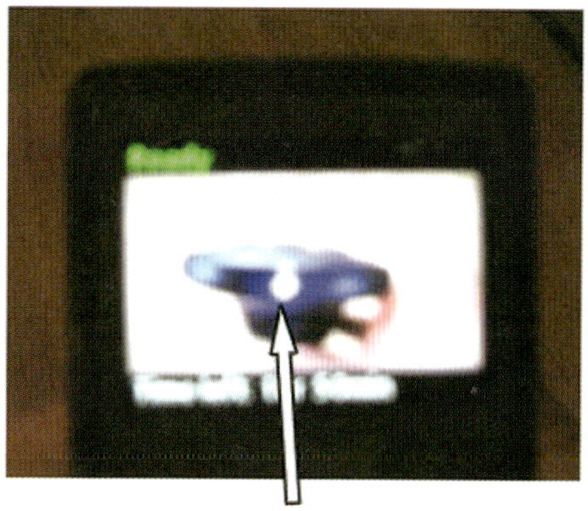

디지털 카메라를 통해 보면 IR LED가 밝은 흰색의 빛이 반짝이는 것이 보임

디지털 카메라 안에 들어있는 이 픽셀 센서는 빨강(Red), 초록(Greed), 파랑(Blue) 빛의 세기를 감지한다. 또 적외선도 감지하는데 흰색으로 표시된다.

> 적외선은 빨간색(red)과 아래라는 의미의 접두사 Infra를 합성하여 Infrared라고 영어로 표기하는데, 빨간색 빛의 파장 주파수보다 적은 주파수를 의미한다. IR LED 송신부는 파장의 길이가 980 나노미터(nanometer, nm로 표시)로 전송되고 IR 수신부도 파장이 같은 것을 감지한다. 이 파장은 적외선 범위 내에 있다. 원적외선 범위는 2000 ~ 10,000nm이며, 범위 내에 있는 특정 파장은 나이트 비전 고글 및 적외선 온도 감지를 위해 사용된다.

실습1

목표물 감지기 만들기와 테스트

이 장에서는 ABOT에서 사용되는 적외선 물체 감지기를 만들고 테스트한다.

부품 목록

- IR 수신기(IR receivers) 2개
- IR LEDs 투명 케이스 2개
- IR LED 차단통(shield assemblies) 2개
- 저항, 220Ω (빨강–빨강–갈색) 2개
- 저항, 2kΩ (빨강–검정–빨강) 2개

부품 목록의 그림은 아래와 같다.

LED와 포토트랜지스터의 모양이 닮아서 자세히 구분을 해야 한다. 적외선 LED는 둥근 플라스틱의 튀어나온 부분이 좀 더 길고 둥글다.

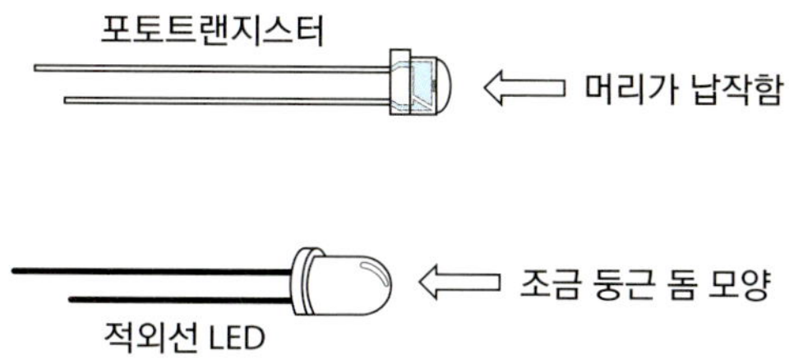

IR 전조등 조립하기

IR LED를 LED 지지대(두 개 중 더 큰 것)에 다음의 순서로 아래 그림처럼 끼운다.

- IR LED는 LED 지지대에 딸깍 끼운다.
- IR LED의 투명 플라스틱 케이스 위에 짧은 튜브를 끼운다. 튜브의 끝에 링을 LED 지지대에 꼭 끼게 맞춘다.
- 사용하는 동안 조립된 부품들이 서로 떨어지지 않게 투명 테이프를 이용하여 붙이면 편리하다.

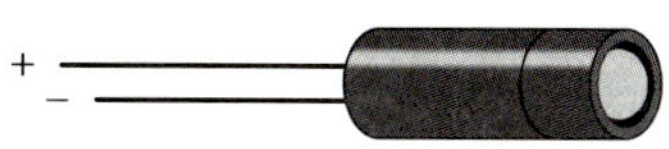

IR 물체 감지 회로와 IR 목표물 감지 회로

다음 그림은 IR 물체 감지 회로도이다. 하나의 IR 물체 감지자(IR LED와 수신부는 한 쌍이다)는 ABOT의 브레드보드 가장 앞의 한쪽 코너에 끼운다.

- 전원을 끄고 프로그래밍 케이블을 빼낸다.
- 부품을 배치할 때 배선도를 참고하여 아래 그림과 같이 회로를 완성하자.
- IR LED의 양극을 각각 2kΩ 저항에 연결하자. 음극선은 브레드보드에서 IR 수신부의 가운데 핀과 같이 연결하자. 그리고 점퍼선은 GND에 연결하자.

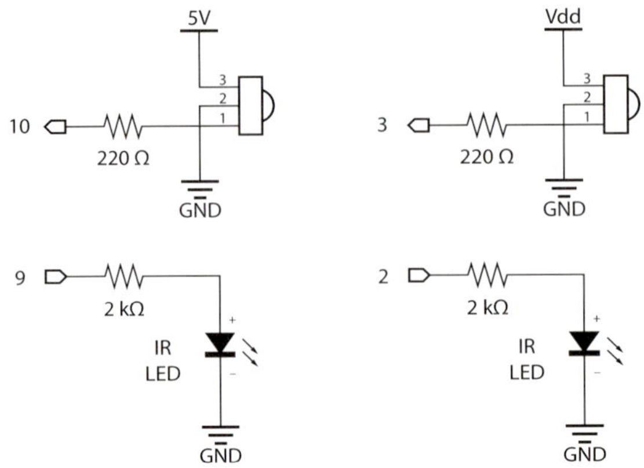

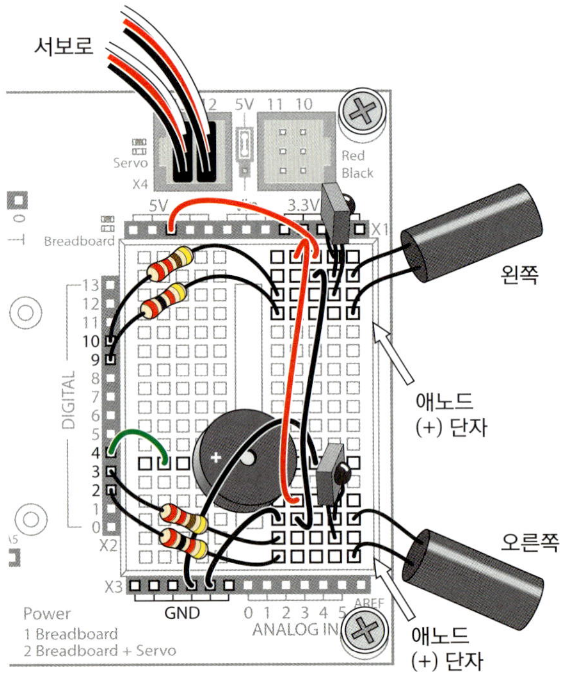

⚠

IR LED의 양극과 음극을 확인하자.

IR LED에서 양극선은 길다. 음극선은 짧고, 플라스틱 케이스를 잘라서 편편하게 된 쪽이다.

물체 감지 테스트 코드

ABOT의 적외선 수신부는 38kHz 근처의 주파수에서 적외선 빛(980nm)을 감지하도록 설계되었다. IR LED를 on/off 상태로 만들기 위해, 우리는 각 스케치를 시작할 때 스피커에서 "삐" 소리를 내는 것과 비슷한 방법을 사용할 수 있다.

적외선 감지는 다음 세 단계를 따른다.

1. IR LED on/off를 38kHz 주파수로 비춘다.
2. 1/1000초 또는 조금 더 지연시킨다.
3. IR 수신부의 상태를 확인한다(높은 신호: 감지 안 됨, 낮은 신호: 감지됨).

왼쪽 IR LED(핀 9번)와 IR 수신부(핀 10) 예제가 있다.

```
tone(9, 38000, 8);              // IRLED가 38kHz로 최소 1ms 지속
delay(1);                       // 1ms (1/1000)초 기다림
int ir = digitalRead(10);       // IR 수신기 -> IR 읽기
```

음정(tone)은 약 1.1ms 동안 지속된다.

tone(9, 38000, 8)은 8ms 동안 38kHz 신호를 보내지만, 실제로 아두이노의 SW버전 v1.0에서는 1.1ms 동안만 지속된다. 38kHz는 사람이 들을 수 없는 너무 높은 소리인 ultrasonic(초음파)의 범위이다. 귀로 들을 수 있는 범위는 20Hz에서 20kHz이다.

tone 함수는 초당 38000번 high/low를 반복하는 파장을 발생시킨다. 아두이노 SW v1.0에서 실험해 보면 8ms 동안 보내면 38kHz 주파수의 사각 파형을 1.1ms 동안 만 만든다. tone 함수는 배경(background)으로 처리된다.

IR 수신부는 38 KHz 신호에 반응하기 위한 천분의 몇 십초 단위가 필요하다. delay(1)은 ir = digitalRead(10)이 IR 수신부의 출력이 준비될 때까지 기다려서 호출되는 것을 막는다.

다음 스케치는 세 개의 매개변수로 irDetect라고 하는 함수를 정의한다. 하나는 IR LED 핀이고, 다른 하나는 IR 수신부를 정의하고 나머지는 IR LED를 깜박이는 주기를 설정하기 위한 것이다.

```
int irDetect(int irLedPin, int irReceiverPin, long frequency)
// loop 함수에서 irDetect를 호출한다.
int irLeft = irDetect(9, 10, 38000);    // 실제 적용 예
```

이 호출은 irLedPin 매개변수에 9를 할당하고, irReceiverPin에 10을 할당하고 frequency에 38000을 할당한다. 이 함수는 적외선을 감지하여 물체를 감지하지 않았을 때 1을 리턴하고 물체를 감지하였을 때 0을 리턴한다. 리턴 값은 irLeft에 저장된다.

예제 스케치

TestLeft

이 스케치는 ABOT의 왼쪽 IR 감지기만 테스트한다. 양쪽 회로 중 하나만 먼저 해보자. 그 다음에 양쪽을 통합하자. 선 연결과 코드가 정확한지를 확인하자.

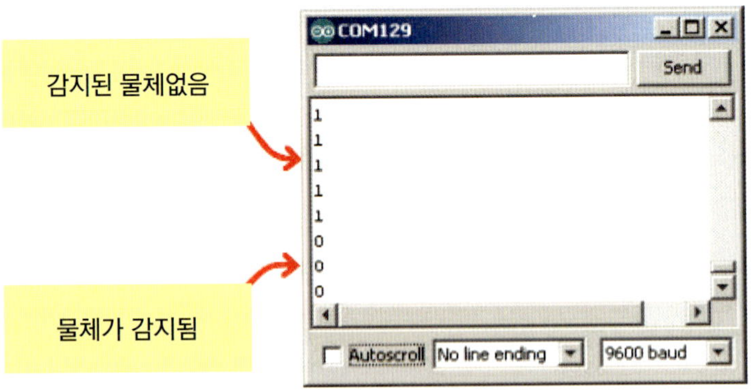

- 전원을 아두이노에서 끈다.
- 3지점 스위치를 1지점에 놓는다.
- 코드를 입력하고 저장한 다음 아두이노에 TestLeftIr을 업로드한다.

```
/*
 * ABot - TestLeftIR
 * IR 감지기가 물체를 감지하지 않으면 1을 표시하고
 * 물체를 감지하면 0을 표시한다.
 */
```

```
void setup()
{
  tone(4, 3000, 1000);           // 1초 동안 tone 함수 동작
  delay(1000);                   // tone 함수가 종료 될 때 까지 기다림
  pinMode(10, INPUT); pinMode(9, OUTPUT);// 왼쪽 IR LED & 수신기
  Serial.begin(9600);            // 9600bps로 데이터 전송률 설정
}

void loop()
{
  int irLeft = irDetect(9, 10, 38000);  // 물체 확인
  Serial.println(irLeft);               // 1/0 출력(비감비/감지)
  delay(100);                           // 0.1초 지연

// IR 물체 감지 함수
int irDetect(int irLedPin, int irReceiverPin, long frequency)
{
  tone(irLedPin, frequency, 8);          // IRLED 38kHz를 최소 1ms
  delay(1);                              // 1ms 기다림
  int ir = digitalRead(irReceiverPin);  // IR 수신 -> ir 변수
  delay(1);                              // 다시 읽기 전에 잠시 쉼
  return ir;                             // 리턴 1 물체없음, 0 감지
}
```

- ABOT의 USB 케이블을 연결하고, 스케치를 입력하여 업로드시킨 후 [시리얼 모니터]를 연다.
- 손이나 종이와 같은 물체를 IR 물체 감지기에서 1인치(2-3cm) 정도 앞에 둔다.
- 장애물이 감지되지 않으면 [시리얼 모니터]에 1이, 장애물이 감지되면 0이 표시된다.
- 성공하였면 오른쪽 IR 물체 감지기를 테스트해 보자. 예상 값이 표시되지 않으면 도움말을 참고하자.

오른쪽 IR 물체 감지기 테스트

오른쪽 IR 물체 감지기를 테스트하기 위해 스케치를 수정하려면 irLeft를 irRight로 고치고, 회로를 테스트하기 위해 핀 번호를 정확히 적는다. 다음은 변경하기 위한 순서이다.

- TestLeftIr를 TestRightIr로 변경하여 저장한다.
- pinMode(10, INPUT); pinMode(9, OUTPUT)를 pinMode(3, INPUT); pinMode(2, OUTPUT)으로 변경한다.
- int irLeft = irDetect(9, 10, 38000)를 int irRight = irDetect(2, 3, 38000)으로 변경한다.
- Serial.println(irLeft)를 Serial.println(irRight)로 변경한다.
- ABOT의 오른쪽 IR 물체 감지기를 위해 테스트 단계를 반복한다.
- 회로나 코드 오류는 도움말을 참고하자.

실습2

실제 테스트

이번 실습에서는 [시리얼 모니터]의 도움 없이 물체를 감지하였는지를 알려주는 지시자 LED를 만들고 테스트한다. PC나 노트북이 없어도 확인할 수 있어 편리하고, IR 감지기 회로에 문제가 있는가 확인할 때 필요하다.

또한 형광등 빛에서 발생하는 적외선의 간섭을 "탐지"하는 스케치를 한다. 어떤 형광등 빛은 적외선 LED에서 보내는 신호와 비슷한 신호를 보낸다. 형광등은 "안정기"라고 하는 전압 조정 장치가 내부에 있다. 어떤 안정기는 38.5kHz 적외선 신호로 발산하기 때문에 IR 감지기와 같은 파장으로 작동한다. 방향을 조정하기 위한 IR 물체 감지기를 사용할 때 이 간섭 때문에 ABOT이 이상한 행동을 할 수도 있다.

LED 지시 회로 추가하기

LED 지시 회로는 더듬이에서 사용한 것과 비슷하다. 선을 연결할 때 양극과 음극을 주의해야 한다.

필요한 부품들

- 빨강색 LED 2개
- 저항, 220Ω(빨강 – 빨강 – 갈색) 2개

- 프로그래밍 케이블과 전원 공급선을 뺀다.
- ABOT에 부품의 위치를 맞추기 위해 배선도를 참고하여 빨간색 LED를 회로도에서 보는 것처럼 추가하자.

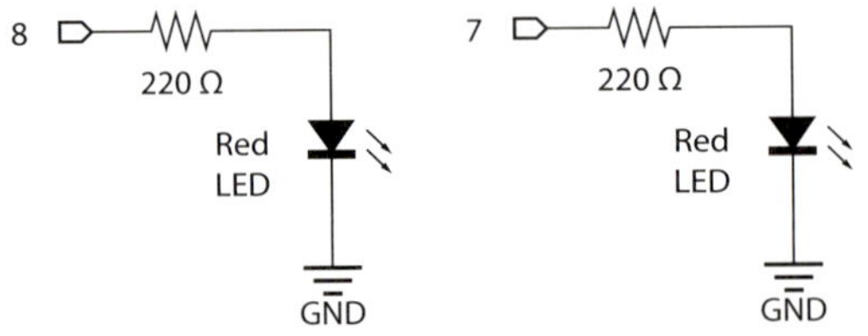

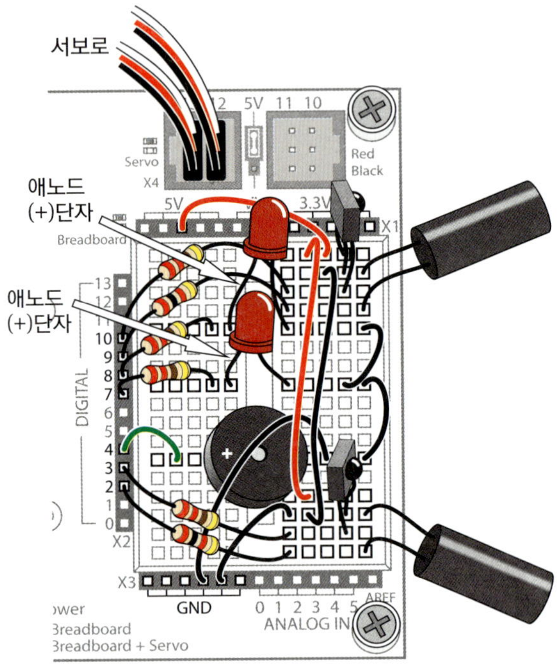

시스템 테스트하기

이 시스템은 구성 요소들이 많아 배선 에러가 날 가능성이 높다. 그래서 적외선 감지기가 작동하는 것을 확인하는 테스트가 중요하다. ABOT에서 프로그래밍 케이블을 분리하기 전에 이 스케치를 이용하여 회로를 확인한다.

예제 스케치

TestBothIrAndIndicators

- 프로그래밍 케이블과 전원 케이블을 연결하고 전원 스위치를 1에 놓는다.
- TestBothIrAndIndicators 코드를 입력하고 저장한 다음 아두이노에 업로드하자.
- 업로드한 다음에 스피커에서 맑은 뚜 소리가 나는지 확인하자.
- 물체가 앞에 있을 때 각 IR 감지기로부터 아두이노가 '0'을 받고 있는지 확인하기 위해 [시리얼 모니터]를 사용하자.
- 왼쪽 IR 감지기 앞에 물체가 있을 때 왼쪽(8번 핀)의 빨간색 LED가 빛을 내는지 확인하자.
- 오른쪽 IR 감지기와 7번 핀 LED에 반복해서 실험하자.

```
/*
 * ABOT - TestBothIrAndInciators
 * Test both IR detection circuits with the Serial Monitor. Displays 1 if
 * the left IR detector does not detect an object, or 0 if it does.
 * Also displays IR detector states with indicator LEDs.
 */
void setup()
{
  tone(4, 3000, 1000);       // 1초동안 tone을 연주
  delay(1000);               // 연주할 동안 1초 기다림
  pinMode(10, INPUT); pinMode(9, OUTPUT); // 왼쪽 IR LED & 수신기
  pinMode(3, INPUT);  pinMode(2, OUTPUT); // 오른쪽IR LED & 수신기
  pinMode(8, OUTPUT); pinMode(7, OUTPUT); // LED 표시기
```

```
  Serial.begin(9600);              // 9600bps로 데이터 전송률 설정
}
 void loop()
{
  int irLeft = irDetect(9, 10, 38000); // 왼쪽 물체 확인
  int irRight = irDetect(2, 3, 38000); // 오른쪽 물체 확인
  digitalWrite(8, !irLeft);        // IR상태와 반대 되도록 LED 상태
  digitalWrite(7, !irRight);
  Serial.print(irLeft);            // 오른쪽 1/0 없음/검출 출력
  Serial.print("  ");
  Serial.println(irRight);         // 왼쪽 1/0 없음/검출 출력
  delay(100);                      // 0.1초 지연
}
// IR 물체 감지 함수
int irDetect(int irLedPin, int irReceiverPin, long frequency)
{
  tone(irLedPin, frequency, 8);   // 1ms 동안 IRLED 38kHz
  delay(1);                        // 1ms 기다림
  int ir = digitalRead(irReceiverPin);// IR 수신기-> ir 함수
  delay(1);
  return ir;                       // 1 없음, 0 검출 리턴
}
```

TestBothIrAndIndicators 코드 설명

irDetect 함수는 irDetect와 irRight 두 개를 호출한 후 물체가 감지되지 않으면 1을 저장하고 물체가 감지되면 0을 저장한다. 스케치는 지시자의 불빛이 irLeft와 irRight의 값에 따라 켜짐/꺼짐을 반복하도록 하기 위해 if…else를 사용할 수도 있고 다른 방법도 있다.

이 스케치는 iRight의 값을 직접 사용한다. irLeft가 0을 저장할 때 하나만 받고 빨간색 지시 LED를 켠다. 그리고 1이 저장되면 LED를 끈다. 1은 LED를 켜는 지시자이고 0은 끄는 지시자이기 때문에 digitalWrite(8, irLeft)를 사용하면 우리가 원하는

반대 값을 받을 수 있다. 이 스케치는 irLeft 저장 값을 반전시키기 위해 not 연산자(!)를 사용한다. 자, 이제 digitalWrite(8, !irLeft)는 IrLeft 값을 반전한다. 그래서 0을 저장할 때 LED가 켜지고, 1을 저장할 때 LED가 꺼진다. 같은 방법으로 오른쪽 IR 감지기와 LED 지시자에 적용할 수 있다.

> digitalWrite(8, !irLeft)에서 Not(!) 연산자는 변수에서 이진 값을 반전시킨다.
>
> HIGH(상수 1)는 불이 켜지고 LOW(상수 0)는 불이 꺼지는 digitalWrite 함수 값의 매개변수를 적용한다. 변수 값을 사용할 때 digitalWrite 함수는 변수의 가장 오른쪽 이진수 자리를 사용한다. 즉 1은 불이 켜지고 0은 불이 꺼진다. 그래서 irLeft가 0일 때는(물체 감지) !irLeft는 이진수 00000000을 11111111로 변경하게 된다. 가장 오른쪽 자리수가 1이기 때문에 불이 켜진다. irLeft는 1일 때 실제 이진 수는 00000001이다. !irLeft 구문의 결과는 11111110이 된다. 가장 오른쪽 자리수가 0이므로 불이 꺼진다.

거리 테스트와 원격 테스트 Remote Testing and Range Testing

LED가 작동하면, ABOT에서 프로그래밍 케이블을 빼내고 다양한 물체를 감지하는 테스트를 할 수 있다. 어떤 물체는 적외선을 더 잘 반사하기 때문에 IR 물체 감지기가 더 멀리 있는 물체를 감지할 수 있을 것이고 어떤 것은 매우 가까이 있어야 한다.

- ABOT에서 프로그래밍 케이블을 분리하고, 다른 방향과 범위에서 물체 감지를 다시 해보자.
- 색상이 있는 물체를 감지하는지 거리를 실험해 보자. 가장 가까운 거리에서 감지되는 색상과 표면은 무엇인가? 가장 멀리서 감지되는 색상과 표면은 무엇인가?

IR 간섭 탐지하기 Sniffing for IR Interference

아무것도 없는 곳에서 ABOT이 어떤 물체를 탐지하는 것을 볼 수 있다. 이것은 아마도 주변에 38.5kHz와 비슷한 주파수로 IR 빛과 비슷한 것이 발생하고 있다는 의미이다. 태양빛이 직접 창문을 통과하면 감지가 실패하는 원인이 될 수도 있다. 만약 이런 태양빛이 있는 근처에서 시연을 한다면 적외선 시스템에 매우 나쁜 영향을 미친다. 이러한 현상을 방지하기 위해 사람들 앞에서 시연하기 전에 미리 "sniffer" 스케치로 IR 간섭영역을 확인해야 한다.

이 스케치의 원리는 간단하다. IR LED를 통해 어떤 IR도 전송되고 있지 않은데, IR이 무엇인가 감지한다면 피에조 스피커를 사용하여 경고음을 발생시켜 알리는 것이다.

⚠

IR 간섭을 발생시키는 기계 중 하나인 리모콘을 사용하고 있다.

TV, VCR, CD/DVD 재생기 리모콘은 IR LED와 같은 종류를 사용하는 모든 기기를 조작할 수 있다. 이들은 ABOT이 방금 감지한 IR 감지기와 같은 종류를 사용하고 있다. 그래서 ABOT이 TV, VCR, CD/DVD 재생기 등에 메시지를 전달할 수 있다. 모든 IR 간섭은 ABOT을 지시하고 리모콘 버튼의 누름/해제를 반복한다.

IrInterferenceSniffer

이 스케치에서는 ABOT이 tone을 실행해야 한다. 지시자 LED를 켜고, [시리얼 모니터] 적외선을 감지했다는 경고를 표시한다. 다시 아무 IR도 전송되지 않기 때문에 38kHz 적외선은 외부 소스로부터 와야 한다는 의미이다.

- 코드를 입력하고 아두이노에 IrInterferenceSniffer를 업로드하자.
- IR 간섭이 감지될 때 ABOT이 경고 소리가 나는지 테스트하자. 만약 교실이라면 각각의 ABOT을 TestBothIrAndIndicators로 작동시킬 수 있다.

IR LED는 IrInterferenceSnifferbot의 IR 수신기에 IR LED만 지시한다. ABOT이 없다면 TV, VCR, CD/DVD 재생기를 위한 리모콘을 사용할 수 있다. ABOT에서 버튼 중 하나를 반복해서 누르고 떼고 하여 간단한 지시를 한다. ABOT이 없다면 TV, VCR, CD/DVD 재생기를 위한 리모콘을 사용할 수 있다. ABOT이 경고음으로 반응하면 IR 간섭 탐지기가 작동하는 것을 알 수 있다.

```
/*
 * ABOT 로봇을 위한- IrInterferencesSniffer
 * 외부 적외선 간섭의 원인을 테스트하기 위함. 만약 IR 간섭이 감지된다면
 * [시리얼 모니터]가 경고를 표시하고, 피에조 스피커가 경고음을 발생한다.
 * 지시등이 깜박인다.
 */
```

```
void setup()                    // 블록 초기화 만들기
{
  tone(4, 3000, 1000);          // tone을 1초간 발생시키기
  delay(1000);                  // 1초간 유지

  pinMode(10, INPUT);           // 왼쪽 IR 수신부
  pinMode(3, INPUT);            // 오른쪽 IR 수신부
  pinMode(8, OUTPUT);           // 왼쪽 지시자 LED
  pinMode(7, OUTPUT);           // 오른쪽 지시자 LED

  Serial.begin(9600);           // 9600bps 데이터 범위 설정하기
}

void loop()                     // 자동 반복 메일 루프
{
  int irLeft = digitalRead(10);         // 왼쪽 IR 저장
  int irRight = digitalRead(3);         // 오른쪽 IR 저장
  if((irLeft == 0) || (irRight == 0))  // 왼쪽 또는 오른쪽 감지
  {
```

```
    Serial.println("IR interference!!!");  // 주의 표시
    for(int i = 0; i < 5; i++)             // 5번 반복
    {
      digitalWrite(7, HIGH);               // 각 지시자 LED 켜기
      digitalWrite(8, HIGH);
      tone(4, 4000, 10);                   // 경고음 내기
      delay(20);                           // 20ms 지연
      digitalWrite(7, LOW);                // 각 지시자 LED 끄기
      digitalWrite(8, LOW);
    }
  }
}
```

형광등의 간섭 테스트하기

- ABOT에서 프로그래밍 케이블을 분리하고, 형광등이 있는 불빛 아래에서 테스트하자.
- 특히 자주 경보음이 발생된다면 IR이 물체를 탐지하기 전에 형광등을 끄자.
- 창문을 통해 빛이 들어온다면 블라인드를 닫고 다시 테스트하거나 창문으로부터 멀리 떨어진 장소로 로봇을 이동시키자.

ABOT을 적외선 간섭 받지 않게 하려면 IrInterferenceSniffer를 사용하자.

실습3

감지 범위 맞추기

자동차의 전조등(또는 더 밝은 플래시)은 밝을수록 어둠 속에서 더 멀리 볼 수 있다. ABOT의 적외선 LED 전조등이 더 밝으면 감지 범위가 증가한다. 더 작은 저항은 LED에게 더 많은 전류를 흐르게 한다. LED에 더 많은 전류가 흐르므로 더 밝아지는 원인이 된다. 이 실습에서는 LED와 적외선 LED가 서로 다른 저항 값에 어떻게 영향을 받는지 실험할 것이다.

필요한 부품들: 이 실험에서 추가로 필요한 부품들

- 470Ω 저항 (노랑–보라–갈색) 2개
- 220Ω 저항 (빨강–빨강–갈색) 2개
- 1kΩ 저항 (갈색–검정–빨강) 2개
- 4.7kΩ 저항 (노랑–보라–빨강) 2개

저항 시리즈와 LED 밝기

먼저, LED 밝기가 저항에 따라 어떻게 변하는지 살펴보자. 스케치는 LED에 high 신호를 전달한다. 4가지의 저항을 바꾸어서 실험하면 저항이 클 경우 감지 거리가 짧아지고, 저항이 작은 경우 멀리까지 감지한다.

예제 스케치

P1LedHigh

- 코드를 입력하고 저장하여 LeftLedOn를 업로드시킨다.
- 스케치를 실행시키고 회로에서 P8에 연결된 LED가 빛을 내는지 확인한다.

```
// ABOT 로봇에 - LeftLedOn
// 밝기 실험을 위한 왼쪽 LED를 켜는 실험
```

```
void setup()                 // 블록 초기화하기
{
  tone(4 , 3000, 1000);      // 1초간 소리 내기
  delay(1000);               // 1초간 유지

  pinMode(8, OUTPUT);        // 왼쪽 지시자 LED
  digitalWrite(8, HIGH);
}
void loop()                  // 자동 반복 메인 루프
{
}
```

실습4

물체 감지와 피하기

IR 감지기에 대해서 흥미로운 사실은 더듬이(whiskers)를 사용했을 때와 비슷한 결과를 낸다는 것이다. 물체를 감지하지 않았을 때 결과 값은 1, HIGH이고, 물체를 감지하였을 때 결과 값은 0, LOW이다. 이 실습에서는 RoamingWith-Whiskers 스케치를 수정하여 IR 감지기를 작동시킨다. 수정하는 것은 간단하다.

1. RoamingWithWhiskers를 RoamingWithIr로 저장하자.
2. irDetect 함수를 추가한다.

```
int irDetect(int irLedPin, int irReceiverPin, long frequency)
{
  tone(irLedPin, frequency, 8);
  delay(1);
  int ir = digitalRead(irReceiverPin);
  delay(1);
  return ir;
}
```

3. digitalRead 호출을 수정한다.

```
byte wLeft = digitalRead(5);
byte wRight = digitalRead(7);

/* irDetect를 호출 */

int irLeft = irDetect(9, 10, 38000);
int irRight = irDetect(2, 3, 38000);
```

4. wLeft 인스턴스를 irLeft로 바꾸고 irLeft를 irRight로 바꾼다.

5. 주석 /*…*/ 와 //를 추가하자.

스케치 실습 – RoamingWithIr

- RoamingWithWhiskers를 연다.
- RoamingWithIr로 저장한다.
- 아래 스케치와 같이 수정한다.
- ABOT에서 프로그래밍 케이블을 분리시킨다.
- 건전지 팩을 다시 연결하고 3-지점 스위치를 2에 둔다.
- ABOT을 운행시키거나 장애물을 피할 수 있는 곳에 둔다.
- RoamingWithWhiskers(꼭 접촉해야 하는 것은 아니다)처럼 행동하는지 관찰한다.

```
/*
 * ABOT 로봇 - RoamingWithIr
 * 접촉 스위치 대신 IR 물체 감지를 하기 위해 Adaptation of RoamingWithWhiskers를
   적용시킨다.
 */
```

```
#include <Servo.h>           // 서보 라이브러리 포함

Servo servoLeft;             // 왼쪽과 오른쪽 서보 선언
Servo servoRight;

void setup()                 // 블록 초기화
{
  pinMode(10, INPUT); pinMode(9, OUTPUT);  //왼쪽 IR LED와 수신부
  pinMode(3, INPUT); pinMode(2, OUTPUT);   //오른쪽 IR LED와 수신부

  tone(4, 3000, 1000);       // 1초간 소리 발생
  delay(1000);               // 1초간 유지
```

```
  servoLeft.attach(13);           // 왼쪽 신호를 13번 핀에 연결
  servoRight.attach(12);          // 오른쪽 신호를 12번 핀에 연결
}

void loop()                       // 자동 반복 메인 루프
{
  int irLeft = irDetect(9, 10, 38000);  // 왼쪽에 물체 감지 확인
  int irRight = irDetect(2, 3, 38000);  // 오른쪽에 물체 감지 확인

  if((irLeft == 0) && (irRight == 0))  // 양쪽에 감지 되었다면
  {
    backward(1000);               // 1초간 뒤로
    turnLeft(800);                // 왼쪽으로 약 120도  회전
  }
  else if(irLeft == 0)            // 왼쪽만 감지되었다면
  {
    backward(1000);               // 뒤로 1초간 가기
    turnRight(400);               // 오른쪽으로 약 60도 회전
  }
  else if(irRight == 0)           // 오른쪽만 감지되었다면
  {
    backward(1000);               // 뒤로 1초간 가기
    turnLeft(400);                // 왼쪽으로 약 60도 회전
  }
  else                            // 그외에는, 접촉되지 않으면
  {
    forward(20);                  // 앞으로 1/50 초간 진행
  }
}

int irDetect(int irLedPin, int irReceiverPin, long frequency)
{
  tone(irLedPin, frequency, 8);   // 최소 1ms 동안 IRLED 38kHz 발생
  delay(1);                       // 1ms 간 기다림
  int ir = digitalRead(irReceiverPin); // IR receiver -> ir variable
  delay(1);                       // 다시 확인하기 전에 시간
  return ir;                      // 감지 안하면 1, 감지하면 0 리턴
}
```

```
void forward(int time)                    // Forward 함수
{
  servoLeft.writeMicroseconds(1700);  // 왼쪽 바퀴 반시계방향 회전
  servoRight.writeMicroseconds(1300); // 오른쪽 바퀴 시계방향
  delay(time);                        // ms 진행 시간
}

void turnLeft(int time)                   // Left turn 함수
{
  servoLeft.writeMicroseconds(1300);  // 왼쪽 바퀴 시계방향
  servoRight.writeMicroseconds(1300); // 오른쪽 바퀴 시계방향
  delay(time);                        // ms 진행 시간
}

void turnRight(int time)                  // Right turn 함수
{
  servoLeft.writeMicroseconds(1700);  // 왼쪽 바퀴 반시계방향 회전
  servoRight.writeMicroseconds(1700); // 오른쪽 바퀴 반시계방향 회전
  delay(time);                        // ms 진행 시간
}

void backward(int time)                   // Backward 함수
{
  servoLeft.writeMicroseconds(1300);  //왼쪽 바퀴 시계방향
  servoRight.writeMicroseconds(1700); //오른쪽 바퀴 반시계방향 회전
  delay(time);                        // ms 진행 시간
}
```

실습5

고성능 IR 방향 조종하기

이전 실습의 프로그램에서 사용했던 방향 제어는 더듬이로 할 때는 괜찮았으나 IR 감지기를 사용하면 너무 느리다. 더듬이를 사용하면 ABOT이 물체를 접촉하고 그 다음 장애물에서 뒤로 간다. 적외선을 사용하면 ABOT은 대부분 장애물 앞에서 피하므로, 장애물 주변을 완전히 피할 수 있다.

충돌을 피하기 위해 샘플링 속도 증가시키기

모든 주행에서 20ms로 줄일 수 있을 것이다. 이것은 스케치를 초당 거의 50번씩 확인한다는 의미이다(실제로는 이것보다 좀 느린 초당 40번 정도 된다. 실행 코드 때문에 IR 감지에 시간이 너무 많이 걸린다). ABOT이 방향 제어로 장애물에 도달하기 전에 충돌을 피하기 위해 작은 회전을 한다. 이런 방법으로 필요 이상으로 멀리 가지 않고 장애물 주변을 완전히 피할 수 있다. 이렇게 하여 복잡한 코스도 성공적으로 방향조종을 할 수 있다. 다음 스케치로 ABOT이 좀 더 빠르게 주행한다.

예제 스케치

FastIrRoaming

- 코드를 입력하고 저장한 다음 FastIrRoaming을 업로드하자. 그 다음 앞의 실습과 같은 장애물로 테스트하자.

```
/*
 * ABOT - FastIrRoaming
 * 스위치를 접촉하는 것 대신에 IR로 물체를 감지하기
 */
```

```
#include <Servo.h>          // 서보 라이브러리 포함

Servo servoLeft;            // 왼쪽 오른쪽 서보 선언
Servo servoRight;

void setup()                // 블록 초기화
{
  pinMode(10, INPUT); pinMode(9, OUTPUT);
                                        // 왼쪽 IR LED 와 수신부
  pinMode(3, INPUT);  pinMode(2, OUTPUT);
                                        // 오른쪽 IR LED 와 수신부

  tone(4, 3000, 1000);          // 1초간 소리내기
  delay(1000);                  // 1초간 유지

  servoLeft.attach(13);         // 왼쪽 신호를 13번 핀에 연결
  servoRight.attach(12);        // 오른쪽 신호를 12번 핀에 연결
}

void loop()                     // 자동 반복 메일 루프
{

  int irLeft = irDetect(9, 10, 38000); // 왼쪽에 물체 감지 확인
  int irRight = irDetect(2, 3, 38000); // 오른쪽에 물체 감지 확인

  if((irLeft == 0) && (irRight == 0)) // 양쪽에 감지된다면
  {
    maneuver(-200, -200, 20);          // 뒤로 20ms 주행
  }
  else if(irLeft == 0)                // 왼쪽이 감지된다면
  {
    maneuver(200, -200, 20);           // 오른쪽으로 20ms 주행
```

```
    }
    else if(irRight == 0)           // 오른쪽이 감지된다면
    {
      maneuver(-200, 200, 20);      // 왼쪽으로 20ms 주행
    }
    else                            // 그 외, 감지된 것이 없다면
    {
      maneuver(200, 200, 20);       // 앞으로 20ms 주행
    }
}

int irDetect(int irLedPin, int irReceiverPin, long frequency)
{
  tone(irLedPin, frequency, 8);    // 최소 1ms간  IRLED 38 kHz로 발생
  delay(1);                        //  1ms 유지
  int ir = digitalRead(irReceiverPin); // IR receiver -> ir variable
  delay(1);                        // 다시 확인하기 전 간격
  return ir;                       // 1은 감지 안함, 0은 감지를 리턴
}

void maneuver(int speedLeft, int speedRight, int msTime)
{
  // speedLeft, speedRight 범위: Backward  Linear
  // Stop  Linear   Forward
  //     -200      -100......0......100       200
  // 왼쪽 서보 속도 설정
  servoLeft.writeMicroseconds(1500 + speedLeft);
  // 오른쪽 서보 속도 설정
  servoRight.writeMicroseconds(1500 - speedRight);
  if(msTime==-1)                   // msTime = -1 이면
  {
    servoLeft.detach();            // 서보 신호 중지
    servoRight.detach();
  }
  delay(msTime);                   //  msTime 동안 유지
}
```

FastIrRoaming 동작 설명

이 스케치는 TestManeuverFunction 스케치의 maneuver 함수를 사용한다.

이 maneuver 함수는 세 개의 매개변수 speedLeft, speedRight와 msTime이 있다. 속도 매개변수를 재호출하는데 200을 사용하여 최대 속력으로 전진하고 −200은 최대 속력 후진하고 −100에서 100 사이의 값은 일정하게 속도를 조절한다. 또한 msTime 값은 20이고 각 maneuver는 loop 함수가 돌아오기 전에 20ms 동안 실행한다.

```
void loop()               // 자동 반복 메일 루프
{
  int irLeft = irDetect(9, 10, 38000);  // 왼쪽에 물체 감지 확인
  int irRight = irDetect(2, 3, 38000);  // 오른쪽에 물체 감지 확인

  if((irLeft == 0) && (irRight == 0))  // 양쪽에 감지되면
  {
    maneuver(-200, -200, 20);           // 20 milliseconds 간 뒤로 주
행
  }
  else if(irLeft == 0)                 // 왼쪽에 감지되면
  {
    maneuver(200, -200, 20);           // 오른쪽으로 20 ms 주행
  }
    else if(irRight == 0)              // 오른쪽에 감지되면
  {
    maneuver(-200, 200, 20);           // 왼쪽으로 20 ms 주행
  }
  else                                 // 그 외, 감지 안하면
  {
    maneuver(200, 200, 20);            // 뒤로 20 ms
  }
}
```

실습하기

- FastIrRoaming을 FastIrRoamingYourTurn으로 변경하여 저장한다.
- ABOT이 물체를 감지한 것을 지시하는 LED를 추가하자.
- ABOT의 속도를 반으로 줄이기 위해 speedLeft와 speedRight를 수정하자 (200과 −200은 너무 큰 숫자이고, 50은 앞으로 −50은 뒤로 속도가 반으로 줄어드는 것을 기억하자).

실습6

낭떠러지 감지

지금까지 로봇이 물체를 감지하였을 때 회피하는 방향을 제어하도록 프로그래밍하였다. 한편 ABOT이 물체를 감지하지 않았을 때도 피하는 동작을 해야 할 때가 있다. 예를 들어 ABOT이 책상 위에서 주행한다면 ABOT의 IR 감지기는 책상의 표면을 감지하고 있다. 이 스케치는 IR 감지기가 책상의 표면을 "보면서" 계속 주행할 수 있어야 한다.

- 전원 케이블과 프로그래밍 케이블을 분리하자.
- IR 물체 감지기가 아래쪽과 바깥쪽으로 보이도록 초점을 맞추자.

추천 재료

- 폭 ¾″ (19 mm)의 검정 비닐 전기테이프
- 흰 포스터 용지, 22 x 28 in (56 x 71 cm) 1개

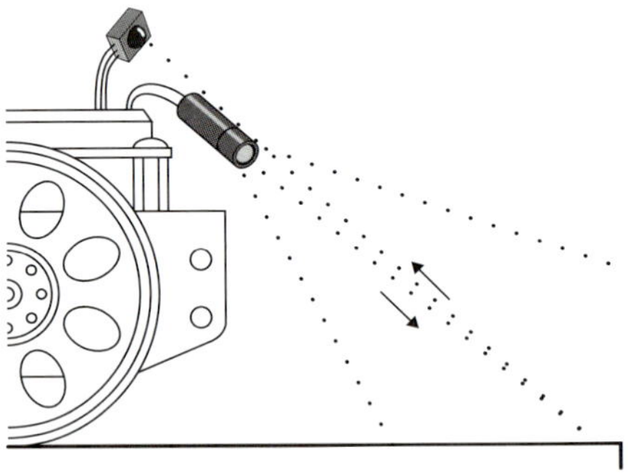

포스터 보드를 이용한 낭떠러지 시뮬레이션

흰 포스터 용지에 가장자리 부분을 전기 테이프 또는 검은 용지를 이용하여 책상 모서리 끝의 낭떠러지와 같이 보이게 만들어서 시뮬레이션한다. 이렇게 하면 책상에서

실제 떨어지는 것과 같은 ABOT의 위험이 줄어든다.

- 전기 테이프를 이용하여 그림에서 보이는 것처럼 만든다. 전기 테이프라면 작은 종이 위에 시험용 패치를 만들어 적외선 감지기가 그것으로부터 반사되는 것을 볼 수 없는지를 먼저 테스트한다. 반사된 것이 적외선이 아니라면 줄 사이에 곧은 선으로 세 줄을 만들어서 사용하는데 그 사이에 흰 부분이 보이지 않게 한다.
- 근처에 형광등 빛이 ABOT의 IR 감지기에 감지되지 않도록 하기 위해 IrInterferenceSniffer 스케치를 실행시킨다.
- ABOT이 포스터 보드를 감지하는지를 확인하기 위해 TestBothIrAndIndicators를 사용한다. 그러나 전기 테이프 또는 검은색은 감지하지 않는다.

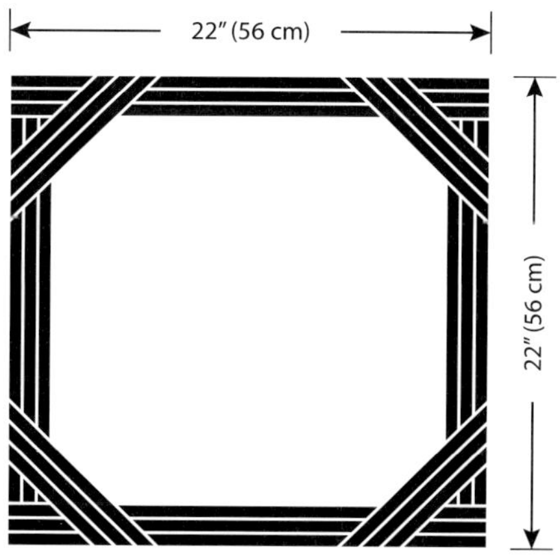

만약 ABOT이 여전히 전기 테이프를 흰 바탕처럼 인식하는 경우 몇 가지 해결 방법이 있다.

- IR 감지기와 LED 각도를 조금 아래로 조절한다.
- 다른 회사의 전기 테이프를 사용해 본다.
- ABOT이 좀 더 가까운 것을 인식하기 위해 2kΩ을 4.7kΩ (노랑 - 보라 빨강) 저항으로 교체한다.

- 서로 다른 주파수 매개변수로 tone 명령을 조종한다. 다음의 몇 가지 매개변수는 ABOT이 좀 더 가까이 볼 수 있도록 한다: 39000, 40000, 41000Hz

만약 이전의 IR LED를 사용한다면 ABOT이 너무 근시가 되는 문제가 발생할 수도 있다. ABOT이 물체의 인지도를 증가하도록 좀 더 멀리 볼 수 있게 하는 방법이 다음과 같이 몇 가지 있다.

- 2kΩ(빨강-검정-빨강) 저항을 1kΩ(빨강-검정-갈색)으로 교체한다. 마찬가지로 470Ω(노랑-보라-갈색) 대신에 2kΩ의 LED로 교체한다.
- IR LEDs와 감지기의 각도를 아래로 좀 더 기울여서 표면의 오른쪽으로 보게 한다.

테이프를 사용하여 성공하였다면 책상 위에서 시도해 보자.

- 전기 테이프 또는 페인트로 구분된 코스에서 ABOT을 실행시키기 전과 같은 동일한 단계를 따르는 것을 기억하라!

ABOT이 탐지하는 것을 확인한다. 여러분의 손은 로봇 위에서 로봇이 책상에서 떨어지려고 할 때 미리 잡을 준비를 하는 것이 좋다. ABOT을 책상 위에 놓고 운행 준비를 한다.

- 탁자의 끝에 다다를 때 항상 그 위에서 ABOT을 잡을 준비를 한다. 만약 ABOT이 가장자리를 넘어서 운행하려고 한다면 떨어지기 전에 ABOT을 잡는다. 그러지 않는다면 ABOT이 추락하여 못쓰게 될 수 있다.
- 만약 여러분이 선 근처에 있다면 ABOT이 여러분을 감지할 수도 있다. 현재 스케치는 테이블 아래에 있는 여러분을 구별할 방법이 없기 때문에 로봇이 탁자 가장자리를 지나 계속 앞으로 나갈 수도 있다. 그러므로 감지기가 볼 수 있는 범위 밖에 떨어져 있어야 한다.

예제 스케치
AvoidTableEdge

ABOT이 탁자 위에서 가장자리를 넘어가지 않게 하는 프로그래밍은 FastIr Roaming에서 if...else if...else 구문을 수정하면 쉽게 해결할 수 있다. 우선 양쪽 감지기가 물체를 볼 때 후진하지 않고 20ms 전진하는 것이 필요하다. 또한 물체로부터 멀어지지 않고 물체를 향하여 회전하며 낭떠러지를 보면 20ms보다 더 멀리 회전해야 할 필요가 있다. 375ms 회전이 아주 좋으나 제일 좋은 결과 값은 각자 맞추면 된다.

- FastIrNavigation을 열고 AvoidTableEdge로 저장한다.
- 예제 스케치와 동일하게 스케치를 수정한다. maneuver가 loop 내부에서 호출하는 것을 주의 깊게 본다. 20ms 동안 전진했던 상태가 지금은 250ms 동안 뒤로 간다. 마찬가지로 후진에서 20ms 동안 전진한다. 또한 20ms 동안 호출한 상태는 375ms 동안 오른쪽으로 회전하고 20ms 동안 왼쪽으로 회전하는 상태는 375ms 동안 오른쪽으로 회전한다.
- 전기 테이프로 만든 만든 코스 위에서 스케치를 테스트한다.
- 만약 탁자 위에서 한다면 이미 얘기한 주의 사항들을 잊지 말자.

```
/*
 * ABOT - AvoidTableEdge
 * 탁자 모서리 감지를 위한  FastIrRoaming 적용하기
 */
```

```
#include <Servo.h>          // 서보 라이브러리 포함

Servo servoLeft;            // 왼쪽과 오른쪽 서보 선성
Servo servoRight;
```

```
void setup()                        // 블록 초기화
{
  // 왼쪽 IR LED 과 수신부
  pinMode(10, INPUT);  pinMode(9, OUTPUT);

  // 오른쪽 IR LED & 수신부
  pinMode(3, INPUT);  pinMode(2, OUTPUT);

  tone(4, 3000, 1000);             // 1초간 소리 냄
  delay(1000);                     // 1초간 유지

  servoLeft.attach(13);            // 13번 핀에 왼쪽 신호 연결
  servoRight.attach(12);           // 12번 핀에 왼쪽 신호 연결
}

void loop()                         // 자동 반복 메일 루프
{

  int irLeft = irDetect(9, 10, 38000); // 왼쪽 물체 감지 신호
  int irRight = irDetect(2, 3, 38000); // 오른쪽 물체 감지 신호

  if((irLeft == 0) && (irRight == 0)) // 양쪽 다 탁자 표면이 보이면
  {
    maneuver(200, 200, 20);              // 앞으로 20ms 주행
  }
  else if(irLeft == 0)                   // 왼쪽 OK, 오른쪽 낭떠러지
  {
    maneuver(-200, 200, 375);           // 왼쪽으로 375ms 동안 주행
  }
  else if(irRight == 0)                 // 오른쪽 OK, 왼쪽 낭떠러지
  {
    maneuver(200, -200, 375);          // 오른쪽으로 375ms 동안 주행
  }
  else                                 // 앞에 낭떨러지
  {
    maneuver(-200, -200, 250);         // 다시 주행하기 전에 뒤로 250ms
  }
}
```

```
int irDetect(int irLedPin, int irReceiverPin, long frequency)
{
  tone(irLedPin, frequency, 8);  // 최소 1ms간 IRLED 38kHz로 발생
  delay(1);                      // 1ms 유지
  int ir = digitalRead(irReceiverPin); // IR receiver -> ir variable
  delay(1);                      // 다시 확인하기 전 간격
  return ir;                     // 1은 감지 안함, 0은 감지를 리턴
}

void maneuver(int speedLeft, int speedRight, int msTime)
{
  // speedLeft, speedRight ranges: 뒤로, 직선, 멈춤, 앞으로
  //     -200      -100......0......100       200

  //왼쪽 서보 속도 설정
  servoLeft.writeMicroseconds(1500 + speedLeft);

  //오른쪽 서보 속도 설정
  servoRight.writeMicroseconds(1500 - speedRight);
  if(msTime==-1)                 // if msTime = -1
  {
    servoLeft.detach();          // 서보 신호 중지
    servoRight.detach();
  }
  delay(msTime);                 // msTime간 유지
}
```

AvoidTableEdge가 작동하는 방법

AvoidTableEdge는 FastIrRoaming에서 loop 함수에서 if…else if…else 구문을 수정한 것이기 때문에 두 개의 구분을 하나씩 보자.

```
// From FastIrRoaming

if((irLeft == 0) && (irRight == 0))
{
  maneuver(-200, -200, 20);
}
else if(irLeft == 0)
{
  maneuver(200, -200, 20);
}
else if(irRight == 0)
{
  maneuver(-200, 200, 20);
}
else
{
  maneuver(200, 200, 20);
}
```

```
//From AvoidTableEdge

if((irLeft == 0) && (irRight == 0))
{
  maneuver(200, 200, 20);
}
else if(irLeft == 0)
{
  maneuver(-200, 200, 375);
}
```

```
    else if(irRight == 0)
    {
      maneuver(200, -200, 375);
    }
    else
    {
      maneuver(-200, -200, 250);
    }
  }
```

if((irLeft == 0) && (irRight == 0)) 반응은 IR 감지기가 둘 다 장애물을 감지했기 때문에 FastIrRoaming는 maneuver(−200, −200, 20)으로 뒤로 간다. 반면에 IR 감지기가 탁자를 감지했기 때문에 AvoidTableEdge는 maneuver(200, 200, 20)으로 앞으로 간다. 이것은 다른 20ms 동안 전진하는 데 안전하다는 의미이다.

다른 if(irLeft == 0) 반응은 FastIrRoaming이 20ms 동안 오른쪽으로 회전한다는 의미이다. maneuver(200, −200, 20)는 왼쪽 장애물을 피하기 위해 전진하는 단계이다. AvoidTableEdge 탁자의 오른쪽인 낭떠러지로부터 멀리 회전한다. 만약 그렇다면 if…else if…else 구문은 else if 상태로 만들지 말아야 한다. 이것은 왼쪽 IR 감지기가 탁자를 본다는 의미로 오른쪽이 아니다.

따라서 이 코드는 ABOT을 maneuver(−200, 200, 375)으로 0.375초 동안 왼쪽으로 회전시켜 오른쪽에서 감지되는 낭떠러지를 피하게 만들어야 한다.

여러분 차례

375ms는 탁자 모서리를 피하려고 하는 것인데 다른 응용에서는 수정할 수도 있다. 예를 들어 만약 ABOT이 탁자의 끝을 꼭 껴안고 있다고 하면, 작은 회전이 좀 더 유용할 것이다. 반대로 ABOT이 영역 바깥쪽 물체를 밀려고 하면 더 큰 회전(너무 많이

는 아니고)이 좀 더 유용할 수 있다. 그래서 지그재그로 뒤돌아선 다음 탁자를 가로지르면서 앞으로 나간다.

maneuver 함수를 호출할 때 msTime 매개변수를 더 작게 사용함으로 작은 회전을 만드는 코드를 작성할 수 있다. 예를 들어 만약 maneuver(−200, 200, 375)에서 375를 300으로 변경한다면 왼쪽 회전이 더 작게 된다. 450으로 변경한다면 왼쪽 회전이 좀 더 정밀하다.

- AvoidTableEdge를 수정한다. 그러면 낭떠러지 코스의 끝을 따라가게 한다. ABOT이 낭떠러지를 만날 때 작은 회전을 실행시키기 위해 maneuver 내의 msTime 매개변수 값을 수정한다. 떨어지기 전에 회전하게 만들려면 값을 얼마로 해야 할까?
- ABOT이 탁자 모서리를 따라가지 않고 구역 내에서 주행하도록 하기 위해 모서리로부터 떨어진 축으로 시험한다.

CHAPTER 7

요약

이 장에서는 변조된 적외선을 38kHz로 보내고 반사를 감지하는 적외선 LED 한 쌍을 사용하는 것에 초점을 두었다. 로봇 주행 센서 시스템을 사용하여 다음 내용을 다루었다.

전자

- 적외선 LED는 무엇이고 이것의 양극과 음극을 구별하는 방법은 무엇인가?
- 변조된 적외선 수신부는 무엇이고 마이크로 컨트롤러 회로를 사용하는 방법은 무엇인가?

- 저항값이 LED를 시리즈에 연결했을 때 미치는 영향은 무엇인가?

프로그래밍

- 새로운 목적을(적외선 신호를 변조하기 위해서 양쪽 센서를 둘 다 비슷한 출력 신호로 만드는 방법) 위해 익숙한 tone 함수를 사용하는 방법
- 두 개의 센서와 비슷한 출력을 가진 다른 센서에 사용하기 위해 하나의 센서 시스템으로부터 스케치를 재사용하는 방법
- 특별한 행동(장애물 피하기)을 위해 설계된 현재 있는 스케치를 새로운 동작으로(낭떠러지 감지) 만들기 위해 재사용하는 방법

로봇 기술

- 직접 접촉하지 않고 자율 센서 주행을 위한 물체를 감지하기 위해 적외선 방출부와 수신부 한 쌍을 사용한다.

엔지니어링 기술들

- 사람이 볼 수 없는 상태(변조된 적외선 빛이 반사되는)이지만 센서가 감지하는 상태를 알려주기 위해 가시광선 지시자(red LED)를 사용한다.
- 서브시스템과 문제해결을 위해 더 많은 연습이 필요하다.

CHAPTER

[8]

주행거리로 ABOT 제어하기

제7장에서 우리는 적외선 LED와 수신기를 사용하여 물체에 닿지 않고 감지하는 것을 실습했다. IR 감지기로 거리를 잴 수 있는 기능이 있다면 더 멋지지 않을까? 이전 장에서 사용한 것과 동일한 하드웨어로 가까운 거리를 대략 감지할 수 있다. 이것으로도 ABOT이 충돌하지 않고 따라 갈 수 있도록 하기에 충분하다.

IR LED/ 수신 회로로 거리 결정하기

이 장에서는 이전 장과 동일한 IR LED/수신기 회로를 사용한다.

필요한 부품

- 자 1개
- 빈 종이 1개

- 이전 장에서 만든 ABOT이라면 IR LED에 2kΩ 저항을 사용하였다.
- 만약 이전 장의 회로를 분해하였다면, 7장의 실습 1을 반복해야 한다. TestBothIrAndIndicators를 사용하여 시스템이 제대로 작동되는지 확인해야 한다.

실습1

주파수 테스트

여기에 IR 수신기의 특정 회사의 데이터 시트가 있다(파나소닉 PNA4602M; 아마 여러 분들의 키트는 다른 회사 제품을 사용할 수 있다).

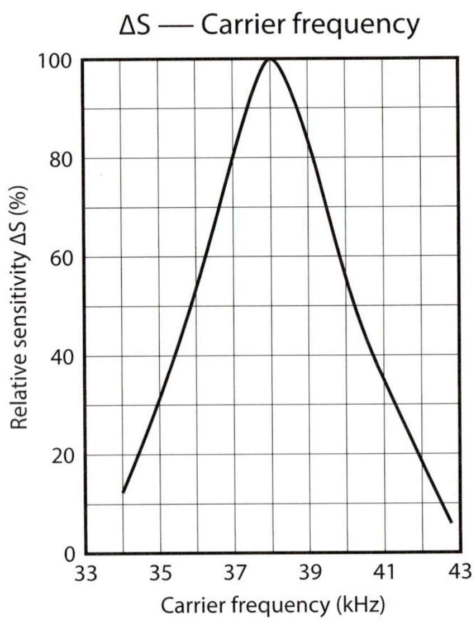

이 그래프에서 IR 검출기는 38.5kHz에서 가장 감도가 좋다. 곡선의 가장 높은 지점을 피크 감도(*peak sensitivity*)라 한다. 피크의 양쪽의 곡선이 얼마나 갑자기 떨어지는지 알 수 있다. 이 IR 검출기는 38kHz가 아닌 다른 주파수로 켜거나/끄면 감도가 낮아진다. 40kHz로 LED를 켜면 38kHz에 비해 감도가 반으로 줄어든다. 42kHz에서 LED를 비추면 20%밖에 감지를 못한다. IR LED 신호가 38kHz로부터 더 멀어질수록 감도가 낮아지므로, 물체에 가까워야만 IR 신호의 반사파를 수신할 수 있다.

가장 감도가 높은 주파수(38kHz)에서 가장 멀리 있는 것을 감지할 수 있다. 반면 감도가 낮은 주파수는 가까이 있는 물체만 감지할 수 있다. 이러한 특성이 물체와의 거리를 대략 계산할 수 있도록 한다. 어떤 주파수를 선택하여 가장 감도가 좋은 것부터 가장 감도가 좋지 못한 것까지 테스트하자. 가장 감도가 높은 주파수부터 시도하자. 만약 물체가 감지되면, 다음 차례의 감도로 감지를 해보자. IR 감지기에서 더 이상 IR을 감지하지 못하는 주파수가 어떤 것인가에 따라 거리를 대략 계산할 수 있다.

주파수 휩쓸기

주파수 휩쓸기는 다양한 입력 주파수에 대한 회로의 출력을 시험하는 기술이다.

거리 감시를 위한 주파수 휩쓸기 프로그래밍

다음 그림은 ABOT이 주파수를 사용하여 거리를 어떻게 계산하는지 보여 주는 예이다. 이 예에서 Zone 3 구역에 물체가 있는 경우 38000Hz와 39000Hz를 전송하면 물체를 감지할 수 있으나, 40000Hz, 41000Hz, 또는 42000Hz에서는 감지할 수 없다. 만약 물체를 Zone 2 구역으로 이동하면 38000Hz, 39000Hz, 그리고 40000Hz에서는 감지되나 41000Hz 또는 42000Hz에서는 감지되지 않는다.

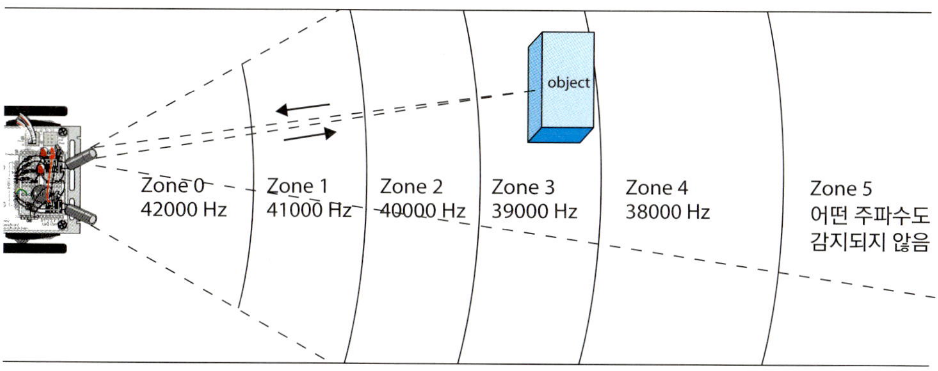

⚠ 주의: 이 그림은 단지 보여주기 위한 것이므로 실제 거리와는 상당히 다를 수 있다.

다음 스케치의 irDistance() 함수는 위의 기술을 사용하여 거리를 측정한다. loop() 함수 코드에서 irDistance()가 호출되고 IR LED와 수신되는 양쪽 핀의 쌍을 위한 값을 전달한다. 예를 들면, 루프 함수는 ABOT의 검출 존인 "보이는 영역"의 왼쪽에서 물체와의 거리를 int irLeft = irDistance(9, 10)로 되어 있는지 확인한다.

```
// IR 거리 측정 함수
int irDistance(int irLedPin, int irReceivePin)
{
  int distance = 0;
  for(long f = 38000; f <= 42000; f += 1000) {
    distance += irDetect(irLedPin, irReceivePin, f);
  }
  return distance;
}
```

만약 물체가 없으면 irDetect() 함수는 1을 리턴하고, 물체가 있으면 0을 리턴한다.

distance += irDetect(irLedPin, irReceivePin, f); 수식은 물체가 감지되지 않은 수를 센다. 루프를 마치면 distance 변수는 IR 감지기가 물체 감지를 못하였는지를 세어서 넣는다. 물체를 감지하지 못했다는 것은 IR 감지기가 물체를 인식하지 못한 것을 의미한다. 물체를 많이 인식하지 못할수록 더 멀리 있는 셈이다. 그래서 distance 값은 앞에 나온 그림에서처럼 존(zone)의 번호를 리턴한다.

양쪽의 거리를 출력

양쪽 IR LED/수신기 쌍이 거의 같게 거리를 감지하는지 테스트해 보는 것은 중요하다. 똑 같을 필요는 없지만 너무 다르면 ABOT이 앞에 있는 물체를 따라가기가 힘든데, 왜냐하면 ABOT이 한쪽 방향으로 자꾸 돌아가려 하기 때문이다. 부(sub)시스템 테스트를 많이 할 필요가 있다.

양쪽 거리 측정이 일치하지 않게 되는 공통적인 이유는 IR LED에 저항이 서로 같지 않기 때문이다. 예를 들어 한쪽 IR LED는 1kΩ 저항이고 다른 쪽 IR LED 저항은 2kΩ 이면, 한쪽이 다른 쪽보다 물체가 가까와 보인다. 드물긴 하지만 다른 가능성으로는 한쪽 IR 감지기가 다른 쪽보다 감도가 훨씬 높은 경우도 있다. 이 경우는 좀 더 큰 저항을 해당하는 쪽에 달면 IR 헤드라이트의 감도가 조금 줄어들고 차이 나던 측정값이 비슷해진다.

예제 스케치

DisplayBothDistances

다음 캡처된 화면은 [시리얼 모니터]에서 DisplayBothDistances 프로그램으로 존의 감지를 측정한 것이다. 노이즈로 인해서 값이 조금은 들쭉날쭉 하는데, 같은 쌍끼리 비교해서 1의 값 정도 서로 차이 나는 것은 문제가 되지 않는다.

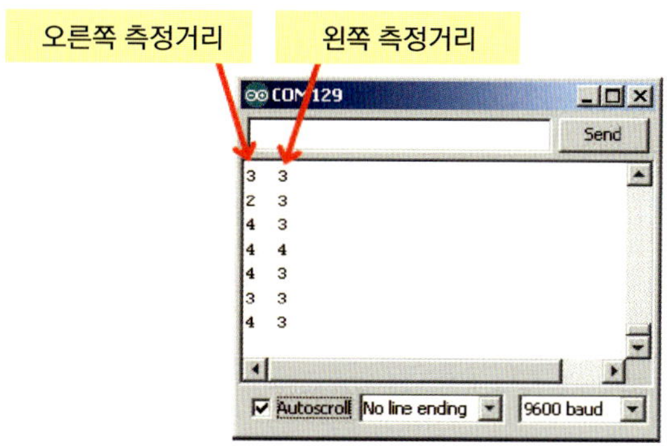

- 아두이노에 DisplayBothDistances 코드를 입력하고, 저장한 후 ABOT에 업로드한다.
- 박스(Box), 책, 병 또는 유사한 물체를 타깃으로 활용하여 거리 검출기를 테스트하자.

- ABOT으로부터 떨어졌다가 물체를 가까이 이동시켜 보자. 아주 작게 이동해 가면서 값이 변하는 지점까지 옮겨보자.
- 각각 검출 존의 거리 중심 지점을 찾고 기록하자.
- 오른쪽 IR 검출기에 대해서 반복하자.
- 만약 한쪽이 다른 쪽보다 두 배 더 먼 거리를 검출한다면, IR LED에 연결된 저항을 확인해 보자. 양쪽 모두 2kΩ(붉은색-검은색-붉은색)이어야 한다. 서로 같지 않으면 IR LED 저항을 조절하여 양쪽이 비슷하게 되도록 하자.

```
/*
 * ABOT - DisplayBothDistances
 * 왼쪽과 오른쪽의 IR 상태를 [시리얼 모니터]에 출력
 * 거리 범위 0에서 5까지. 수cm의 매우 짧은 거리
 * 각각의 감지기 앞에서 특정할 수 있다. 대부분은 0은 너무 가깝고
 * 5는 너무 멀다.
 */
```

```
void setup(){                                        // 블록 초기화
  tone(4, 3000, 1000);                               // 1초간 소리내기
  delay(1000);                                       // 1초간 유지
  pinMode(10, INPUT);  pinMode(9, OUTPUT); // 왼쪽 IR LED 와 수신부
  pinMode(3, INPUT);  pinMode(2, OUTPUT);  // 오른쪽 IR LED 와 수신부
  Serial.begin(9600);                                // 데이터 범위 9600bps로 설정
}
void loop(){                                         // 자동 반복 메인 루프
  int irLeft = irDistance(9, 10);                    // 왼쪽방향으로 주행
  int irRight = irDistance(2, 3);                    // 오른쪽 방향으로 주행
  Serial.print(irLeft);                              // 왼쪽 거리 표시
  Serial.print("  ");                                // 간격 표시
  Serial.println(irRight);                           // 오른쪽 거리 표시
  delay(100);                                        // 0.1초간 유지
}
// IR 거리 측정 함수
  int irDistance(int irLedPin, int irReceivePin){
```

```
  int distance = 0;
  for(long f = 38000; f <= 42000; f += 1000) {
    distance += irDetect(irLedPin, irReceivePin, f);
  }
  return distance ;
}
// IR 감지 함수
int irDetect(int irLedPin, int irReceiverPin, long frequency){
  tone(irLedPin, frequency, 8);           // 최소 1ms간  IRLED 38 kHz로 발생
  delay(1);                               // 1 ms 유지
  int ir = digitalRead(irReceiverPin); // IR receiver -> ir variable
  delay(1);                               // 다시 확인하기 전 시간
  return ir;                              // 1은 감지 안 함, 0은 감지를 리턴
}
```

여러분의 차례

거리에 대한 다양한 테스트

- 다른 물체를 이용하거나 색깔이 다르거나 재질이 다른 종이나 물체를 이용해서 거리를 측정해 보자. 어떤 색상과 표면이 가장 잘 검출이 되는가? 가장 잘 되지 않는 것은 어떤 것인가?

실습2

ABOT 추적하기

선두를 따라가는 ABOT을 만들려면 선두와의 거리를 대충 알아야 한다. 선두가 너무 멀어지면 스케치는 이것을 감지하고 ABOT을 앞으로 움직여야 한다. 마찬가지로 선두와 거리가 너무 가까우면, 스케치는 가까운 것을 감지하여 ABOT을 뒤로 움직여야 한다. 이 스케치의 목적은 뒤의 ABOT과 선두의 물체나 앞에 있는 ABOT과 일정 거리를 유지하는 것이다.

제어 시스템의 몇 가지 용어들

기계가 자동으로 측정된 값으로 관리되는 시스템을 제어 시스템(*control system*)이라 한다. 시스템이 유지하려는 값을 설정점(*set point*)이라 한다. 전자 제어 시스템에서는 센서(*sensor*)가 측정을 하여 설정점으로 되돌아가기 위해 기계적 작동 장치(*actuators*)를 제어하는 데 프로세서(*processor*)를 사용한다. 우리가 제어하고자 하는 기계는 ABOT이다. 측정된 값으로 우리가 유지하길 원하는 것은 선두 물체와의 거리이므로 설정점이 2번 존이다.

ABOT의 프로세서는 아두이노이다. IR LED/수신기 쌍은 선두 물체까지의 거리 값을 측정하는 센서이다. 만약 측정된 값이 설정점 거리와 다르면, 필요에 따라 서보는 기계적 동작 장치로 ABOT을 앞 뒤로 이동시킨다.

비례 제어 내부 살펴보기

연속해서 값을 측정하고 설정된 값을 유지하기 위해서 오류의 비율에 따라 출력을 조절하는 닫힌 루프(*Closed loop*) 제어는 ABOT 그림자 차량에서 작동이 잘 된다. 사실, 아래 그림의 제어 루프에서 핵심은 스케치에서 한 줄의 코드로 줄일 수 있다. 이 블록 다이어그램(*block diagram*)은 비례 제어 프로세스를 설명하는데, ABOT은 바퀴의 속도를 IR LED/수신기 쌍이 측정한 거리 감지에 기초하여 제어한다.

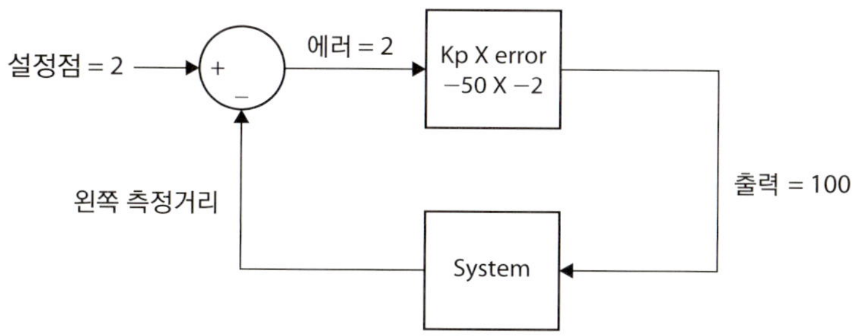

이 블록 다이어그램은 왼쪽 IR 거리 센서에 적용할 수 있고 서보의 출력 또는 오른쪽에도 적용할 수 있다. 사실, 여러분들의 코드는 동일한 제어 루프를 가지고 있으며, ABOT의 양쪽을 위해 각각 하나씩 가지고 있다.

다음 예제를 따라가 보자. 왼쪽 위쪽에서 설정점은 set point = 2;로 2이다. 우리는 ABOT이 선두 물체와 거리가 2지역(zone – 2)으로 유지되도록 희망한다. 아래쪽의 측정된 거리는 4지역으로 선두 물체와 너무 멀리 떨어져 있다.

원으로 된 심볼(원은 합쳐지는 지점: *summing junction*이라 함)로 화살표가 되어 있는데 +는 설정점에 대해 더하며, 빼기 −는 측정된 거리의 에러(*error*)로 여기서는 2 − 4 = − 2가 된다.

그 다음 에러(error) 값은 위쪽의 박스로 들어가서 작동 블록(*operator block*)의 에러 값에 (Kp: *proportionality constant*) −50을 곱한다. 이 예제에서 작동 블록은 −2 × −50 = 100, 따라서 100이 출력(*output*)이다. 스케치에서 이 출력 값은 maneuver() 함수로 전달되어 선두 물체로 향해 가까이 가기 위해 전 속력으로 전진하게 한다.

다음 블록 다이어그램은 다른 예를 보여 준다. 이번에는 측정된 거리가 1이다. 선두 물체에 대해서 너무 가깝다는 의미이다. 따라서 이번에는 에러가 1이며, 1 × −50 = −50이다. −50이 maneuver() 함수에 전달되고 서보를 반대 방향으로 돌려서 ABOT이 선두 물체로부터 뒤로 물러나게 한다.

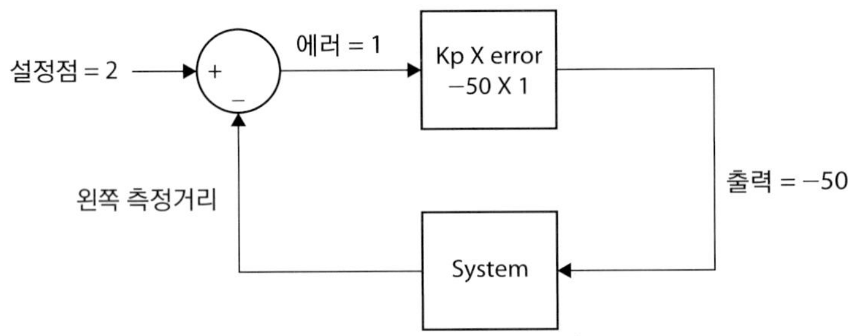

루프의 그 다음을 통해서 측정되는 거리 값은 바뀔 수 있지만 그래도 괜찮다. 거리를 측정함에도 불구하고 이 제어 루프는 어떤 오류를 정정하면서 이동하도록 서보를 움직인다. 정정은 항상 에러에 비례(*proportional*)한다. 관련된 두 가지 계산은 다음과 같다.

설정점(set point) − **측정거리**(measured distance) = **오류**(error);

오류(error) x Kp = **구동을 위한 출력**(output for maneuver)

스케치를 위해서 쉽게 합쳐질 수 있고 순서를 변경하여 하나의 수식으로 만들 수 있다.

구동을 위한 출력 = K (거리설정점 – 측정거리) x Kp

만약 스케치를 더 자세히 살펴보고 싶다면, FollowingABot이 어떻게 작동되는지 살펴보자.

여러분의 차례

다른 거리로 제어 루프를 검증하기

- 비례 제어 루프가 모든 6개의 측정 거리에 대해서 바르게 응답하는 것을 증명하기 위해서 다음 테이블을 채워보자.
- 블록 다이어그램에서 6개 중에 이미 2개를 채워 두었으므로 나머지 4개만 채우면 된다.

Condition	Measured Distance	Set Point	Error (set point measured)	Output (Kpxerror)	Maneuver Result
	0	2			
Too close	1	2	2－1＝1	2×－50＝－50	Slow reverse
Just right	2	2			
	3	2			
Way too far	4	2	2－4＝－2	－2×－50＝－100	Fast forward
	5	2			

예제 스케치

FollowingABot

FollowingABot 스케치에서 비례 제어 루프는 1초당 약 25번 조사를 한다. 그래서 모든 비례 제어 계산과 서보의 속도는 초당 25번 갱신이 된다. 이 결과에 따라 ABOT은 손이나 책, 또는 다른 로봇을 따라 갈 수 있다.

- FollowingABot 코드를 입력하여, 저장하고 업로드하자.
- 8 2/1 x 11″ 종이를 이용해서 장애물 벽을 ABOT 앞에 두고 종이와 ABOT이 일정한 거리를 유지할 수 있도록 하자(이것은 이전에 언급한 노이즈로 인해서 약간 덜썩덜썩 거린다).
- 종이를 살며시 회전시켰을 때 ABOT이 따라서 회전해야 한다.
- 종이 시트를 ABOT 주변으로 이끌어 간다. ABOT도 이것을 따라서 앞으로 가야 한다.
- 종이를 ABOT에 가깝게 했을 때 ABOT은 뒤로 물러나야 한다.

```
/*
 * ABOT - FollowingABot
 *ABOT과 앞에 있는 물체 사이의 고정된 거리를 제어하기 위해 사용
 */
```

```
#include <Servo.h>                                      // 서보 라이브러리 포함

Servo servoLeft;                                        // 왼쪽 오른쪽 서보 선언
Servo servoRight;
const int setpoint = 2;                                 // 목표 거리
const int kpl = -50;                                    // 현지 비율 제어
const int kpr = -50;
void setup()                                            // 블록 초기화
{
  pinMode(10, INPUT);  pinMode(9, OUTPUT);              // 왼쪽 IR LED 와 수신부
  pinMode(3, INPUT);  pinMode(2, OUTPUT);               // 오른쪽 IR LED 와 수신부
```

```
  tone(4, 3000, 1000);                        // 1초간 소리내기
  delay(1000);                                // 1초간 유지

  servoLeft.attach(13);                       // 왼쪽 신호를 13번 핀에 연결
  servoRight.attach(12);                      // 오른쪽 신호를 12번 핀에 연결
}

void loop()                                   // 자동 반복 메인 루프
{
  int irLeft = irDistance(9, 10);             // 왼쪽 방향 주행
  int irRight = irDistance(2, 3);             // 오른쪽 방향 주행

  // 왼쪽과 오른쪽 제어 비율 계산
  int driveLeft = (setpoint - irLeft) * kpl;
  int driveRight = (setpoint - irRight) * kpr;

  maneuver(driveLeft, driveRight, 20);        // 주행속도 설정
}

// IR distance measurement 함수

int irDistance(int irLedPin, int irReceivePin)
{
  int distance = 0;
  for(long f = 38000; f <= 42000; f += 1000) {
    distance += irDetect(irLedPin, irReceivePin, f);
  }
  return distance;
}

// IR Detection 함수
int irDetect(int irLedPin, int irReceiverPin, long frequency)
{
  tone(irLedPin, frequency, 8);          // 최소 1ms간  IRLED 38kHz로 발생
  delay(1);                              // 1ms 유지
  int ir = digitalRead(irReceiverPin);   // IR receiver -> ir variable
```

```
  delay(1);                                 // 다시 확인하기 전 간격
  return ir;                                // 1은 감지 안함, 0은 감지를 리턴
}

void maneuver(int speedLeft, int speedRight, int msTime)
{
  // speedLeft, speedRight ranges: Backward Linear Stop Linear Forward
  //                         -200      -100......0......100      200
  servoLeft.writeMicroseconds(1500 + speedLeft);   // 왼쪽 서보 속도 설정
  servoRight.writeMicroseconds(1500 - speedRight); // 오른쪽 서보 속도
  if(msTime==-1)                                   // if msTime = -1
  {
    servoLeft.detach();                            // 서보 신호 중지
    servoRight.detach();
  }
  delay(msTime);                                   // msTime 동안 유지
}
```

FollowingABot이 어떻게 작동할까?

FollowingABot은 3개의 전역변수를 선언한다. setpoint, kpl, 및 kpr. 어느 위치에 서든지 setpoint는 상수로 값이 2이다. 이와 같이 kpl은 –50이고, kpr도 상수로 –50이다.

```
const int setpoint = 2; // 목표거리
const int kpl = -50;    // 비례 제어 상수
const int kpr = -50;
```

> 이런 값들을 상수로 정하면 편리한 점은 변경이 필요할 때 스케치의 첫 부분에 있는 이들 값을 쉽게 변경할 수 있다는 것이다. 스케치 첫 부분에 있는 이 값들은 사용된 모든 곳에 영향을 미친다. 만약 kpl을 –50에서 –45로 바꾸면 kpl을 사용하는 모든 곳의 값은 –45로 바뀐다. 이것은 특히 비례제어 루프에서 오른쪽과 왼쪽값을 지정하는 실험을 할 때 유용하다.

loop() 함수에서의 첫 작업은 현재 거리를 측정하기 위해 irDistance() 함수를 호출한다. 그리고 irLeft와 irRight 변수 값에 복사한다.

```
void loop()                                     // 자동 반복을 위한 루프
{
  int irLeft = irDistance(9, 10);               // 왼쪽 거리 측정
  int irRight = irDistance(2, 3);               // 오른쪽 거리 측정
```

앞에서 얘기한 간단한 제어 루프 계산법을 다시 한 번 상기해 보자.

구동을 위한 출력 = (설정된 거리값 – 측정된 거리값) x Kp

다음의 두 줄은 오른쪽과 왼쪽의 제어 루프를 위한 계산을 수행하고 동작의 출력 값으로 변수 driverLeft와 driveRight에 저장한다.

```
  // 왼쪽과 오른쪽의 비례 제어 계산
  int driveLeft = (setpoint - irLeft) * kpl;
  int driveRight = (setpoint - irRight) * kpr;
```

이제, driveLeft와 driveRight는 서보 속도를 설정하기 위한 구동 함수로 전달될 준비가 되었다.

```
  maneuver(driveLeft, driveRight, 20);  // 속도 설정을 위한 구동 값
```

각 호출에서 구동이 20ms만 지속되므로, 루프 함수를 20ms 동안 반복해서 지연을 시킨다. IR 거리 검색에서 20ms가 또 걸리므로 루프는 40ms 반복 시간을 갖는다. 샘플링 비율의 측면에서 초당 25 샘플에 해당한다.

샘플링 비율에 대한 샘플링 간격

샘플링 간격은 하나의 샘플에서 다음 샘플까지의 시간이다. 샘플링 비율은 샘플하는 주기를 나타낸다. 만약 다음 공식을 기억하면 쉽게 계산할 수 있다.

샘플링 비율 = *1* ÷ 샘플링 간격

선두 따라가기

이제 선두 ABOT을 그림자 ABOT이 따라 오도록 해보자. 선두 로봇은 FastIr Roaming(주행 속도를 +/− 40으로 낮추어)의 수정된 버전으로 움직인다. 그림자 ABOT은 FollowingABot을 실행하여 움직인다. 하나의 리더 로봇은 체인을 이어서 6~7개의 그림자 ABOT을 따라오게 한다. 체인 안에 있는 그림자 ABOT들에게 종이 패널만 추가하면 된다.

- 만약 ABOT이 1대뿐이라면, 여러분 자신이 리더가 될 수 있다. 선두 물체로는 책이나 병 또는 손을 활용할 수 있다.
- 2개 이상의 ABOT이 있다면 꼬리 부분에 종이 패널을 장착하여 그림에 있는

것처럼 그림자 ABOT에게 리더 로봇이 더 잘 보이도록 하자. 그림자 로봇들을 체인으로 만들려면 각각에 종이 패널을 끼워야 한다.

- SlowerIrRoamingForLeaderBot이 리더 ABOT에 설치되는 프로그램이다.
- 그림자 ABOT에는 각각 FollowingABot 프로그램을 넣는다. 각각의 그림자 로봇 IR LED는 수평을 유지하면서 약간 왼쪽과 오른쪽을 향하도록 한다(위 아래로 향하면 안 된다).
- 그림자 ABOT을 선두 ABOT이나 다른 안내하는 물체의 뒤에 두자. 그림자 ABOT은 고정된 거리로 선두를 따라가야 하며, 손이나 가까운 벽 등의 다른 물체로부터 방해를 받지 않도록 해야 한다.

```
/*
 * ABOT - SlowerIrRoamingForLeaderBot
 * contact switches 대신에 IR 물체 감지에 적용 RoamingWithWhiskers
 */
```

```
include <Servo.h>                          // 서보 라이브러리 포함

Servo servoLeft;                           // 왼쪽 오른쪽 서보 선언
Servo servoRight;

void setup()                               // 블록 초기화
{
  pinMode(10, INPUT);
  pinMode(9, OUTPUT);                      // 왼쪽 IR LED & 수신부
  pinMode(3, INPUT);
  pinMode(2, OUTPUT);                      // 오른쪽 IR LED & 수신부

  tone(4, 3000, 1000);                     // 1초간 소리내기
  delay(1000);                             // 1초간 유지

  servoLeft.attach(13);                    // 왼쪽 신호를 13번 핀에 연결
  servoRight.attach(12);                   // 오른쪽 신호를 12번 핀에 연결
}
```

```
void loop()                                   // 자동 반복 메인 루프
{

  int irLeft = irDetect(9, 10, 38000);      // 왼쪽에 물체 감지 확인
  int irRight = irDetect(2, 3, 38000);      // 오른쪽에 물체 감지 확인

  if((irLeft == 0) && (irRight == 0))      // 양쪽에 감지된다면
  {
    maneuver(-40, -40, 20);                 // 뒤로 20ms 주행
  }
  else if(irLeft == 0)                     // 왼쪽이 감지된다면
  {
    maneuver(40, -40, 20);                 // 오른쪽으로 20ms 주행
  }
  else if(irRight == 0)                   // 오른쪽이 감지된다면
  {
    maneuver(-40, 40, 20);                 // 왼쪽으로 20ms 주행
  }
  else                                     // 그 외, 감지된 것이 없다면
  {
    maneuver(40, 40, 20);                  // 앞으로 20ms 주행
  }
}

int irDetect(int irLedPin, int irReceiverPin, long frequency)
{
  tone(irLedPin, frequency, 8);          // 최소 1ms간  IRLED 38 kHz로 발생
  delay(1);                              // 1 ms 유지
  int ir = digitalRead(irReceiverPin); // IR receiver -> ir variable
  delay(1);                              // 다시 확인하기 전 간격
  return ir;                             // 1은 감지 안함, 0은 감지를 리턴
}

void maneuver(int speedLeft, int speedRight, int msTime)
{
```

```
  // speedLeft, speedRight ranges: Backward  Linear  Stop  Linear  Forward
  //                                -200      -100...0.....100     200
  servoLeft.writeMicroseconds(1500 + speedLeft);  // 왼쪽 서보 속도 설정
  servoRight.writeMicroseconds(1500 - speedRight); // 오른쪽 서보 속도 설정
  if(msTime==-1)                                   // if msTime = -1
  {
    servoLeft.detach();                            // 서보 신호 중지
    servoRight.detach();
  }
  delay(msTime);                                   // msTime 동안 유지
}
```

여러분의 차례

상수를 가지고 실습하기

그림자 ABOT의 행동을 바꾸기 위해서 지점과 비례상수의 설정을 조정할 수 있다. 다음의 실험을 하는 동안 손이나 종이조각을 사용하여 그림자 ABOT을 따라가도록 하자.

- kpr과 kpl 상수 값을 15에서 100까지를 이용하여 FollowingABot이 움직이도록 하자. 물체를 따라올 때의 ABOT이 어떻게 다르게 반응하는지 기록하자.
- 설정 지점 상수를 조정하기 위해 0~4까지의 값을 입력해 보자.

가끔 이상한 행동을 하게 되는데, 한 예로 만약 0으로 포인트 값을 지정하면 뒤로 움직이지 않는다. 왜 그런지 살펴보자?

- 실습 1에서 포인트 값이 0이 될 때까지 제어 루프 실습을 반복하자. 측정된 어떤 값으로 포인트 값을 0으로 하고 뒤로 이동하도록 할 수 있을까?

실습3

다음은 무엇을 하는 것일까?

축하한다! 이 책을 성공적으로 마쳤다. 이제 여러분들은 기초를 마쳤으며, ABOT에 기능을 추가하거나 더 자세히 연구할 준비가 되어 있다. 여기에 몇 가지 아이디어가 있다.

Ping))) 초음파 거리 센서

- Ping))) sensor #28015 : 패럴랙스 홈페이지 참고
- Ping))) KickStart 코드는 카페에서 참고
- 설치 브라켓 키트 #570-28015 : 패럴랙스 홈페이지 참고
- Ping))) 쉴드봇 프로젝트 동영상은 유튜브 참고

기울기 감지를 위한 두 축 가속도계

- #28017은 패럴랙스 홈페이지 참고
- Accelerometer KickStart code 코드는 카페 참조
- XBee Tilt-control SumoBot 프로젝트는 유투브 참고

무선 제어와 통신을 위한 XBee RF 모듈과 어댑터

- XBee는 패럴랙스 홈페이지 참조
- XBee KickStart Code는 카페 참고
- XBee 동영상은 유튜브 참고

6-족 걷기로 기어가는 ABot

- #30055은 패럴랙스 홈페이지 참고

모든 지형 탐색을 위한 탱크 발자국 키트

- #28106 패럴랙스 홈페이지 참고

계속 탐색하고 연구하는 즐거운 시간을 가지자!!

CHAPTER 8

요약

이 장에서는 뒤따라가는 ABOT에서 IR LED/수신기 쌍이 거리를 감지하는 데 사용되었다. 새로운 몇 가지 개념에 대해서 친숙해졌다.

전자

- IR 수신기의 피크 감도 찾기
- IR 수신기의 감도 특징 곡선을 활용한 주파수 휩쓸기를 이용한 거리 감지
- 양쪽 IR LED 수신기의 감도에 따라 저항 값 맞추기를 하드웨어로 조정하기

프로그래밍

- 주파수 휩쓸기를 생성하기 위한 for 반복 루틴을 작성하기
- 비례 제어 루프를 활용하기 위한 스케치의 작성
- 정수 상수 const int를 이용하여 비례 제어 루프의 설정점과 비례 계수를 설정하기
- 제어 루프의 비례 상수를 세밀하게 조절하는 시스템을 소프트웨어로 조정하기
- 샘플링 주기와 샘플링 간격이란 무엇이며 서로 어떤 관련이 있는지

로봇 기술

- 그림자 차량의 자동 주행을 위한 프로세서, 센서 및 액추에이터에 의한 폐쇄 비례 제어 시스템의 설정

엔지니어링 기술

- 간단한 폐회로 비례 제어 시스템을 위한 합치는 부분과 작동 블록 등의 블록 다이어그램의 이해
- 폐쇄 제어 시스템의 설정점, 에러, 비례 상수 및 출력값 등에 대한 이해
- 부시스템의 테스트와 문제해결

CHAPTER 8

도전

질문Questions

1. FREQOUT 명령어로 35kHz 주파수를 보내게 될 때 IR 탐지기에서 수신감도는 어떻게 되며, 36kHz 일 때의 수신 감도는 어떻게 되는가?
2. 상수를 선언할 때 사용되는 키워드는 무엇인가?
3. IR 거리 측정하기 위해 주파수의 리스트를 휩쓸기 위해 사용되는 문장은 무엇인가?
4. 접합 지점(summing junction)이란 무엇인가?
5. 우리의 비례 제어를 위한 블록 폐쇄회로 블록다이어그램에서 오류 항목을 계산하기 위해 사용하는 2가지 값은 무엇인가?
6. 루프 함수에서 샘플 비율을 설정하기 위해서 지연을 어떻게 해야 하는가?

연습문제Exercise

1. 5개 대신 4개의 값만으로 주파수 휩쓸기(sweep) 하기 위한 코드의 세그먼트를 작성하자.
2. kpl을 −45와 kpr을 −55로 초기화하기 위한 전역상수를 적어라.

프로젝트Project

1. 손으로 ABOT의 앞부분을 잡고 뒤쪽으로 밀면 회전 없이 앞으로 나가도록 스케치를 적어라.

CHAPTER 8

해답

질문 해답Question Solutions

1. 상대감도는 35kHz에서 30%이고, 36kHz에서는 50%
2. 변수 선언 앞에 const 키워드 넣기
3. 38,000에서 인덱싱을 시작하고 각 반복에서 1,000으로 증가 루프
4. 접합 지점은 블록다이어그램의 한 부분으로 2개의 입력이 함께 추가 되어(또는 하나가 다른 하나에 감산되어) 하나의 출력이 되는 것
5. 오류 항목은 원하는 설정점의 수준으로부터 감산되는 수준을 측정한 값
6. loop() 함수의 각 반복으로 거리의 샘플이 취해진다면 어느 정도는 각 샘플 사이에 걸리는 시간이 얼마나 될지 결정해야 한다. 이것을 샘플 간격이라 한다. 1 ÷ 샘플 간격(sample interval) = 샘플 비율(sampling rate)

연습 해답Exercise Solutions

1. 상태 조건을 f <= 42000에서 f <= 41000으로 낮춘다.

```
for(long f = 38000; f <= 42000; f += 1000) {
  distance += irDetect(irLedPin, irReceivePin, f);
}
```

2. 선언

```
const int setpoint = 2;     // 목표거리
const int kpl = -45;        // 비례 제어 계수
const int kpr = -55;
```

프로젝트 해답

1. 빠르고 간단한 해법은 FollowingABot 스케치에서 driveLeft와 driveRight 값의 평균을 취하는 것이다. 이 하나의 값을 조정해서 오른쪽과 왼쪽 속도 파라미터로 적용할 수 있다.

```
void loop()                          // 자동 반복 메인 루프
{
  int irLeft = irDistance(9, 10);    // 왼쪽 거리 주행
  int irRight = irDistance(2, 3);    // 오른쪽 거리 주행

  // 왼쪽과 오른쪽 제어 비율 계산
  int driveLeft = (setpoint - irLeft) * kpl;
  int driveRight = (setpoint - irRight) * kpr;
```

```
  int drive = (driveLeft + driveRight)/2; // 운행 레벨 평균

  maneuver(drive, drive, 20);              // 둘 다 같은 값 적용
  delay(10);                               // 0.1초 유지
}
```

CHAPTER

[9]

XBee로 무선 조종하기

무선으로 로봇을 조종하기 위하여 엑스비(XBee) 통신을 사용한다. 엑스비 통신은 IEEE 통신 규격 중 802.15.4에 기록된 통신 방식을 말한다. 주로 근거리 통신에 사용되며 하나 이상의 많은 통신 노드를 연동하여 사용하고자 할 때 유용하게 사용된다. 따라서 유비쿼터스 통신 네트워크와 같이 다양하게 많은 통신 노드를 함께 연동해서 통신하려고 할 때 유리한 방식이다.

이 장에서는 하나의 아두이노 로봇을 조종하는 방법을 소개한다. 그리고 하나 이상의 더 많은 아두이노 로봇을 동시에 엑스비 통신으로 제어하는 것도 매우 간단하게 구현할 수 있다. 엑스비(XBee) 안테나를 사용하여 아두이노 로봇을 무선으로 조종해 보자.

무선으로 아두이노 로봇 조종하기

엑스비 무선제어 수단은 간단하게는 PC에서의 키보드 신호로 아두이노 로봇의 움직임을(전진, 후진, 좌회전, 우회전, 후진 등) 제어할 수 있도록 한다. 더 나아가 여분의 아두이노에 제어신호를 생성할 수 있는 센서를 연결하면, 엑스비 무선으로 아두이노 로봇을 조종할 수도 있다.

필요한 부품

- 엑스비 안테나 (Series1, S1) 2개
- 엑스비 익스플로러 동글 (Xbee Explorer Dongle) 2개

엑스비 안테나(S1)

엑스비 익스플로러 동글

엑스비 안테나란?

엑스비(XBee) 안테나는 802.15.4 규격의 통신규약을 사용한다. 엑스비 Series 1(줄여서 "S1"이라고도 한다) 안테나로 소개되며, 엑스비 Series 2(S2) 안테나는 지그비(Zigbee) 안테나를 말한다. 지그비는 엑스비(S1)의 802.15.4 통신 프로토콜에 네트워크 계층과 응용 계층을 더 추가한 센서네트워크를 지원하는 프로토콜이다. 따라서 엑스비통신 안테나로는 구성할 수 없는 메쉬(mesh) 네트워크를 구성할 수 있게 지원한다. 쉽게 설명하면 거미줄 모양으로 통신 네트워크를 구성할 수 있다는 의미이다.

지금부터 엑스비 안테나는 S1 안테나를 의미한다. 엑스비 안테나로는 방사선 모양의 스타(star) 네트워크를 구성할 수 있으며, 이론적으로 65,536개의 노드를 연결할 수 있다. 하나의 PC 노드에서 65,536개의 아두이노 로봇을 동시에 연결하여 동작시킬 수 있다는 의미이다.

엑스비 안테나 통신거리는 1mW의 통신 출력을 사용하는 경우 100미터 정도이지만,

프로 버전은 높은 출력을 사용하며 1.6km 정도까지도 통신거리를 증가시킬 수 있다.

엑스비 안테나는 각 핀 번호가 수행하는 역할이 각각 지정되어 있기 때문에 연결할 때 방향을 잘 살펴보고 올바른 방향으로 소켓에 끼워 넣어야 한다. 만약 어떤 방향이 올바른 설치 방향인지 분간하기 어려운 경우에는, 엑스비 안테나를 끼울 PCB 기판을 자세히 살펴보면 된다. PCB 기판에 엑스비 안테나의 모양을 그려놓기 때문에 초보자도 쉽게 연결할 수 있다.

엑스비 S1안테나의 핀 번호는 아래 그림처럼 1에서 20번까지 사용한다.

엑스비 안테나 그림- 핀번호			
Pin1	VCC	Pin20	AD3-AD0
Pin2	DOUT	Pin19	DIO3-DIO0 AD3-AD0
Pin3	DIN	Pin18	DIO3-DIO0
Pin4	DO8	Pin17	AD3-AD0 DIO3-DIO0 AD3-AD0 DIO3-DIO0
Pin5	RESET	Pin16	RTS,AD6,IO6
Pin6	PWM0 RSSI	Pin15	ASSOC, AD5,DIO5
Pin7	PWM1	Pin14	VREF
Pin8		Pin13	ON/SLEEP
Pin9	DTR, DI8	Pin12	CTS,DIO7
Pin10	GND	Pin11	AD4,DIO4

실습1

USB 유선으로 ABOT 조종하기

USB 유선으로 아두이노 로봇 원격조종하기

ABOT을 다음과 같이 준비하고, 컴퓨터(PC)와 ABOT을 USB 케이블로 연결해 보자. 이때 USB케이블을 이용하여 시리얼 통신을 시도할 경우, 하드웨어 시리얼 선택 스위치의 방향을 다음 그림과 같이 유지해야 한다.

USB케이블로 COM포트가 인식되면, PC에서 시리얼 포트를 사용하여 ABOT을 원격으로 조종해 보자. 아래 아두이노 예제 스케치를 업로드하고 [시리얼 모니터]를 연다. 그런 다음 키보드로 'r' 문자를 전송하면 아두이노 로봇이 오른쪽으로 조금 움직일 것이다.

예제 스케치

WirelessAbot

```
#include <Servo.h>
Servo sr;
void setup(){
  Serial.begin(9600);
  sr.attach(12);
  sr.writeMicroseconds(1500);
  delay(100);
}
int ch;
void loop(){
  if (Serial.available()){
    ch = Serial.read();
    if(ch=='r'){
      sr.writeMicroseconds(1300);
      delay(500);
    }
    sr.writeMicroseconds(1500);
    delay(100);
  }
}
```

여러분의 차례

양쪽 바퀴를 모두 움직여서 회전하기

예제 스케치는 오른쪽 바퀴만 움직인다. 왼쪽 바퀴도 함께 움직이도록 스케치를 작성하자.

실습2

엑스비 무선으로 ABOT 조종하기

엑스비 무선으로 ABOT을 원격제어하는 작업은 매우 간단하다. 우선 이전 단계 실습1에서 USB케이블로 ABOT을 원격제어하는 스케치를 그대로 사용하면서 시리얼 통신 방법만 USB 유선에서 엑스비 무선으로 바꾸는 방법을 소개한다.

시리얼 통신을 유선에서 무선으로 전환하기

USB 시리얼 통신을 엑스비 무선 통신으로 전환하는 방법은 매우 간단하다. 아래 순서대로 따라해 보자.

1. USB 케이블을 제거한다. 이미 제거된 상태이면 다음 단계로 넘어간다.
2. ABOT의 아두이노 보드에 내장된 하드웨어 시리얼 선택 스위치를 아래 그림과 같은 방향으로 전환한다.

USB 시리얼

→

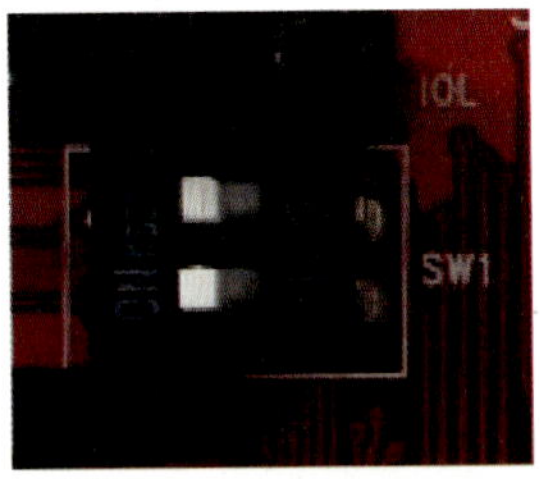

엑스비 시리얼

3. 엑스비 안테나를 ABOT PCB기판에 그려진 방향에 맞춰 소켓에 끼운다. 위 과정을 모두 성공적으로 마치면 아래 사진과 같이 된다.

Xbee를 ABOT에 끼우기

여기서 무선으로 ABOT을 원격제어하기 위해 새로운 스케치를 업로드하지는 않는다.

만약 새로운 스케치를 업로드해야 할 필요가 생긴다면, 위의 시리얼 통신 전환 단계를 역순으로 수행하여 USB 시리얼 통신 상태에서 새로운 스케치를 아두이노로 업로드하고, 다시 위의 시리얼 통신을 유선에서 무선으로 전환하는 단계를 수행해야만 한다.

엑스비 시리얼 통신상태에서는 데이터통신만 가능하고, 스케치 프로그램을 업로드하는 것은 가능하지 않기 때문이다.

엑스비 통신용 X-CTU 소프트웨어 다운하기

엑스비 무선통신을 활용하려면 X-CTU라는 응용 프로그램이 필요하다. 무료로 Digi사(www.digi.com) 홈페이지에서 다운 받을 수 있다. 홈페이지에서 X-CTU라고 검색하여 찾을 수 있다. 디바이스 드라이버와 응용 프로그램 두 가지를 컴퓨터에 설치해야 한다.

XBee 디바이스 드라이버는 Digi사의 홈페이지에 접속을 하고, [Drivers]를 선택한 후 OS에 알맞은 버전을 다운 받는다.

- X-CTU Driver 설치
  http://www.digi.com/support/productdetail?pid=3352
  드라이버 설치에 문제가 있으면 다음 사이트를 참고하자.
  http://www.digi.com/support/kbase/kbaseresultdetl?id=3214

- X-CTU 응용 소프트웨어 설치
  응용소프트웨어는 X-CTU를 활용한다.
  http://www.digi.com/support/productdetail?pid=3352
  [Diagnostics, Utilities and MIBs]에서 적합한 내용을 다운 받는다.

컴퓨터(PC)에 엑스비 안테나 연결하기

이전 단계에서 다운로드 받은 X-CTU 프로그램을 더블 클릭하면 자동으로 설치작업이 진행된다. 프로그램 설치가 정상적으로 완료되었다면 아래 작업들을 따라해도 좋다.

엑스비 무선통신으로 ABOT을 작동하려면 컴퓨터(PC)에는 엑스비 익스플로러 덩글(XBee Explorer Dongle) 부품이 추가로 필요하다. 엑스비 덩글에 엑스비 안테나를 끼우고, 그 상태에서 PC의 USB 포트에 연결한다. 아래 그림은 엑스비 안테나가 PC의 USB포트로 연결된 장면을 보여주고 있다.

X-CTU 프로그램이 설치된 상태에서 위 그림처럼 엑스비 안테나가 PC에 연결되면 자동으로 컴포트(COM Port) 설정이 이루어진다. 만약 컴포트 설정이 정상적으로 이루어지지 않으면 엑스비 덩글을 뽑았다가 다시 연결하거나, 또는 "제어판"에서 노란색 느낌표로 표시된 해당 디바이스를 선택하여 드라이버를 삭제하고 다시 설치한다.

X-CTU 무선 통신 테스트

컴퓨터에 설치된 X-CTU 프로그램을 더블클릭하여 실행시키면, 아래 화면을 만나게 된다. 아래 화면처럼 USB Serial Port와 해당되는 컴포트(COM3)가 표시된다면 정상 동작상태이다. 당연히 컴포트의 아라비아 숫자는 각각 다르게 표시될 수 있다.

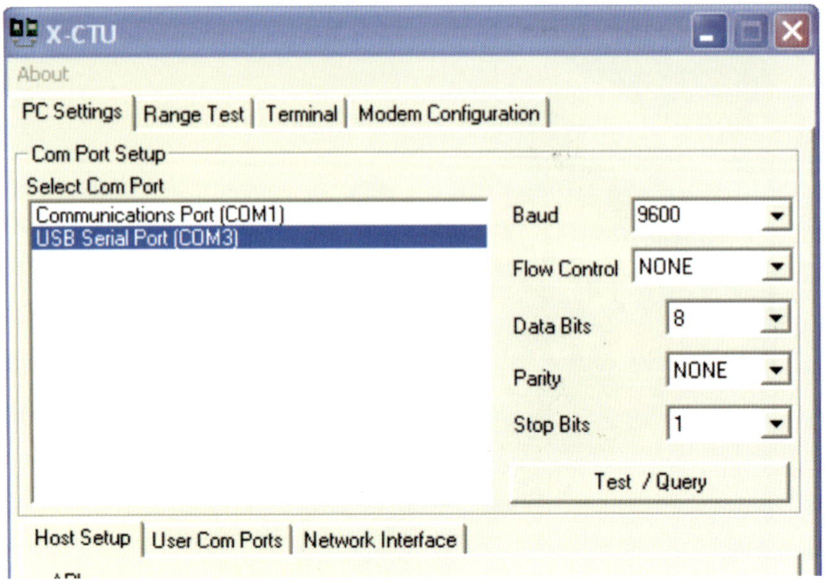

X-CTU 프로그램 창에서 엑스비 통신을 위해서는 9600을 사용하도록 한다. 그리고 나머지 값들도 현재 상태를 그대로 유지하도록 한다. 그리고 Test/Query 버튼을 마우스로 클릭하면, PC에 연결된 엑스비 안테나가 정상적으로 동작하는지를 확인할 수 있다.

지금까지의 작업이 모두 성공적이었다면, 엑스비 무선통신을 위한 준비작업이 모두 성공한 것이다.

이제 X-CTU 프로그램의 터미널 [Terminal] 탭을 눌러보자. 보여지는 터미널화면 상태에서 키보드로 'r'을 입력하고 엔터키를 치면 아두이노 로봇이 움직인다.

아두이노 로봇을 다르게 제어하고 싶다면 새로운 스케치를 업로드해야 한다. 이전에 설명한 바와 같이 엑스비 무선 통신 상태에서는 스케치를 업로드할 수 없다. 조금은 불편하지만 USB 시리얼 통신 상태로 다시 전환한 후, 새로운 스케치를 ABOT으로 업로드하고 다시 엑스비 무선 시리얼 통신 상태로 전환해야 한다.

여러분의 차례

'l'을 입력하면 왼쪽으로, 'f'를 입력하면 전진, 'b'를 입력하면 후진하도록 해보자.

- if 문을 추가한다.
- 왼쪽으로 이동시키려면 sl을 추가하고, 다음처럼 코드를 입력한다.

```
if(ch=='l'){
  sr.writeMicroseconds(1700);
  delay(500);
  sl.writeMicroseconds(1700);
  delay(500);
}
```

실습3

프로세싱 프로그램으로 제어하기

프로세싱 프로그램을 작성하여 ABOT을 제어할 수 있다. 프로세싱은 자바 기반의 컴퓨터 언어로 배우기 쉽고, 쉽게 응용할 수 있다. 프로세싱은 무료 프로그램으로 http://processing.org에서 다운받아 설치한다.

프로세싱을 활용할 때 반드시 X-CTU 등 시리얼 포트를 이용하는 프로그램은 실행을 종료해야 한다.

무선 제어 프로세싱 스케치

프로세싱으로 ABOT을 원격제어하려면, X-CTU에서와 같이 PC의 USB 포트에 엑스비 안테나를 아래 그림과 같이 연결해야만 한다.

- 프로세싱 스케치 입력하기
- 시리얼 포트 설정하기
- 키보드로 데이터 내보내기

⚠ 시리얼 포트 번호는 스케치를 한 차례 실행시키면 아래 부분의 검은 화면에 나온다. 이 중에 엑스비 동글에 해당하는 포트를 선택하면 된다. 비록 COM7 등의 숫자가 나와도 차례대로 [0], [1], [2]... 순서가 된다.

예로) COM1, COM17 두 개가 출력 되면 COM17은 Serial.list()[1]이 된다.

```
import processing.serial.*;
Serial p;
void setup() {
  println(Serial.list());
  p = new Serial(this,
  Serial.list()[0], 9600); //[0],[1],[2].. 주위: 알맞은 포트를 선택
}
void draw() {
}
void keyPressed() {
  p.write(key);
}
```

CHAPTER 9

요약

이 장에서는 엑스비 안테나를 이용하여 무선으로 로봇을 원격제어하였다. X-CTU 시리얼 터미널을 이용하여 제어가 가능하다. 직접 프로세싱 코드로도 작동이 가능하다.

- ABOT 보드는 유선과 무선을 선택하는 하드웨어 시리얼 선택 스위치가 있다.
- X-CTU를 이용하려면 엑스비 안테나를 PC의 USB포트에 연결하고, 디바이스 드라이버를 설치해야 한다.
- 프로세싱 언어를 사용하여 쉽게 COM 포트로 데이터를 보낼 수 있다.
- COM 포트 번호를 프로그래밍할 때 주의해야 한다.

CHAPTER 9

도전

질문

1. 엑스비(XBee) 안테나에서 S1과 S2의 차이는 무엇인가?
2. 엑스비 안테나를 무선 통신에 활용하려면 어떤 부품이 필요한가?
3. ABOT 하드웨어 시리얼 선택 스위치의 역할과 사용법은 무엇인가?

연습문제

1. 'd' 문자를 보내면 ABOT이 춤을 추도록 해보자.
2. 'r' 'l' 'f' 'b' 에 오른쪽, 왼쪽, 전진, 후진으로 ABOT이 반응하도록 해보자.

프로젝트

1. ABOT에서 센싱된 데이터를 조도 데이터를 무선으로 서버 컴퓨터에 전송하고, 화면을 출력하라.

CHAPTER 9

해답

질문 해답

1. S1은 IEEE802.15.4 엑스비 통신용, S2는 지그비 통신용
2. XBee Explorer Dongle
3. 유선과 무선의 선택

연습문제 해답

1. 춤추는 코드를 작성한다.

```
if(ch=='d'){
  sr.writeMicroseconds(1700);        delay(500);
  sl.writeMicroseconds(1700);        delay(500);
  sr.writeMicroseconds(1300);        delay(500);
  sr.writeMicroseconds(1700);        delay(500);
  sl.writeMicroseconds(1300);        delay(500);
  sl.writeMicroseconds(1300);        delay(500);
  sr.writeMicroseconds(1700);        delay(500);
  sl.writeMicroseconds(1300);        delay(500);
}
```

2. 'r' 'l' 'f' 'b' 에 오른쪽, 왼쪽, 전진, 후진으로 ABOT이 반응하기

```
// ABot을 무선으로 제어하기 위한 스케치
// 무선으로 r키가 오면 오늘쪽으로 90도
// l키가 오면 왼쪽으로 90도
// f키가 오면 전진 7.5cm
// b키가 오면 후진 7.5cm
#include <Servo.h>                  // Include servo library
Servo sl;                           // Declare left and right servos
Servo sr;

void setup()                        // Built-in initialization block
{
  tone(4, 3000, 1000);              // Play tone for 1 second
  delay(1000);                      // Delay to finish tone

  sl.attach(13);                    // Attach left signal to pin 13
  sr.attach(12);                    // Attach right signal to pin 12

  sl.writeMicroseconds(1500);       // Left wheel clockwise
  sr.writeMicroseconds(1500);       // Right wheel clockwise
  delay(100);                       // ...for 0.1 seconds

  Serial.begin(9600);
}
int inByte = 0;                     // incoming serial byte
void loop()                         // Main loop auto-repeats
{                                   // Empty, nothing needs repeating
  if (Serial.available() > 0) {
    // get incoming byte:
    inByte = Serial.read();
    if(inByte=='r'){
      sr.writeMicroseconds(1300);   // Right wheel clockwise
      sl.writeMicroseconds(1300);   // Left wheel clockwise
      delay(500);                   // ...for 0.5 seconds
    }
    if(inByte=='l'){
```

```
      sr.writeMicroseconds(1700);  // Right wheel counterclockwise
      sl.writeMicroseconds(1700);  // Left wheel clocounterclock
                                      wiseckwise
      delay(500);                  // ...for 0.5seconds
    }
    if(inByte=='f'){
      sr.writeMicroseconds(1700);  // Right wheel counterclockwise
      sl.writeMicroseconds(1300);  // Left wheel clockwise
      delay(500);                  // ...for 0.5seconds
    }
    if(inByte=='b'){
      sr.writeMicroseconds(1300);  // Right wheel clockwise
      sl.writeMicroseconds(1700);  // Left wheel counterclockwise
      delay(500);                  // ...for 0.5seconds
    }
    if(inByte=='e'){
      sl.detach();                 // Stop sending servo signals
      sr.detach();
    }
    sl.writeMicroseconds(1500);    // Left wheel clockwise
    sr.writeMicroseconds(1500);    // Right wheel clockwise
    delay(100);                    // ...for 0.1seconds
  }
}
```

프로젝트 해답

1. 네이버 카페 참조: http://cafe.naver.com/arduinocafe

아두이노 로봇카 키트 소개

아두이노 neo-로봇카 키트	제품명	아두이노 로봇카N 키트
아두이노BOE쉴드	마이컴보드	아두이노 우노 R3
아두이노 우노 사용법 동일	보드특징	두 개의 보드로 로봇 구성
프라이봇	보드제작	아두이노 정품(이태리)
Parallax(미국)	보드외 모든 로봇부품	Parallax(미국)
엑스비쉴드 기능 포함	엑스비 통신	SIP 보드 - 추가 구성품 필요

아두이노 로봇카 키트 상품의 포장 상태입니다.

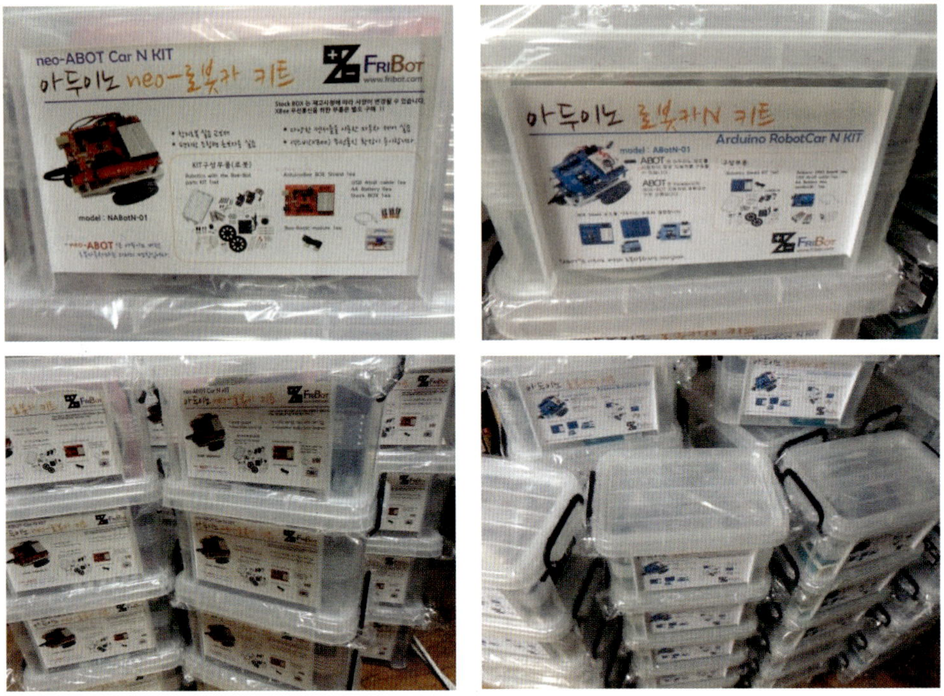

더 많은 교육실습을 위하여 !!
아두이노 로봇카 응용하기!!

- **엑스비 무선 통신으로 로봇카 조종하기 !**
- **스마트폰 블루투스로 로봇카 조종하기 !**
- **와이파이 통신으로 로봇카 조종하기 !**
- **라인트레이서 로봇카 만들어 보기 !**